Stadtbegrünung

Tim Kaysers

Stadtbegrünung

Für klimaresiliente, biodiverse und gesunde Städte

Springer Vieweg

Tim Kaysers
Owingen, Deutschland

ISBN 978-3-658-51456-3 ISBN 978-3-658-51457-0 (eBook)
https://doi.org/10.1007/978-3-658-51457-0

Die Deutsche Nationalbibliothek verzeichnet diese Publikation in der Deutschen Nationalbibliografie; detaillierte bibliografische Daten sind im Internet überhttps://portal.dnb.de abrufbar.

Springer Vieweg ist ein Imprint der eingetragenen Gesellschaft Springer Fachmedien Wiesbaden GmbH und ist ein Teil von Springer Nature.
Die Anschrift der Gesellschaft ist: Abraham-Lincoln-Str. 46, 65189 Wiesbaden, Germany

Vorwort

In Zeiten der Klima- und Artenkrise gewinnt die Begrünung der Städte an Wichtigkeit. Keine andere Maßnahme kann so gut Städte kühlen, die Luft reinigen, Lebensräume schaffen oder Starkregenereignisse aufnehmen. Stadtgrün birgt demnach Potenziale für eine lebenswertere und gesunde Stadt in Zeiten des Klimawandels. Doch durch das ungebremste Städtewachstum kommt es zu Zielkonflikten. Wie sich die Begrünung im Einklang mit dem Städtewachstum bringen lässt, welche Möglichkeiten es zur Begrünung gibt, was bei der Planung beachtet werden muss, welche Strategien es bei der Umsetzung gibt, welchen Beitrag die Stadt zum Erhalt und zur Förderung der Biodiversität leisten kann und wie die grüne Stadt der Zukunft aussieht, wird in diesem Buch behandelt. Dazu gibt es nützliche Pflanzlisten, inspirierende Ideen und viele Illustrationen und Informationen zum Thema.

Das Buch richtet sich an Fachleute und Entscheidungsträger:innen der Stadt- und Grünentwicklung, jedoch auch an interessierte Bürger:innen. Für Fachleute gibt es viele neue Informationen, andere mögen bekannt sein. So beispielsweise die Wichtigkeit der Mikroorganismen im Boden für ein gutes Pflanzenwachstum oder der Kühleffekt der Evapotranspiration von begrünten Flächen. Doch ist es immer wieder wichtig, sich diese Prozesse vor Augen zu führen und in den Maßnahmen zu berücksichtigen. Gleichzeitig werden durch die allgemeinen Informationen auch Nichtfachleute mitgenommen, um die Begrünung auf allen Ebenen zu fördern. Ziel ist es, das Bewusstsein für die Bedeutung von Stadtgrün zu schärfen, praxisnahe Lösungen aufzuzeigen und die Begrünung der Stadt auf vielfältige Weise umzusetzen.

Tim Kaysers

Interessenskonflikt Der/die Autor*in hat keine relevanten Interessenskonflikte im Zusammenhang mit dieser Publikation.

Gender-Hinweis

Bei der Erstellung des Buches wurde darauf geachtet, geschlechterneutrale Formulierungen zu wählen. Gelang dies stellenweise nicht, wurde aus Gründen der besseren Lesbarkeit auf gleichzeitige Verwendung der Sprachform männlich, weiblich und divers verzichtet. Sämtliche Personenbezeichnungen gelten gleichermaßen für alle Geschlechter. Diese verkürzte Sprachform stellt keine Wertung dar.

Inhaltsverzeichnis

1 Motivation für mehr Grün

Der Begriff „Grün" wird auf allen Ebenen in einem positiven Zusammenhang genutzt, oftmals leider auch als „greenwashing" missbraucht. Die Stadtbegrünung in diesem Buch bezieht sich auf alle Formen von begrünten Freiräumen und Gebäuden, also von echtem natürlichen Grün – kein „gewaschenes Grün". Das Grün in diesem Buch wird zur urbanen Infrastruktur und die Natur hat für alle Bewohnerinnen und Lebensräume in der Stadt einen hohen Stellenwert. Die Stadtbegrünung ist Ideal, Leistungsträger und Konzept für die Stadtentwicklung (Breuste 2019). Der Weltklima- und der Weltbiodiversitätsrat benennen in ihren Berichten die Klima- und Biodiversitätskrise als die größte gesellschaftliche Herausforderung des 21. Jahrhunderts. Im urbanen Raum bietet das Stadtgrün auf beides eine Antwort.

1.1 Grün und die Menschen

In Städten sind wir am meisten entfernt von der Natur und somit vom Grün um uns herum. Dabei würden sich laut einer Forsa-Umfrage 92 % der Deutschen wohler in grünen Innenstädten fühlen (Forsa 2020). Denn mehr Grün bedeutet mehr Lebensqualität und mehr Gesundheit. In den Städten entscheidet sich auch die Zukunft der Menschen, denn dort leben mittlerweile drei Viertel der Weltbevölkerung. In Deutschland sind dies gemäß Statista 2023 ca. 77,65 %. In den letzten Jahren hat sich die Zunahme etwas verringert, ist dennoch auf einem hohen Niveau. Größte Herausforderung ist dabei der Klimawandel. Denn die Städte verursachen 70 % der Treibhausgasemissionen und verbrauchen 80 % der Energie (bpb 2024). All das heizt die Klimakrise zusätzlich an.

Das Thema Stadtgrün gibt uns die Chance, wieder einen Bezug zur Natur aufzubauen und Teil von ihr zu werden. Denn genau die Entfremdung von der Natur ist eine Ursache der aktuellen Ausbeutung unserer Erde. Die Begrünung unserer Städte ist ein erster Schritt

T. Kaysers, *Stadtbegrünung*, https://doi.org/10.1007/978-3-658-51457-0_1

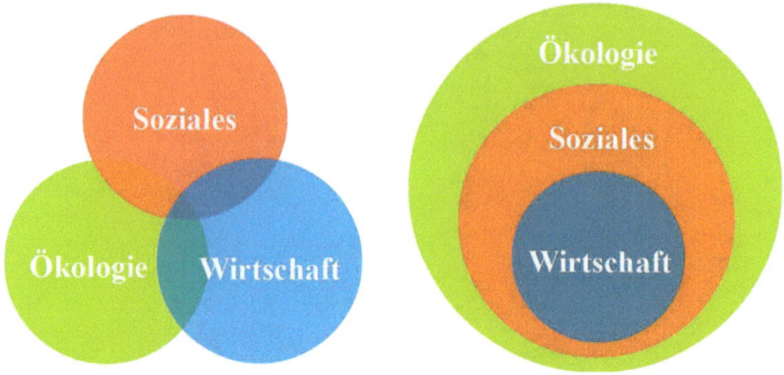

Abb. 1.1 Das drei-Säulen-Modell der Nachhaltigkeit links und das **Vorrangmodell der Nachhaltigkeit** rechts. (Graphik Kaysers 2025)

in eine nachhaltigere Richtung. Beim Thema Nachhaltigkeit sollten wir auch das bisher geltende Drei-Säulen-Modell der Nachhaltigkeit um das Vorrangmodell erweitern. Ersteres sieht die drei Bereiche der Nachhaltigkeit (Soziales, Ökologie und die Wirtschaft) als gleichberechtigt wichtig an. Das Vorrangmodell (Abb. 1.1) besagt, dass die Bereiche voneinander abhängig sind. Es kann keine Wirtschaft ohne Gesellschaft (Soziales) geben und keine Gesellschaft ohne Ökologie. Die Ökologie nimmt dabei die Hauptrolle ein. Sie ist die Basis und ohne sie gibt es keine Gesellschaft und keine Wirtschaft. **Von Grün hängt unser Leben ab!**

Die Wichtigkeit der ökologischen Zusammenhänge ist schon länger bekannt. So wollte Alexander von Humboldt in den Menschen die „Liebe zur Natur wecken" schreibt Andrea Wulf in ihrem Buch „Alexander von Humboldt und die Erfindung der Natur" (Wulf 2017). Humboldt war einer der ersten, welcher die Zusammenhänge unseres Tuns auf die Ökosysteme beschrieb. Er erkannte, wenn das Ökosystem gestört wird, hat dies Auswirkungen auf uns Menschen. Er wurde angetrieben von dem Gefühl über das Wunder der Natur. Für ihn war klar, dass wir Menschen nur schützen können, was wir auch lieben und kennen.

Albert Schweitzer, der gerade 150 Jahre alt geworden wäre, brachte es ebenso auf den Punkt: „Ich bin Leben, das leben will, inmitten von Leben, das leben will" (Litzelmann 2013). Frei übersetzt bedeutet dies auch, dass alles lebt, dass alles Leben um Dich herum, Du selbst bist. Könnten wir Menschen so denken, fühlen und handeln, wäre die Welt eine andere Welt. Eine Welt, in der alles Leben wichtig ist. Diese Erkenntnis ist nur mit der Natur zusammen möglich. Nur, wenn wir sie hautnah spüren können. Genau aus diesem Grund ist Grün in der Stadt wichtig. Wir dürfen den Kontakt nicht verlieren. Denn umgekehrt bringt uns dieser Kontakt sehr viel. Er kann uns als Menschen weiter entwickeln lassen.

Die tiefe Verbindung von uns Menschen zur Natur lässt sich auch wissenschaftlich belegen. Die chemische Zusammensetzung unseres Körpers besteht zu 99 % aus sechs chemischen Elementen, die überall in der Natur vorkommen. Diese sind Kohlenstoff, Wasserstoff, Stickstoff, Sauerstoff, Phosphor und Schwefel. **Wir sind Natur.** Der grüne

Pflanzenfarbstoff, das Chlorophyll hat nahezu die gleiche chemische Zusammensetzung wie unser Blutfarbstoff, dass Hämoglobin. Alle Zellen von Lebewesen, auch die der Menschen, stehen in ständigem Austausch mit unserer Umwelt. Sie nehmen Wasser und Sauerstoff auf und geben Kohlendioxid und Schlacken ab.

Unsere Vernetzung mit der Natur können wir intuitiv auch selbst spüren. Wir müssen uns dazu nur auf die Natur einlassen, um das Wunder zu verstehen. Dies ist beispielsweise spürbar bei einem Spaziergang durch den morgendlichen Park mit Vogelgezwitscher und Sonnenstrahlen, beim Einatmen des Blütenduftes einer Blüte oder beim Paddeln auf einem Natursee.

Auch der Blick in den Mikrokosmos öffnet die Augen und lässt das Wunder spüren. Beispielsweise beim Betrachten einer sich entwickelnden Knospe (Abb. 1.3), einer Blüte oder einer kleinen Eichel. Dies mit dem Wissen, dass aus der Eichel später ein 30 t schwerer Baum entsteht, der schätzungsweise 120 Mrd. Spaltöffnungen in seinen Blättern hat, unsere schmutzige Luft filtert und uns Sauerstoff zum Atmen schenkt. Wer sich mit solchen Gedanken der Natur öffnet, dem öffnet sich die Natur (Abb. 1.2)

Die Natur in der Stadt ist die beste Lehrmeisterin für eine ökologische Denkweise. Unbenommen natürlich, dass die Natur außerhalb der Stadt genauso wichtig ist, jedoch dies der Inhalt eines anderen Buches ist. Es sei aber darauf verwiesen, dass die Vernetzung von

Abb. 1.2 Wer sich der Natur öffnet, dem öffnet sich die Natur. (Foto Kaysers 2025)

Abb. 1.3 Genau hinschauen und dabei das Wunder und neue Dinge entdecken – wer versteckt sich in der Knospe? (Foto Kaysers 2024)

Stadt und Land wichtig ist und auch im Buch darauf eingegangen wird. Der Fokus in diesem Buch jedoch liegt explizit auf das Grün des urbanen Raumes – daher Stadtbegrünung.

Statements für grüne Städte:

„Überall dort, wo Pflanzen wachsen können, sollten auch welche wachsen" (Stefano Mancuso 2023)

„Bäume sind systemrelevant für das Stadtklima" (Markus Guhl 2025)

„In Innenstädten mit ausreichender Versorgung an Grünflächen gibt es tatsächlich weniger psychische Erkrankungen" (KIT 2019)

„Der Mensch ist zu einer geologischen Kraft geworden. Sein Handeln prägt die Natur in all ihren Facetten – vom Klima bis zur Artenvielfalt. Es geht um die Organisation der menschlichen Gesellschaft, um Rahmenbedingungen für das künftige Leben auf unserem Planeten", Klaus Töpfer, Gründer des Institute for Advanced Studies (IASS) in Potsdam.

„Blau-grüne Maßnahmen sind die beste Antwort für die Klimaanpassung", Tim Kaysers

1.2 Kurze Historie des Stadtgrüns

Um sich der grünen Stadt zu nähern, ist ein kurzer Blick in die Vergangenheit notwendig. Dabei überspringen wir die hängenden Gärten der Semiramis in Babylon oder die Gärten von Uruk in Mesopotamien und beginnen in Europa etwa 600 Jahre vor unserer Zeit.

Die mittelalterliche Stadt kam noch ganz ohne Grün aus. Sie war dicht bebaut, aber auch nicht so groß, sodass die umgebenden Felder und Grünflächen schnell zu erreichen waren. Ab dem 16. Jahrhundert wandelten die wohlhabenden Bürger ihre Gärten vor den Stadttoren in Ziergärten um, sodass oftmals die Friedhöfe vor den Stadttoren die einzige Grünfläche waren (Kellner 2014).

In dieser Zeit des Absolutismus und großer Stadtumbauten wurde auch das Grün in Form von Alleen, Boulevards und baumbestandenen Plätzen integriert. Die Gärten am Stadtrand, wie beispielsweise der Tiergarten in Berlin, wandelten sich zu prunkvollen Parkanlagen, zu denen auch die Bevölkerung teilweise Zugang erhielt. Doch angesichts stark wachsender Städte, brauchte es mehr Grün für die Bevölkerung. Ende des 18. Jahrhunderts entstand viel Platz für Grün durch die Schleifung der Wallanlagen, wie die Wallanlagen in Bremen, der Kölner Grünring oder der Frankfurter Grüngürtel (Kellner 2014). In Freiburg ist der Colombipark (Abb. 1.4) als Teil der Vaubanschen Festung eine der einzigen größeren Grünflächen in der Innenstadt.

Abb. 1.4 Colombipark Freiburg im Breisgau – ehemalige Festungsanlage. (Foto Kaysers 2020)

Die Plätze in der Stadt blieben jedoch noch lange reine „Paradeplätze“ und wurden erst Ende des 19. Jahrhunderts nach englischem Vorbild der begrünten „Squares“ in Schmuckplätze umgewandelt. Der Architekt J. Stübben schreibt in seinem Buch „Der Städtebau“ 1890, die „Anlage und die Ausbildung der öffentlichen Plätze bildet die künstlerisch wichtigste Aufgabe des Städtebaus“. Zugleich schreibt er, dass diese Gartenplätze vorwiegend der öffentlichen Gesundheit, Behaglichkeit und Erholung dienen, aber zugleich auch die freundlichsten Schmuckmittel unserer Städte sind (Stübben 1890).

Mit Peter Joseph Lennés Plan „projectirte Schmuck: und Grenzzüge von Berlin mit nächster Umgebung“ wurde 1840 erstmals ein bewusster Zusammenhang zwischen Stadt und Grün hergestellt. Plätze und Parks wurden zum „öffentlichen Spazierweg“ zum Vergnügen und aber auch für die Gesundheit empfohlen (Schweizer 2011).

In dieser Zeit entstanden auch die ersten kommunalen Gartenverwaltungen. Viele Grünanlagen waren jedoch in erster Linie an der bürgerlichen Schicht orientiert. Erst Anfang des 20. Jahrhunderts bildete sich nach dem Vorbild amerikanischer und englischer Parks eine Volksparkbewegung, die der ganzen Bevölkerung Raum und Gelegenheit zum Aufenthalt im Freien, zum „Sich-Ausleben“ in Spiel und Sport ebenso wie zum beschaulichen Ausruhen dienen sollte (Lesser 1927).

Ebenezer Howard löste sich von einer rein städtebaulichen Betrachtung zu einer neuen Kultur, in der Stadt und Landschaft sich „vermählen“ (Howard 1902). Er entwickelte das Konzept der Gartenstadt (Abb. 1.5), die jedoch völlig neu im Umland der Städte entstehen sollte.

Auch innerhalb vieler Städte entstanden neue Parks. Aus dieser Zeit stammen Parks wie der Vorgebirgspark in Köln, der Huthpark in Frankfurt/Main, der Schillerpark in Berlin oder der Stadtpark in Hamburg. In Köln und Hamburg wurden integrierte Siedlungs- und Freiraumkonzepte entwickelt, die Freiräume und Frischluftschneisen berücksichtigten.

Während der NS-Zeit mussten die Plätze und Grünflächen der Städte der Macht des Staates dienen. Nach dem 2. Weltkrieg dann waren viele historische Stadt- und Grünstrukturen zerstört. Auf vielen Flächen wurde Gemüse angebaut, um die Bevölkerung zu ernähren. Mit dem Wiederaufbau sollte der Stadtraum neu geordnet werden. Anstatt der Axialien aus der NS-Zeit sollten „Stadtlandschaften“ in einer gegliederten und aufgelockerten Stadt geschaffen werden. Die Grünräume waren fließend und die Fußwege verliefen abseits vom Verkehr. Parks und Plätze sollten „Ruhe- und Erholungsinseln“ im städtischen Getriebe sein (Kellner 2014).

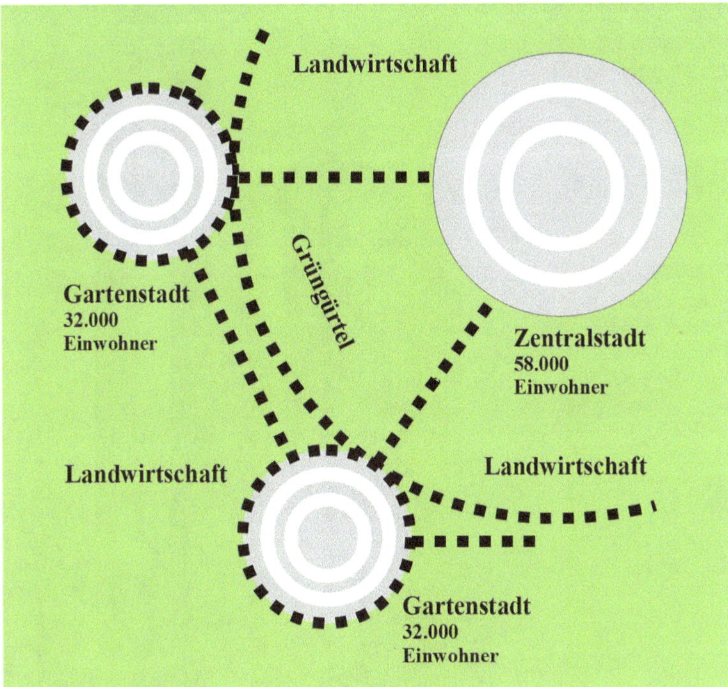

Abb. 1.5 Vision einer Gartenstadt von Ebenezer Howard (nach Ebenezer Howard, Graphik Kaysers 2025)

Der Soziologe Lucius Burckhardt schreibt in seinem Geleitwort zu Michael Antritzkys und Klaus Spitzers bekannter Streitschrift „Grün in der Stadt“ 1981, dass „gerade in der Stadt ökologisch ausgerichtetes, sozial nutzbares und ästhetisch vielfältiges Grün notwendig ist“. Diese Aussage ist heute aktueller denn je. Im letzten Jahrhundert konzentrierte sich die Stadtplanung viel zu lange auf die harte und nicht grüne Infrastruktur. Es ging um Verkehrsführung, um Bebauung, um die technische Infrastruktur oder um Ideale, wie einer geometrischen Stadt mit weiten Straßen und modernster Architektur. So spielte beispielsweise Grün bei dem Idealbild einer Großstadt Düsseldorf von Hanns Herkendell keine Rolle (Abb. 1.6). Zu wenig wurde auf das gesunde Leben der Menschen und das Grün eingegangen.

Abb. 1.6 Das Idealbild der Stadt war nicht immer grün. Vision des Düsseldorfer Malers Hanns Herkendell 1927

Die Städte wachsen weltweit nach wie vor überall. Doch gibt es auch Ausnahmen, gerade in Deutschland. So mussten viele Städte in Ostdeutschland oder auch im Ruhrgebiet den „Wandel ohne Wachstum" bewerkstelligen. Dabei spielte der Freiraum eine zentrale Rolle. Als Beispiele für die erfolgreiche Umwandlung gelten die IBA Emscher Park (Abb. 1.7) oder grüne Ortsmitten wie in Staßfurt, Sachsen-Anhalt, in Duisburg-Bruckhausen, in Bremen-Tenever oder in Gelsenkrichen Tossenhof.

Doch die Nachverdichtung durch ständiges Wachstum bleibt nach wie vor heute die große Herausforderung. Dabei hat sich der Blick auf das Stadtgrün in den letzten Jahrzehnten grundlegend geändert. Es geht nicht nur um Verdichtung, Technikausbau und Verkehr, sondern es wurde erkannt, dass die Stadtnatur mit ihren „Ökosystemleistungen" zum einen Aufgaben der Technik übernehmen und dass Nachverdichtung und Verkehrsflächen mit Grün kombiniert werden können. Ebenso wurde erkannt, dass die Ökosysteme eine wichtige Rolle in der Klimakrise spielen.

Abb. 1.7 Erfolgreiche Umwandlung ehemaliger industrieller Räume: Zeche Zollverein als Teil der IBA Emscher Park. Masterplan Rem Koolhaas von OMA und Landschaftsarchitekt Henri Bava von Agence Ter. (Foto Marc Bermann, 2015)

1.3 Ökosystemleistungen – Grundlage des Lebens

Die Ökosysteme sind Grundlage aller Lebewesen auf der Erde. So sind sie auch für die Menschen überlebenswichtig und beeinflussen wesentlich die Lebensqualität. Dies insbesondere auch in Städten. Fast alle Ökosysteme hängen mit Pflanzen zusammen, da durch ihre Lebensweise u. a. die Bodenfruchtbarkeit, die Sauerstoffproduktion, die Kohlenstoffbindung, die Wasserkreisläufe, die Luftsäuberung oder die Ernährung aller Lebewesen abhängen.

Der Name **Ökosystemleistungen** wurde 1981 von den Biologen Ehrlich und Ehrlich entwickelt. Bekannt wurde das Konzept durch das von der UNO initiierte Millennium Ecosystem Assessment. Der Begriff „Leistung“ ist vielleicht etwas technisch oder zu monetär, daher könnte man auch von Ökosystembeiträgen, -fähigkeiten oder -wirkungen sprechen. Doch da sich dieser Begriff etabliert hat, wird er hier verwendet. Dabei werden vier Kategorien unterschieden. Dies sind unterstützende, bereitstellende, regulierende und kulturelle Leistungen. Um die Wichtigkeit für das Leben zu betonen, können diese auch als lebenswichtige, lebensversorgende, lebensfördernde und lebensbereichernde Leistungen benannt werden (s. Abb. 1.8).

Um diesen Leistungen mehr Gewicht zu geben, wurden sie monetär bewertet. Die Gefahr besteht natürlich, dass man so komplexe Systeme mit einer monetären Bewertung zu sehr vereinfacht. Ebenso können kulturelle Leistungen nur schwer in Zahlen umgewandelt werden. Doch um die Wichtigkeit zu betonen, ist eine Bewertung mit einem Preis zweck-

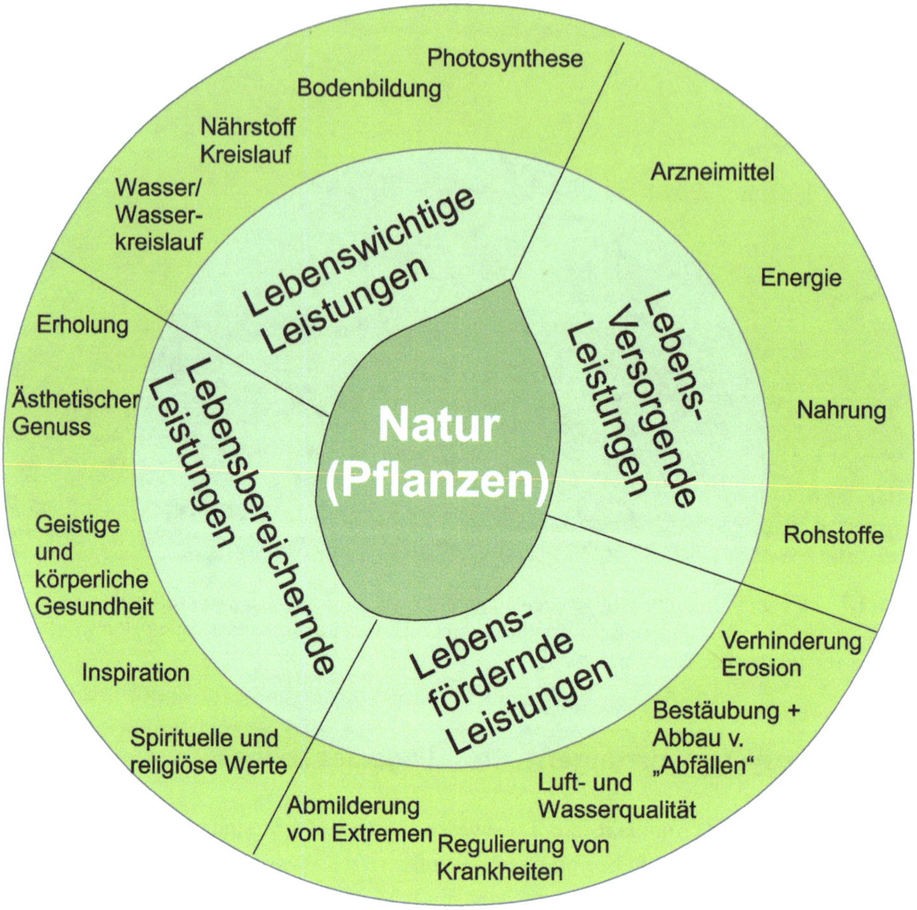

Abb. 1.8 Ökosystemleistungen der Natur, frei nach dem Millenium Ecosystem Assessment – überall spielen die Pflanzen eine Rolle. (Graphik Kaysers 2025)

dienlich. Die weltweiten Leistungen der Ökosysteme werden auf jährlich 170 bis 190 Billionen US-Dollar geschätzt, was dem Doppelten des globalen Bruttoinlandsprodukts (BIP) entspricht (BCG + NABU 2020). Dieser Wert unterstreicht die Bedeutung der Ökosysteme.

Um das Thema ganzheitlich zu betrachten, wurde von Naturkapital Deutschland eine Studie herausgebracht, um über die Ökosystemleistungen in Städten aufzuklären und als Entscheidungshilfe für Akteurinnen zu dienen (TEEB DE 2017). Die Kernbotschaften sind:

- Stadtnatur erbringt zahlreiche Ökosystemleistungen und trägt maßgeblich dazu bei, die Gesundheit der Stadtbevölkerung zu schützen und deren Lebensqualität zu erhöhen.
- Informationen über den Wert der Natur können gezielt in Planungs- und Entscheidungsprozesse einfließen.

- In Städten ist die Bevölkerung oftmals einer höheren Belastung durch Überwärmung, Feinstaub und Lärm ausgesetzt. Die Stadtnatur hilft, diese Umweltbelastungen zu reduzieren.
- Naturkontakt reduziert Stress und hilft zudem Aggressionen und Ängste abzubauen und fördert die Konzentrations- und Leistungsfähigkeit der Menschen.
- Städtische Ökosystemleistungen sollen insbesondere auch in sozial benachteiligten Gebieten gefördert werden, sodass Stadtnatur auch zu einer Frage der sozialen Gerechtigkeit wird.
- Stadtnatur leistet einen Beitrag zur Stärkung des gesellschaftlichen Zusammenhalts.
- Stadtnatur und der Zugang dazu sind wesentlich für eine gesunde Entwicklung von Kindern und Jugendlichen.
- Der Anbau von Lebensmitteln in der Stadt – in Gärten, auf Balkonen und im öffentlichen Raum – dient nicht nur der anteiligen Selbstversorgung, sondern fördert auch das Bewusstsein für regionale Produkte und eine gesunde Ernährung.
- Stadtnatur ist ein Standortfaktor und macht die Stadt und/oder Unternehmen attraktiv. Durch naturnah gestaltete Grünflächen lassen sich zudem Unterhaltskosten einsparen und positive Effekte für die Gesundheit, Motivation und Leistungsfähigkeit der Beschäftigten erzielen. Aktuelle Untersuchungen belegen, dass Immobilien durch ein attraktives grünes Umfeld deutlich an Wert gewinnen.
- Grün im unmittelbaren Wohnumfeld beeinflusst die Lebenszufriedenheit positiv. Ein Hektar zusätzlicher Grünfläche bedeutet statistisch dasselbe wie ein zusätzliches Einkommen von 276 € pro Jahr.
- Ökosystemleistungen sind ein wichtiger Schritt hin zu einer sozial, ökologisch und ökonomisch nachhaltigen Stadtentwicklung.
- Biologische Vielfalt zu fördern, leistet einen Beitrag zum Naturschutz und stärkt die Lebensqualität und Attraktivität von Städten.
- Die grüne Infrastruktur kann die interkommunale Zusammenarbeit stärken u. a. über eine abgestimmte Flächenpolitik, um den Flächenverbrauch zu reduzieren.
- Bereitstellungen der Leistungen der Natur kann ökonomische Reize setzen und umweltschädigendes Verhalten reduzieren z. B. Abwassergebühren, handelbare Flächenausweisungsrechte, Sicherung des Naturkapitals im Rahmen des kommunalen Finanzausgleichs.

Damit sind bereits wichtige Argumente genannt und der Weg aufgezeigt. Zukünftig geht es um Ökosysteme – um ökologisches Handeln und Leben. **Die Ökologie – oikos Haus und somit die Natur – stellt uns alles zur Verfügung, was wir brauchen: Ernährung, Energie, Baumaterial, Gesundheit und vieles mehr.**

Wir fokussieren uns zu sehr auf den Erhalt unseres materiellen Wohlstands und nicht auf ein wirklich ökologisches Leben, welches letztendlich unser Wohl erhält. Um Ökologie zu verstehen und zu leben, muss sie mehr integriert werden. Das heißt weniger Technik, weniger harte Materialien und mehr lebendiges Grün. Stadtbegrünung spielt dabei eine wichtige Rolle. Sie bedeutet eine wesentliche Voraussetzung für nachhaltige, lebens-

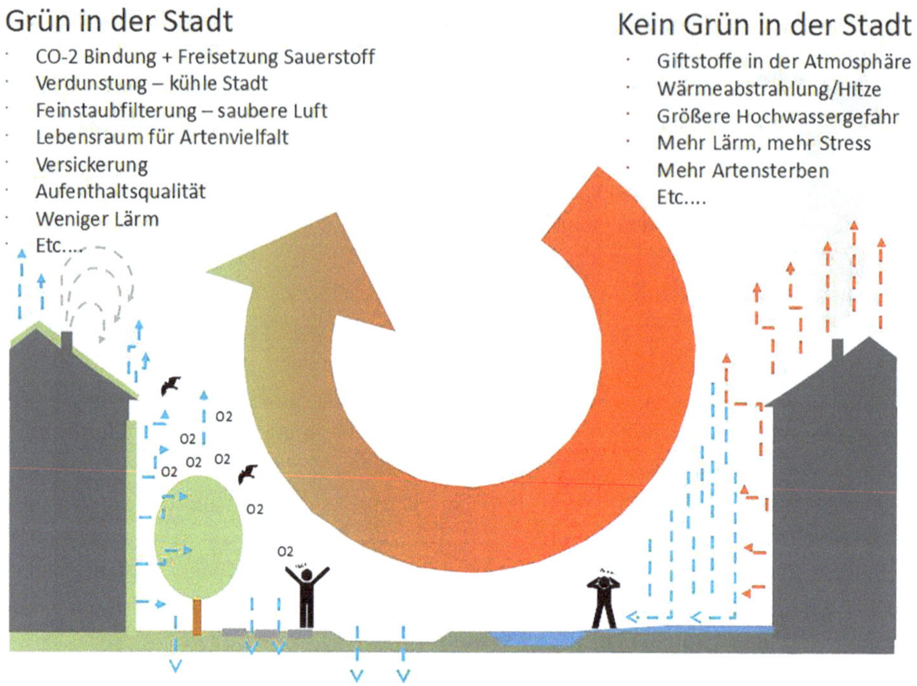

Abb. 1.9 Rechts negative Effekte einer grauen Umgebung und links die positiven Effekte von Grün in der Stadt. (Graphik Kaysers 2025)

werte, resiliente und zukunftsfähige Städte und Regionen. Grün bedeutet so viel Gutes für uns (Abb. 1.9). Auf all diese und weitere Themen wird im weiteren Verlauf des Buches eingegangen.

> Fazit für die Praxis: Stadtbegrünung ist wichtig, sie ist keine Nebensache, die noch optional betrachtet werden kann. Die Ökosystemleistungen erhalten unser Leben – ohne sie könnten wir nicht existieren. Geschichtlich wurde dem Grün zu wenig Gewicht gegeben, jetzt wird der Wert deutlich. Wir brauchen mehr Grün, gerade im urbanen Raum!

Literatur

BCG Boston Consulting Group + NABU Naturschutzbund Deutschland (2020) https://www.nabu.de/imperia/md/content/nabude/biodiv/200923-nabu-bcg-studie-biodiv2.pdf Zuletzt geprüft am 14.01.2025

Breuste, J. (2019) Die Grüne Stadt, Springer Spektrum, Berlin, Seite 3

bpb Bundeszentrale für politische Bildung (2024): https://www.bpb.de/kurz-knapp/taegliche-dosis-politik/555981/welttag-der-staedte/ Zuletzt geprüft am 15.01.2025

Forsa Umfrage im Auftrag des Bundesverbandes Garten-, Landschafts- und Sportplatzbau e. V. (BGL) im Rahmen der Initiative „Grün in der Stadt“ (2020): https://www.galabau.de/bgl-gescha-ftsbericht2020-2021-online.pdfx Zuletzt geprüft am 15.10.2024

Guhl, Markus, Hauptgeschäftsführer des Bund deutscher Baumschulen (BdB), 2025: https://www.dega-gartenbau.de/aktuelles/news-gartenbau/article-8288233–204888/berlin-setzt-wichtiges-zeichen-fuer-mehr-stadtgruen-.html Zuletzt geprüft am 26.11.2025

Howard, E. (1902) Garden Cities of Tomorrow, S. Sonnenschein & Company, London

Lesser, L. (1927), Volksparke heute und morgen, Berlin

Litzelmann, Jenny (2013): https://www.schweitzer.org/de/ehrfurcht-vor-dem-leben/ Zuletzt geprüft am 14.01.2025

Kellner, Ursula (2014), DGGL Jahrbuch Zukunft Stadtgrün, Verlag Georg D. W. Callwey GmbH & Co. KG, Seiten 15–21

KIT Karlsruher Institut für Technologie, Studie 2019 „Wie Grünflächen in Städten das Wohlbefinden fördern“: https://www.ifss.kit.edu/rd_download/2.%20Forschung/Mental%20mHealth%20Lab%20_%20Angewandte%20Psycholo/PI_2019_104_Wie%20Gruenflaechen%20in%20Staedten%20das%20Wohlbefinden%20foerdern.pdf Zuletzt geprüft am 26.11.2025

Mancuso, S. (2023) Die Welt der Pflanzen, Klett-Cotta Verlag, Stuttgart, Seite 63

Schweizer, S. (2011): Urbanistische Gartenkunst im Zeitalter vor dem Städtebau: Beitrag Peter Joseph Lennes, in Habrock-Henrich, Petra et al. (2011): Peter Joseph Lenne. Eine Gartenreise im Rheinland: Begleitpublikation zur Sonderausstellung „Peter – eine Gartenreise im Rheinland“ der Generaldirektion Kulturelles Erbe Rheinland-Pfalz/Landesmuseum Koblenz vom 15. April–16. Oktober 2011 in der Festung Ehrenbreitstein, Regensburg, Seite 107–114.

Stübben, J. (1890), Der Städtebau, Darmstadt, Seite 189 und 152.

TEEB DE, The Economics of Ecosystems and Biodiversity – Naturkapital Deutschland TEEB DE (2017): https://www.ufz.de/export/data/global/190506_TEEB_DE_Broschuere_KF_Bericht3_Stadt_BF.pdf Zuletzt geprüft am 15.01.2025

Wulf, Andrea (2017): Alexander von Humboldt und die Erfindung der Natur, C. Bertelsmann Verlag, München

2 Herausforderungen der Städte heute

Das Thema Stadtbegrünung nimmt Fahrt auf. Doch nach wie vor werden zu viele Flächen versiegelt, es gibt Luft- und Lichtverschmutzung, der Artenschwund nimmt zu, die Bauabfälle türmen sich, die Umwelt ist voll von Mikroplastik, die Städte sind überhitzt und immer wieder kommt es zu Starkregen, der Überflutungen verursacht. Grünere Städte wären eine Lösung. Trotzdem wird beim Grün eingespart. Dies verlagert jedoch nur die zuvor genannten Probleme.

In Städten werden die höchsten Mengen an Ressourcen und Energie verbraucht, der meiste Müll produziert und die meisten Emissionen verursacht. Die Stadt London hat einen ökologischen Fußabdruck, der 120-mal der Fläche der Stadt und somit der gesamten ökologisch nutzbaren Fläche Englands entspricht (Lesch 2018). Der ökologische Fußabdruck berechnet pro Kopf den Verbrauch von Energie, Nahrung, Kleidung, Entsorgung etc. und das Binden des entstandenen Kohlendioxids. Die Klima- und die Artenkrise erfordern ein dringendes Handeln, vor allem in den Städten.

Wie stark der Mensch das vorherrschende Ökosystem beeinflusst hat, lässt sich mit dem ökologischen Begriff der Hemerobie unterteilen. Dieses System wurde in Skandinavien entwickelt und von Herbert Sukopp (Sukopp und Wittig 1998) weiter detailliert. Für urbane Bereiche werden folgende Einstufungen benannt:

- ahemerob/natürlich (unbeeinflusst)
- oligohemerob/naturnah (wenig beeinflusst)
- mesohemerob/halbnatürlich (mittelmäßig beeinflusst)
- euhemerob/naturfern (stark beeinflusst)
- polyhemerob/sehr stark beeinflusst, teilbebaute Flächen
- metahemerob/naturfremd (übermäßig beeinflusst)

T. Kaysers, *Stadtbegrünung*, https://doi.org/10.1007/978-3-658-51457-0_2

Siedlungen sind euhemerob bis metahemerob. Die entscheidenden Faktoren wie Wasser, Boden, Luft und Klima sind stark gestört oder vollständig zerstört. Um diese starke ökologische Zerstörung zu beheben, muss vorrangig in den Städten wieder begrünt werden.

2.1 Was Stadtgrün verhindert

Der Bau und die Pflege von grüner Infrastruktur und grünen Elementen in der Stadt haben es oft schwer. Es gibt immer Dinge, die noch wichtiger sind. Dies mag in vielen Fällen auch so sein, doch viele Gründe lassen sich auch relativieren oder es gibt Lösungen, bei denen beides kombiniert werden kann. Doch dazu später mehr. Vielerorts wird jedenfalls der Grünflächenanteil nach wie vor in vielen Städten reduziert.

Die Argumente mehr Wohnraum zu schaffen und die Straßenbreiten bei immer größeren Autos und LKWs zu vergrößern werden immer wieder genannt. Der anhaltende Trend zu mehr Versiegelung und weniger Grün ist in Zeiten der Klimakrise alarmierend. Nach wie vor werden laut Umweltbundesamt über 50 ha Fläche für Siedlungen und Verkehr versiegelt. Dies entspricht über 100 Fußballfelder täglich! Das Ziel auf Nettonull zu kommen ist weit entfernt. Erschreckend ist auch der hohe Anteil an Flächen nur für fahrende und parkende Autos in der Stadt. In Berlin sind beispielsweise 58 % der Verkehrsfläche für fahrende und ruhende Autos reserviert (Veloplan 2024).

Über den Sinn größere Autos zu fahren, soll hier nicht weiter diskutiert werden. Jedenfalls gehen die immer größer und schwerer werdenden Fahrzeuge zu Lasten von Grünflächen und führen zur Verbreiterung der Fahrbahnen und Parkplätze. Erst 2024 wurden die Vorgaben für Stellplatzbreiten und Tiefen vergrößert, sodass der Verkehrsraum immer mehr Platz einnimmt. Viele urbane Räume sind derart „autogerecht“, dass jegliches Grün im Straßenraum fehlt (Abb. 2.1). Es gibt keine Aufenthaltsqualität, kein Regenwasserrückhalt, der Straßenraum heizt sich stark auf, die Luftschadstoffe werden nicht gefiltert und es gibt keinen Lebensraum für Tiere. Doch niemand möchte auf sein Auto verzichten. Dabei stehen diese die meiste Zeit nur herum, verlieren an Wert, belasten den Boden mit Öltropfen und lassen kein Platz für Grün. Diesen Zustand aufzubrechen ist sehr schwierig. Vorrangig hängt das Thema Verkehr mit dem Mobilitätswandel zusammen. Dazu wird näher im Abschn. 6.2 eingegangen. Doch an dieser Stelle kann jeder sich fragen, ob die Städte so noch lebenswert sind. Alles versiegelt und autogerecht – keine Natur.

Dann gibt es immer wieder das Thema Leitungen, welche Grün verhindern. Entweder sind Bestandsleitungen im Weg oder Grün muss neuen Leitungen weichen. Immer wieder steht Grün an letzter Stelle. Wird doch noch der „Alibi-Baum“ gepflanzt, kommt es durch nicht durchdachte und nicht fachgerecht umgesetzte Planungen von Baumstandorten vor, dass Wurzeln die Leitungen beschädigen oder der Baum nicht genügend Wurzelraum hat. Das ist sicher ein Problem, kann aber vermieden werden (s. Abschn. 3.1). Gerade Entwässerungsleitungen sind betroffen, da es dort viel Wasser und Luft gibt. In Deutschland sind gemäß dem Statistischen Bundesamt allein an die 600.000 km Kanalisationsrohre

Abb. 2.1 Typischer autogerechter Straßenraum in Köln. Immerhin gibt es einen separaten Radstreifen, jedoch fehlt Grün. (Foto Kaysers 2024)

verbaut, die nach und nach alle saniert werden müssen. Auch hier sind laut den Leitungsträgern oftmals Bäume im Weg.

Weitere Argumente gegen Begrünung sind, dass die Bäume auch noch mit ihren Wurzeln den Belag schädigen. Oder stehen sie zu nah an Gebäuden, verschatten sie die Fassade und lassen das Moos am Putz und auf den Dachziegeln wachsen. Dazu bedecken sie im Herbst die urbanen Flächen mit braunem Laub. Mit dem Laub sammelt sich auch viel Müll, denn viele Grünflächen sind nicht gepflegt und laden zum Müllabladen ein. Und wenn der Baum in der letzten Ecke des Platzes oder auf dem letzten grünen Quadratmeter im Straßenraum gepflanzt wird, vergreist er schnell und wird höchstens 10 oder 20 Jahre alt. Danach muss er dann aus Verkehrssicherheitsgründen gerodet werden. Anderes Grün wird kurzgehalten, damit es keine Verstecke für Kriminelle gibt und weil die Sicherheit gewährleistet werden muss. Grün ist eine Gefahr wird argumentiert.

So bleibt oft nur noch das Grün an den Gebäuden. Dies nimmt kaum Fläche am Boden in Anspruch, doch wird dieser dann für mehr Parkplätze genutzt. Und das Grün am Gebäude ist gut gestutzt oder nur an einer kleinen überschaubaren Stelle angebracht. Denn das Grün stört sonst an der Fassade die kantige Architektur, wird argumentiert. Außerdem lädt es nur ungeliebte Mitbewohner wie Spinnen und Mücken ins Haus ein, befürchten viele. Dann gibt es die große Angst der Brandgefahr von Fassadengrün oder die Entwässerung von Flachdächern. Alles Gründe gegen Grün – zumindest auf den ersten Blick.

Nach wie vor wird gedacht, vieles in der Stadt kann mit Technik gelöst werden. Das ist zwar teuer, aber kontrollierbar, wird argumentiert. Es kann gerechnet werden und die Wartungskosten werden gezahlt, ohne nach dem Sinn zu fragen. Ein teures Beispiel sind die 30 weiteren Luftfiltersäulen in Stuttgart. Sie kosten der Stadt ca. 2,6 Mio. EUR im Jahr und verbessern die Luft im Mittel nur um 10 % (StZ 2019 und 2020).

Jeder Grund, nicht in Grün zu investieren lässt sich mit vielen Gründen dafür widerlegen. Meistens ist es der Unterschied zwischen kurzfristiger und langfristiger, also nachhaltiger Betrachtung. Grün braucht immer Zeit zum Wachsen und der Wert der Grünanlage entfaltet sich erst nach vielen Jahren. Diese Betrachtungsweise ist bei kurzfristig angedachter Haushaltslage und kurzen Wahlperioden immer schwierig. Doch umso mehr sollte man sich für die Investition in Grün einsetzen, denn wer langfristig denkt, handelt nachhaltig. Das Aufkommen der vielfachen Krisen kann dabei ein großer Treiber für einen Sinneswandel sein.

2.2 Klima- und Biodiversitätskrise – Klimaanpassung

Seit gut einem halben Jahrhundert wird vermehrt auf den Klimawandel und seine Folgen hingewiesen. Die Erkenntnis darüber ist noch viel älter. Seitdem wurde aber nicht genügend getan. Mittlerweile befinden wir uns inmitten der Klimakrise. Vermehrte Hitzetage, Dürren, Hochwasser- und Starkregenereignisse gerade in Städten und das stille Artensterben sind Wirklichkeit geworden. Neben dem notwendigen Klimaschutz durch die Umwandlung in eine regenerative Gesellschaft müssen wir uns jedoch auch um die Klimaanpassung kümmern. Dabei gilt es, das Land und insbesondere die Städte an die Extremwetterereignisse anzupassen.

Die Hitzetage haben in Deutschland und der Welt in den letzten drei Jahrzehnten deutlich zugenommen. Dies betrifft in Deutschland alle Regionen. Hitzetage sind Tage, an denen die Maximaltemperatur 30 °C erreicht. Hitze ist das größte durch den Klimawandel bedingte Gesundheitsrisiko in Deutschland (VDEK 2024). Im Hitzesommer 2022 starben allein in Deutschland rund 4500 Menschen an Hitze (RKI 2023). Das sind mehr Tote als durch Drogenkonsum oder Tote im Verkehr jedes Jahr. Ende Juni und Anfang Juli 2025 herrschte in großen Teilen Europas extreme Hitze und die Zahl der Hitzetote verdreifachte sich gegenüber den Vorjahren (Tagesschau 2025). Jedes Jahr gibt es neue negative Rekorde. Die meisten Städte in Deutschland sind zu stark versiegelt und bieten zu wenig kühlendes Grün. Der zweite Hitze-Check der Deutschen Umwelthilfe (DUH, 2025) ergab, dass der Großteil der Städte in Deutschland die Menschen nicht ausreichend vor hohen Temperaturen der Klimakrise schützt. Von den 190 untersuchten Städten erhalten 31 die Rote Karte, 131 eine Gelbe Karte und nur 28 eine Grüne Karte. Gemessen werden die versiegelte Fläche und das Grünvolumen. Daraus ergibt sich der sogenannte „Hitzebetroffenheitsindex" HBI, dessen Ergebnis aufzeigt, dass in Deutschland etwa 12 Mio. Menschen an ihrem direkten Wohnort extremer Hitze ausgesetzt sind. Kurz gesagt, es gibt zu viel Grau und zu wenig Grün in unseren Städten.

Hinzu kommt, dass das Stadtklima besonders in den Städten heiß ist. Eine Temperaturdifferenz von 7–11 °C zwischen der Innenstadt und dem Umland ist keine Seltenheit (LANUV 2013). Hitze ist auch nicht nur ein Gesundheitsrisiko, sondern wird zunehmend eine finanzielle Belastung. Laut einer Studie von Professor Nicolas Ziebarth von der Cornell Universität in New York kostet ein Hitzetag in Deutschland 40 Mio. EUR (Ziebarth 2018).

Als eine Lösung wird nach wie vor oftmals die historische Altstadtbebauung in Südeuropa genannt. Doch diese stammt aus Zeiten des Mittelalters und ist heute nicht mehr ausreichend. Bei langanhaltender Hitze können die engen Gassen nicht mehr auskühlen. Die Wärmeabstrahlung der steinernen Stadt bewirkt auch nachts hohe Temperaturen. Dies habe ich im Hitzesommer 2025 bei eigenem Leib in Florenz erfahren (Abb. 2.2). Die Fassaden strahlten Wärme ab wie Heizungen und nachts lagen die Temperaturen noch bei 35 Grad.

Zusammen mit den Hitzetagen sind die zunehmenden Dürren eine große Herausforderung. Bisher war Deutschland so reich an Wasser, dass die Entsorgung davon wichtiger war wie dessen Speicherung. Noch heute gilt die Abwasserbeseitigungspflicht, von der man sich befreien lassen muss, um Wasser zu speichern oder zu versickern.

Die extreme Dürre 2022 brachte weite Teile Europas an ihre Belastungsgrenze. In Italien musste die Hälfte der Bevölkerung mit Wasserbeschränkungen leben und in Frankreich wurden 100 Gemeinden mit Trinkwasser per Lastwagen versorgt. Eine Studie des Helmholtz-Zentrums zeigt, dass die Dürre maßgeblich auf den Klimawandel zurückzuführen ist (Nature Geoscience 2024). Der Bodensee, der größte Trinkwasserspeicher Europas, erlebte im April 2025 einen seiner niedrigsten Wasserstände (Abb. 2.3).

Die Dürren machen den Bäumen zu schaffen. Laut dem Waldschadensbericht 2023 sind 4 von 5 Bäumen krank. In den Städten sieht die Situation noch gravierender aus. Die Stadt München verliert durch die Trockenheit und erschwerten Lebensbedingungen durch Hitze jedes Jahr ca. 2000 Bäume, die nicht nachgepflanzt werden (ZDF 2025).

Gerade auch im städtischen Umfeld leiden die Bäume unter dem Wassermangel. Mit steigenden Temperaturen und zunehmenden Dürreperioden steigt die Evapotranspiration stark an und führt zu einer noch schnelleren Austrocknung der Böden und Steigerung des Trockenstresses der Bäume (LWG 2021). Die Evapotranspiration ist die Verdunstung der

Abb. 2.2 Erste Ansätze von Grün in der mittelalterlichen Stadt Florenz als Maßnahmen in der überhitzten Stadt. Es braucht aber noch viel mehr! (Foto Kaysers 2025)

Bäume über die Blätter und die Verdunstung des Bodens. Dies wird noch im Kap. 6 vertieft.

Erschwerend hinzu kommt, dass über stark versiegelten Stadtgebieten kaum latente Energie abstrahlt und sich die Temperatur am Boden stark aufwärmt. Somit entstehen lo-

Abb. 2.3 Dürre am Bodensee, Europas größter Trinkwasserspeicher. (Foto Kaysers 2025)

kale Hochdruckgebiete über den Städten (Abb. 2.4), die das Vordringen feuchter Luftmassen behindern (Scheub, Schwarzer 1, 2023).

Ein gern vergessenes Thema sind die sinkenden Grundwasserspiegel. Sobald es im Winter regnet, wird darüber nicht mehr gesprochen. Doch seit Jahren sinken die Grundwasserspiegel weltweit, auch in Deutschland (Guardian 2025). Dies hat viele Gründe, jedoch ein gewichtiger Grund ist, dass das Wasser zu schnell abgeleitet wird und nicht vor Ort versickert sowie durch die erhöhten Temperaturen nicht mehr verdunstet wird. Wenn es dann noch weniger in den Sommermonaten regnet, dann sinkt der Grundwasserstand weiter.

Wenn der Regen ausbleibt, kommen die Stadtverwaltungen auf besondere Ideen. Auf dem Prešerenplatz in Ljubljana, Slowenien, hat die Stadt über hängende Leitungen einen künstlichen Regen mitten im Hochsommer installiert (Abb. 2.5). Die Abkühlung fand große Begeisterung, jedoch signalisiert dies das Dilemma, dass es gerade in der Stadt nicht mehr genügend regnet. Wenn die Vegetation nicht mehr den Regen bringt, dann eben auf technische Weise. Dies ist jedoch keine großflächige Lösung.

Neben den Dürreperioden kommt es immer mehr zu Überschwemmungen und Hochwasser. Vor allem der globale Süden ist betroffen. Aber auch Deutschland bleibt nicht verschont. Die Flutkatastrophe im Juli 2021 im Ahrtal hat 133 Menschen das Leben gekostet und weite Teile des Tals zerstört.

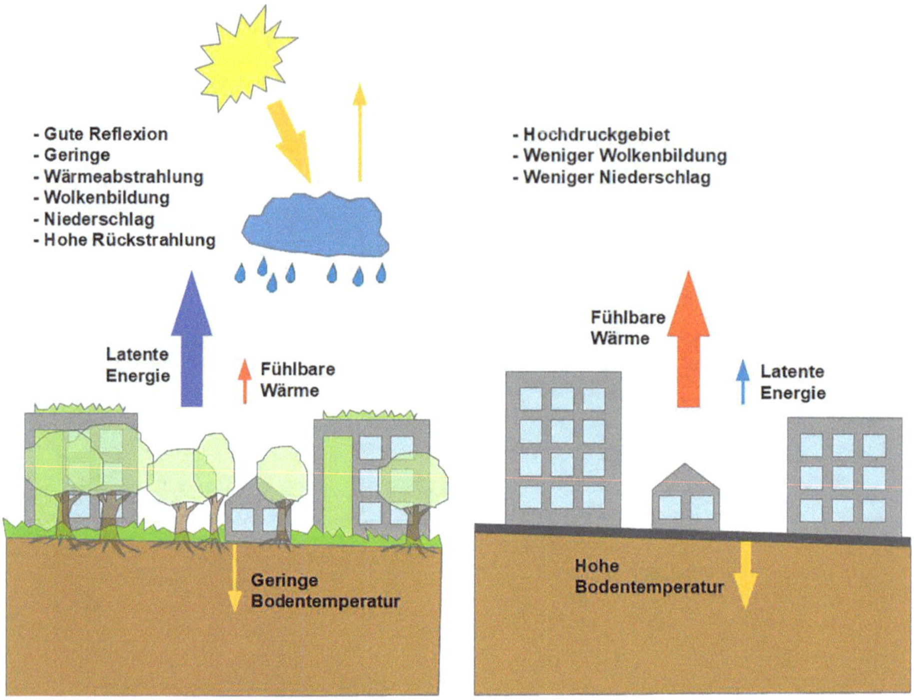

Abb. 2.4 Verdunstung („latente Energie") senkt die Bodentemperatur, erhöht die Reflexion der Sonnenstrahlung durch sich bildende Wolken und ermöglicht so Niederschlag, wie links abgebildet. Fehlende Vegetation erhöht die Temperatur am Boden und schafft Hochdruckzonen, die das Vordringen feuchter Luftmassen behindern. Lokale Trockenheit ist oft die Folge, wie rechts abgebildet. (nach Scheub, Schwarzer 2023. Geändert Kaysers 2025)

Teil der Klimakrise sind auch Szenarien mit extremer Kälte. Generell hilft Stadtbegrünung in jedem Szenario. Denn die Begrünung heizt sich bei Hitze nicht auf und kann aber auch gegen Kälte dämmen, sie kann kühlen, aber auch im Winter gegen Zugluft helfen oder Schnee aufnehmen. Deutlich wird jedenfalls, dass die Wetterextreme das Leben auf der Erde belasten. Doch nicht nur das menschliche Leben ist gefährdet, sondern auch das Leben der Tiere und Pflanzen, wie schon bei den Bäumen angedeutet. Es ist ein stilles Sterben, was weitreichende Konsequenzen hat, denn dies betrifft die ganze Biodiversität auf mehreren Ebenen. Die **Biodiversitätskrise** ist zum einen der schnelle Verlust vieler Tier- und Pflanzenarten, aber auch der Verlust der genetischen Vielfalt und der Ökosysteme. Es betrifft also das Leben insgesamt, einschließlich der Menschen. Das Thema Klimakrise zu berücksichtigen ist unausweichlich, es geht dabei um die Frage **wie** wir leben. Aber beim Thema Biodiversitätskrise, geht es nicht nur um die Frage wie wir leben, sondern **ob** wir überleben. Es ist das zentrale Thema und sollte bei der Stadtbegrünung immer mitgedacht werden.

Die Weltnaturschutzunion warnt, dass die Aussterberate der Tiere und Pflanzen 1000- bis 10.000- fach über der normalen Aussterberate liegt. Natürlich gab es in der Erdge-

Abb. 2.5 Künstlicher Regen auf dem Prešerenplatz in Ljubljana, Slowenien. (Foto Kaysers 2023)

schichte bereits fünf Massenextinktionen, jedoch noch nie in so kurzer Zeit. Beispielsweise ist in den letzten Jahrzehnten in deutschen Naturschutzgebieten die Biomasse aus Insekten um 76 % zurückgegangen (BMUV 2023). Dies können alle Menschen an der eigenen Windschutzscheibe der Autos erleben. Die Studien bestätigen dies nur. Dabei kennen wir nicht mal den Großteil aller Insekten. Gleichzeitig werden rund 80 % aller Pflanzen durch Insekten bestäubt. Zum einen wissen wir viel zu wenig über die Tiere und zum anderen sind die Folgen gravierend für unser Ernährungssystem und die Vermehrung der Pflanzen. Schätzungen zufolge würde ein Totalverlust an Bestäubern dazu führen, dass Ernteeinbrüche um bis zu 90 % zu befürchten sind. Der jährliche Marktwert, der durch die Produktion Bestäuber abhängiger Kulturpflanzen erzielt wird, beträgt bis zu 500 Mrd. EUR (NABU 2018). Vor allem die Versorgung des urbanen Raumes ist gefährdet, da die meisten Lebensmittel nach wie vor auf dem Land produziert werden (Abb. 2.6).

Wie beschrieben ist mit dem Massensterben auch die genetische Vielfalt bedroht. Diese ist wichtig, um innerhalb einer Art deren Überlebens- und Anpassungsfähigkeit in wechselnden Umweltbedingungen zu gewährleisten. Sie ermöglicht es Populationen, auf natürliche Selektionsprozesse zu reagieren, indem sie eine breite Palette an genetischen Kombinationen bereitstellt, aus denen die am besten angepassten Individuen selektiert werden können und ihr Überleben absichert. Genetisch diverse Populationen haben oft eine größere Resistenz gegenüber Krankheiten, da die Wahrscheinlichkeit geringer ist, dass alle

Abb. 2.6 Die Stadtbegrünung hilft bei der Klimaanpassung, jedoch wichtig ist, dass das Thema Biodiversität mit integriert wird. Bei Europas größter Grünfassade Köbogen 2 in Düsseldorf wurde dies noch nicht ausreichend berücksichtigt. Bei 8 km langen Hainbuchenhecken und einer sterilen Rasenfläche fehlt Vielfalt. Architektur ingenhoven associates. (Foto Kaysers 2025)

Individuen von einer spezifischen Krankheit betroffen sind. Langfristig trägt genetische Vielfalt zur Stabilität und Flexibilität von Ökosystemen bei, indem sie die Anpassungsfähigkeit und somit das Überleben der Arten unter wechselnden Umweltbedingungen sicherstellt (Neumann 2024).

Mit jeder Art die verloren geht, verringert sich auch die Widerstandsfähigkeit des Ökosystems. Entscheidend sind dabei die sogenannten Schlüsselarten, welche das jeweilige Ökosystem maßgeblich beeinflussen. Verringert sich oder stirbt beispielsweise die Population des Wolfes aus, kann dies ganze Ökosysteme verändern. Oder sterben Hauptbaumarten eines bestimmten Ökosystems aus, dann verlieren wir die entsprechenden Ökosystemleistungen wie die Speicherung von CO_2, die Speicherung des Regenwassers, die Verdunstungskühlung und alle Tierarten, die auf diese spezielle Baumart angewiesen sind.

Umgekehrt steigert die Vielfalt die Resilienz, also Widerstandsfähigkeit eines Ökosystems und somit unseres Lebens. Niemand kann wirklich sagen, wie sich die Klimakrise auf die Erde auswirkt. Im Moment heizt sich das Klima stark auf, wir gehen von einer Überhitzung der Erde aus. Gleichzeitig kann es zu extremen Kälteeinbrüchen kommen und ganze Regionen verändern. **Je größer dann die Vielfalt in einem System, je größer die Wahrscheinlichkeit, dass es in dem System Arten gibt, die entweder mit Hitze oder mit Kälte oder sogar mit beiden Extremen zurecht kommen.** Sie halten das System dann aufrecht und passen sich an. Das System verändert sich, bleibt aber in Funktion, sodass auch unsere Lebensgrundlage erhalten bleibt. Das ist das Entscheidende!

Das Artensterben betrifft uns also alle und sollte in jeder zukünftigen Entscheidung mit betrachtet werden. Die hauptsächlichen Ursachen des Artensterbens sind:

- Zerstörung, Zerschneidung und Flächenverluste natürlicher Lebensräume, beispielsweise durch Intensivierung der Landwirtschaft oder Bebauung
- Verschmutzung, beispielsweise durch übermäßigen Eintrag von Chemikalien und Düngemitteln in die Landschaft oder Vermüllung durch städtischen Abfall
- Klimaveränderung, beispielsweise durch die zu schnelle Veränderung des Klimas, welches die Anpassungsfähigkeit vieler Arten überfordert
- Invasive Arten, die einheimische Arten verdrängen
- Übernutzung, zum Beispiel durch Überweidung, Überfischung und unkontrolliertes Bejagen oder Sammeln

Vor allem bei den ersten vier Ursachen spielt der urbane Raum mit seiner Zersiedelung, Versiegelung, Verschmutzung der Umwelt und Aufheizung des Klimas eine große Rolle.

Fazit für die Praxis: Die größte Bedrohung unseres Überlebens ist die Klima- und Artenkrise. Hier braucht es u. a. eine Umstellung auf regenerative Energien, eine Kreislaufwirtschaft nach dem Vorbild der Natur und die Integration der Ökosysteme auf allen Ebenen. Der urbane Raum spielt dabei eine Schlüsselrolle. Er gefährdet mit zu dichter Bebauung, zu viel Versiegelung, zu viel Verschmutzung, zu hohem Energieverbrauch unser Ökosystem Erde. Gleichzeitig muss eben genau dort angesetzt werden, um die Ursachen und somit die Folgen zu verringern. Es braucht grünere Städte, welche wie ein natürliches Ökosystem funktionieren, die unsere Umgebung kühlen, die das Regenwasser speichern, welche die verschmutzte Luft reinigen, den Lärm besser aufnehmen, den Menschen die Natur näherbringen und mehr Artenvielfalt ermöglichen.

Literatur

BMUV, Bundesministerium für Umwelt, Naturschutz, nukleare Sicherheit und Verbraucherschutz (2023): https://www.bmuv.de/faq/was-steht-in-der-krefelder-studie/ Zuletzt geprüft am 09.01.2025DUH, Deutsche Umwelthilfe (2025), Hitze-Check: https://www.duh.de/mitmachen/hitze-check/ Zuletzt geprüft am 07.09.2025

Guardian (2025): https://www.theguardian.com/environment/2025/nov/29/climate-crisis-depleting-europe-groundwater-reserves-analysis Zuletzt geprüft am 30.11.2025

LANUV, Landesamt für Natur, Umwelt und Verbraucherschutz Nordrhein-Westfalen (2013): https://www.lanuv.nrw.de/fileadmin/lanuvpubl/3_fachberichte/30050.pdf Zuletzt geprüft am 16.01.2025
Lesch Harald (2018), Wenn nicht jetzt, wann dann, Penguin Verlag München, Seite 261
LWG, Baerische Landesanstalt für Weinbau und Gartenbau (2021): https://www.lwg.bayern.de/mam/cms06/landespflege/dateien/lwg_anpassungsstrategien_stadtgruen21_bf.pdf Zuletzt geprüft am 10.01.2025
NABU, Naturschutzbund Deutschland (2018): https://www.nabu.de/tiere-und-pflanzen/insekten-und-spinnen/info/22683.html Zuletzt geprüft am 10.01.2025
Nature Geoscience (2024): Direct and lagged climate change effects intensified the 2022 European drought: https://www.nature.com/articles/s41561-024-01559-2 Zuletzt geprüft am 09.01.2025
Neumann, Dr. Felix (2024): https://das-wissen.de/genetische-vielfalt-wissenschaftliche-bedeutung-fuer-die-anpassungsfaehigkeit-von-arten/ Zuletzt geprüft am 10.01.2025
RKI, Robert Koch Institut (2023): https://www.rki.de/DE/Content/Infekt/EpidBull/Archiv/2022/42/Art_01.html?nn=13282292 Zuletzt geprüft am 10.01.2025
Scheub Ute, Schwarzer Stefan 1, (2023): Aufbäumen gegen die Dürre, oekom Verlag, München (Seite 30)
StZ, Stuttgarter Zeitung 2019: https://www.stuttgarter-zeitung.de/inhalt.filtersaeulen-an-den-messstationen-umstrittene-luftstaubsauger.48306e58-0351-453e-8b71-9f154351093b.html und 2020: https://www.stuttgarter-nachrichten.de/inhalt.verkehrs-hotspot-neckartor-luftfiltersaeulen-in-stuttgart-zeigen-laut-studie-wirkung.ccac2c8b-29f3-43c6-a930-370c0492fdc1.html Zuletzt geprüft am 14.08.2025
Sukopp, H. und Wittig, R. (1998): Stadtökologie. Ein Fachbuch für Studium und Praxis, Gustav Fischer Verlag
Tagesschau 2025: https://www.tagesschau.de/wissen/klima/bilanz-hitzetote-europa-100.html Zuletzt geprüft am 14.08.2025
Veloplan, 2024: https://www.veloplan.de/fair-spaces-index-wie-sieht-eine-gerechtere-gestaltung-des-strassenraums-aus/ Zuletzt geprüft am 13.07.2025
VDEK, Verband der Ersatzkassen (2024): https://www.vdek.com/fokus/klimawandel-gesundheit-ersatzkassen/hitzeschutz.html Zuletzt geprüft am 10.01.2025
Ziebarth, Nicolas R (2018): https://www.tagesschau.de/faktenfinder/studie-hitzetote-109.pdf Zuletzt geprüft am 30.06.2025
ZDF, Zweites Deutsches Fernsehen (2025), Dokumentation Stadtbäume im Stress: https://www.zdf.de/video/dokus/planet-e-die-welt-im-duerrestress-102/planet-e-stadtbaeume-im-stress-100 Zuletzt geprüft am 06.04.2025

3 Lösungen, Leitlinien und Strategien für mehr Grün

Wie zuvor beschrieben, scheint es nach wie vor viele Gründe gegen die Stadtbegrünung zu geben. Doch so kann nicht mehr argumentiert werden. Es gibt viele Lösungen, welche das Grün gut integrieren können. Die Notwendigkeit von Stadtgrün wurde erkannt und viele Leitlinien entwickelt (s. Abschn. 3.2). Dennoch wird nicht genügend Grün in der Stadt erhalten und eingeplant. Wem die bisherigen Lösungsvorschläge nicht ausreichen, dem helfen nachfolgende Argumente und Strategien, um die Städte zu begrünen.

3.1 Lösungen für die Herausforderungen & und was Grün alles für uns leistet

Schaffung von Lebensraum

Das Argument mit dem Wohnraum, der in der Fläche geschaffen werden muss, ist für asiatische Städte nachvollziehbar. Dort wächst die Bevölkerung stetig. Doch in Deutschland ist das Bevölkerungswachstum überschaubar und stagniert. Das Hauptproblem ist eher die benötigte Wohnfläche pro Kopf. Diese steigt immer noch. In den letzten 30 Jahren ist die Wohnfläche pro Kopf um 40 % gestiegen (Abb. 3.1).

Das Flächenproblem ist also ein Luxusproblem. Ohne das Problem an dieser Stelle lösen zu können, steht an erster Stelle mehr Suffizienz beim Wohnen und nicht unbedingt noch mehr Wohnraum. Dann sollte der Fokus der Bemühungen beispielsweise im Bereich von Aufstockungen und Raumteilung von Bestandsgebäuden liegen sowie im Mehrgenerationen- und Gemeinschaftswohnen. Bei allen Themen zum Wohnraum sollte nicht vergessen werden, dass die Schaffung von Wohnraum nicht nur die Menschen betrifft. Es geht auch um den Wohnraum für andere Lebewesen wie Tiere und Pflanzen. Wohnbau, der begrünt ist oder der Stadtgrün integriert, kombiniert beides. Es geht um Lebensraum für alle.

T. Kaysers, *Stadtbegrünung*, https://doi.org/10.1007/978-3-658-51457-0_3

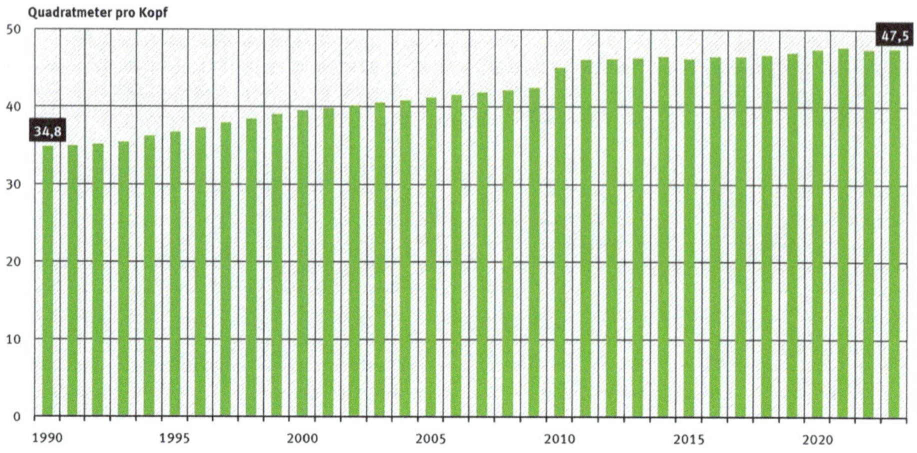

Abb. 3.1 Anstieg Wohnfläche pro Kopf (Statistisches Bundesamt 2025)

Gebäudegrün schützt Gebäude

Bei der Integration von Grün an, auf und um Gebäude gibt es viele Möglichkeiten (s. Abschn. 5.2). **Grün schützt Gebäude.** Beispielsweise bleibt bei der Entwässerung von grünen Dächern ein Großteil des Regenwassers im Substrat und gelangt nicht an die Dachhaut. Und die Dichtigkeit wird verbessert, da die Dachbegrünung die Dachhaut vor Hitze und Kälte schützt und somit die Lebenszeit der Abdichtung verlängert. Der Angst vor Haftwurzeln kann mit Gerüstkletterpflanzen entgegnet werden. Diese bilden keine Wurzeln an der Fassade, sondern klettern an davor angebrachten Klettergerüsten hoch. Da die Fassade so vor Wind und Wetter besser geschützt ist, wird die Lebensdauer, wie bei der Dachbegrünung, sogar noch verlängert. Zuletzt noch das Thema Brandgefahr. Auch hier kann Fassadengrün sogar helfen, denn gut bewässertes Grün wirkt, wie ein Brandlöscher und falls es bei extremer Hitze dennoch in Brand geraten sollte, flackert es auf wie ein Strohfeuer und ist innerhalb weniger Sekunden abgebrannt (s. Abschn. 5.2. Brandschutz).

Wertsteigerung und Kostenersparnis durch Grün

Laut einer Vergleichsberechnung von Naturkapital Deutschland, auf Grundlage einer Studie in 32 deutschen Großstädten (Krekel et al., 2016), beträgt der monetäre Wert einer Grünfläche von einem Hektar für alle Einwohnerinnen im Umkreis von 1 km ca. 1.049.000 € pro Jahr. Dagegen beträgt der Verkaufswert ca. 15.000.000 € bzw. ist wirtschaftlich gleichwertig mit einer jährlichen Zahlung von 450.000 €. Das bedeutet, dass der Wert der Grünfläche ca. 600.000 € wertvoller ist.

Das Institut für ökologische Wirtschaftsforschung hat 2022 ein Berechnungstool für deutsche Städte ab 300.000 Einwohnern entwickelt. Die App steht kostenlos unter www.stadtgruen-wertschaetzen.de zur Verfügung (Abb. 3.2, zuletzt geprüft 01.05.2026). Würde beispielsweise in Düsseldorf der Grünflächenanteil von derzeit 24 % auf 30 %, Stadtbäume von 6 auf 8 Stück alle 100 m erhöht, die Wege von 44 % auf 50 % begrünt, die

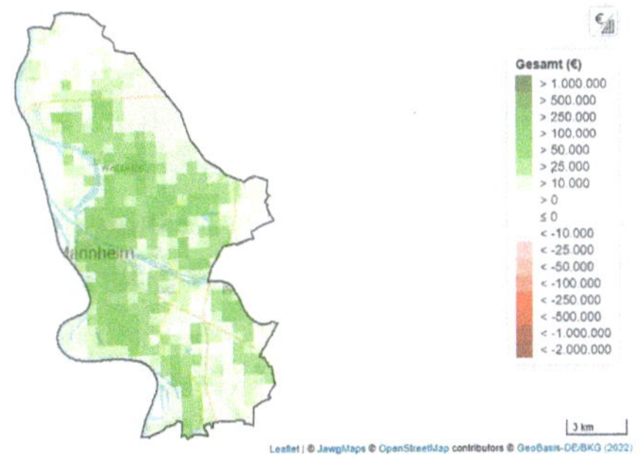

Mannheim	Ökosystemleistungen	Bewertung (€)
Wasserretention	71.322 m^3	3.593.207
Luftreinhaltung	79 t	2.040.750
Kohlenstoffregulation	7.645 t	1.490.772
Temperaturregulation	-0,22 °C T_{app}	3.110.881
Kulturelle Ökosystemleistungen	Stadtbild etc.	6.672.682
Nutzen gesamt (€/Jahr)		13.797.411

Abb. 3.2 Stadtgrün-App am Beispiel Mannheim mit einem um 10 % höheren Grünanteil. Kostenlose App vom Institut für ökologische Wirtschaftsforschung (IÖW) GmbH, gemeinnützig

Pflege von auf 10 % auf 20 % naturnah umgestellt werden, bedeutet dies einen finanziellen Nutzen von fast 25 Mio. €/Jahr.

Ebenso wird der Wert eines Gebäudes in Nähe einer Grünanlage aufgewertet (Wüstemann, Kolbe 2017). So kann eine Erhöhung des Grünflächenanteils im 500 m-Umkreis um das Gebäude um 1 % zu einer Erhöhung des Gebäudepreises um 0,13 % führen. Dies sind zwar geringe Preiserhöhungen, dennoch spielen sie eine Rolle. In dieser Erhöhung sind zudem nicht die weiteren Ökosystemleistungen enthalten wie des Klimaschutzes oder der Luftreinhaltung. Es hat sich aber auch herausgestellt, dass der Zugang zu Grünflächen in Deutschland ungleich verteilt ist und dass Menschen mit vergleichsweise hohem Einkommen einen besseren Zugang zu urbanem Grün haben. Dies führt zu einer Umweltungerechtigkeit. Daher ist es wichtig, dass die Stadtbegrünung gleichmäßig über die Stadt verteilt wird. Vom Zugang zum Grün sollten alle profitieren.

Wie alle profitieren, wurde im Projekt **GartenLeistungen** sehr gut dargestellt. Dort wurden die Wohlfahrtsleistungen einzelner Parks in Berlin und Stuttgart errechnet und veröffentlicht. So wird dargestellt, dass der Park am Gleisdreieck in Berlin einen gesellschaftlichen Nutzen von 4,2 Mio. Euro pro Jahr hat, in dem er beispielsweise 2,3 Mio. Liter Wasser oder 2 t Schadstoffe aus der Luft aufnimmt (GartenLeistungen 2022), siehe auch Kap. 5.

Stadtnatur kann sogar zu Kosteneinsparungen in Wohngebieten führen (Kowarik I 2017). So wurden in einer Studie 2013 die Kosten und der Nutzen eines 6,7 ha großen Baugebiets in Aachen analysiert. Dabei stellte sich heraus, dass die notwendigen Re-Investitionen und Unterhaltskosten bei erhöhter Dachbegrünung, weniger Versiegelung und mehr Gartenfläche in 50 Jahren Kosten durch kleinere Rückhaltebecken, dezentrale Versickerung, niedrigere Niederschlagsgebühren sowie geringere Energiekosten in Höhe von bis zu 330.200,00 € eingespart werden. Dazu kommen weitere positive Nutzereffekte wie mikroklimatische Effekte, ästhetischer Mehrwert und Verbesserungen der Biodiversität und des Brandschutzes. Insgesamt konnten so Kosteneinsparungen von bis zu 597.000,00 € erreicht werden.

Auch in Berlin konnte aufgezeigt werden, wie Gebäudebegrünung Kosten einsparen kann. Im besten Fall wird die Gebäudebegrünung so eingesetzt, dass sogar Unterhaltungskosten eingespart werden. Bei der Fassadenbegrünung am Institut für Physik der Humboldt-Universität zu Berlin wachsen 450 Kletterpflanzen im Boden und in 150 Fassadenkübeln. Es konnte nachgewiesen werden, dass die Begrünung nicht nur das Gebäudeumfeld kühlt, sondern auch rund 50 % an konventioneller Gebäudekühlung eingespart werden. Sogar die Betriebskosten sind geringer. So kosten im Mittel die Reparatur- und Wartungskosten von Jalousien die Hochschule 16.525,00 € pro Jahr. Die Fassadenbegrünung dagegen kostet nur etwa 1.500,00 € für Bewässerung, Düngung und Schnitt (Schmidt 2019). **Grün spart Energie, kühlt die Umgebung und kann weniger als graue Maßnahmen kosten** (Abb. 3.3).

Weitere Kostenersparnis kann erreicht werden, wenn die Grünfassade beispielsweise eine teure Natursteinfassade ersetzt. Denn das Grün ist bereits eine hochwertige Oberfläche, sodass die Gebäudefassade eine einfache und günstige Oberfläche erhalten kann. Weitere Kostenersparnisse könnten durch die Kombination von Blitzschutz und Rank-

Abb. 3.3 Troggebundene Begrünung an der Calwer Passage in Stuttgart. Hier hätten die technischen Jalousien eingespart werden können. Das Grün bietet genügend Sonnenschutz und die trotzdem eingebauten Jalousien werden kaum benutzt. Tennigkeit + Fehrle Architekten Partnerschaft, Schwarz Architekten, Ingenhoven associates gmbh, Pfrommer + Roeder Landschaftsarchitekten (Foto Kaysers 2023)

gerüsten umgesetzt werden. Das Rankgerüst ist gleichzeitig Blitzschutz und muss nur geerdet werden. So werden teure Blitzschutzleitungen eingespart. Dies sind nur einige Beispiele, in Zukunft wird es viele weitere Ideen, Zahlen und Fakten geben.

Mobilitätswende mit Grün

Das Thema Mobilität ist zwar nicht Hauptgegenstand dieses Buches, jedoch kann durch die Mobilitätswende viel neues Grün geschaffen werden. Denn wenn sich die Mobilität mehr auf den Fuß- und Radverkehr verlagern soll, braucht es attraktive Freiräume und Wege. Ein Fahrradweg als Fahrspur einer befahrenen Straße fördert nur bedingt den Radverkehr. Um diesen zu fördern, braucht es autofreie Straßen und Brücken. Dort können die Radlerinnen sicher und ohne Abgase fahren, was den Umstieg vom Auto zum Rad attraktiv macht. Dazu gehören ausreichende und sichere Abstellmöglichkeiten, Reparaturmöglichkeiten und vor allem beschattete Wege. Um die Radfahrerinnen zu animieren, mit dem Rad zu fahren, können Zählersäulen eingesetzt werden, welche die Radlerinnen zählen – ganz nach dem Prinzip jede Radlerin zählt! (Abb. 3.4).

Auch beim ÖPNV kann mehr auf die Schiene gesetzt werden. Denn dort kann Grün mittels Grüngleisen integriert werden, sodass dies ein Beitrag für bessere Mobilität und gleichzeitig für das Stadtklima ist. Auf den mageren Standorten kann mitten in den Stadtzentren ein Beitrag zu mehr Biodiversität geleistet werden (Abb. 3.5).

Abb. 3.4 Eine Fahrradbrücke in Konstanz fördert den Radverkehr und eine Fahrradzahl-Säule animiert beim Vorbeifahren (Foto Kaysers 2025)

Abb. 3.5 Grüngleise mitten in Düsseldorf inklusive einer Förderung der Biodiversität mit blühendem Natternkopf (Foto Kaysers 2025)

Muss dann doch noch die eine oder andere Straße versiegelt werden, sollte dies mit sickerfähigen Belägen geschehen. Grün ergänzt die Mobilitätswende und steigert die Attraktivität der neu geschaffenen Räume. Tolle Beispiele, wie nachhaltige Mobilität und attraktive Mobilitätsräume aussehen können, finden sich in einer Kampagne der Magazine Topos und Garten + Landschaft „Move to improve" (G + L 2025). Mehr zum Thema Mobilität siehe Abschn. 6.2.

Grün reduziert Lärm

Ein großes Thema ist der aus der Verkehrsbelastung entstehende Lärm und die Verschmutzung der Luft und des Bodens. Mehr Stadtgrün kann alle diese Probleme abmildern.

Bei Lärm schüttet der Körper vermehrt Stresshormone aus. Als Folge kommt es zu Veränderungen des Blutdruckes, der Herzfrequenz und anderen Kreislauffaktoren. Dagegen helfen Baumreihen, welche den Lärm mindern können. Auch begrünte Fassaden schlucken den Lärm, ebenso dämpfen begrünte Bodenflächen den Lärm besser als befestigte Flächen. Daher sollte bei allen Verkehrswegen mehr Grün integriert und eingeplant werden. Siehe hierzu auch Tab. 3.2 und 3.3.

Grün reinigt die Luft

Ein riesiges Thema ist die Luftreinhaltung der Stadt. Kein anderes Medium wie Grün kann die Luft effektiver reinigen. Feine Härchen filtern die Luft (Abb. 3.6). Mit Stadtgrün kann die Anzahl der Lungenkrankheiten verringert werden. Staub und Feinstäube werden zu nicht lungengängigen Partikeln gebunden. Schon 1994 wurde gemessen, dass Bäume in Chicago pro Jahr 5575 kg Luftschadstoffe aus der Luft ziehen, was einer Summe von 9,2 Mio. US-Dollar entspricht (Nowak 1994). Siehe hierzu auch Tab. 3.2.

Grün funktioniert auch mit Leitungen und kann diese reduzieren

Wenn wir mehr Grün in den Verkehrsraum integrieren, stoßen wir auf einen weiteren Konflikt, nämlich den mit der Leitungsinfrastruktur. Doch auch da gibt es Lösungen. Zunächst gibt es Vorgaben zu Leitungsabständen von Bäumen. Gibt es nicht genügend Raum, helfen Wurzelschutzfolien. Um den Einbau von Plastik im Boden zu reduzieren, gibt es auch natürlichen Wurzelschutz in Form von flüssigem Boden aus Betonit (DLF 2007).

Eine Zukunftsaufgabe ist es, die Menge an Rohrleitungen zu reduzieren, um auch die Sanierung zu verringern. Hier kann das Schwammstadtprinzip (s. Abschn. 6.1) helfen. Langfristig sollte überlegt werden, dass menschliche Hinterlassenschaften voller wertvollem Phosphor und Stickstoff stecken, die man direkt und nicht über den Umgang einer Kläranlage zurückgewinnen kann. Dazu mehr auch in der Vision der grünen Stadt der Zukunft, Kap. 9. Es geht jedenfalls darum, wie wir die ständig höheren Kosten für neue Klärtechniken und größere Kläranlagen umgehen. Durch immer strengere Anforderungen und die Einführung der vierten Reinigungsstufe zur Entfernung von Arzneimittelrückständen und Spurenstoffen müssen die Klärwerke umgerüstet werden. So kostet die Einführung

Abb. 3.6 Feine Blatthaare filtern die Luft – jedes Blatt hilft dabei (Foto Kaysers 2024)

der vierten Reinigungsstufe in Deutschland knapp 9 Mrd. Euro (gwf 2024). Zwar soll zukünftig die Pharma- und Kosmetikbranche einen Großteil der Kosten übernehmen, doch wird dies mit Sicherheit zu höheren Medikamentenpreisen führen und somit wieder auf die Bevölkerung umgelegt. Das Thema Schwammstadt und Boden kann dabei einen Ausweg mit weniger Leitungen aufzeigen. Wie dies aussehen könnte, wird später vertieft.

Dann ist es auch wichtig, Leitungen mehr zu bündeln, damit mehr Platz für Baumpflanzungen bleibt. Dies kann durch Stufengräben erfolgen, sodass Leitungen auf verschiedenen Höhen und enger verlegt werden können. Der beste Leitungsschutz ist jedoch das Vermeiden von Leitungen durch die Schwammstadt. Dies spart Geld und lässt mehr Platz für Bäume übrig.

Sollte wegen zu vieler Leitungen kein Platz für Bäume im Straßenraum sein, können Bäume oder Pflanzungen auch in Trögen aufgestellt werden. Natürlich ist dies nur eine Notlösung, da Bäume im anstehenden Boden besser und langfristiger wachsen. Doch Troggrün ist besser als kein Grün. Der Vorteil bei Pflanztrögen ist, dass sie leicht versetzt und auch bei Bedarf an anderen Stellen in der Stadt platziert werden können. Siehe hierzu auch Abschn. 5.2.

Mehr Grün reduziert die Folgekosten

Eines der größten Hindernisse für Stadtgrün sind die Kosten für die Pflege. Natürlich fallen diese an, aber die Pflege ist wichtig. Bei jedem Stadtgrün sollte die Pflege in den Mittelpunkt gestellt werden (s. Abschn. 4.5). Denn das meiste Stadtgrün braucht Pflege, um zu wirken. Genau wie nur ein gepflegter Körper oder eine gut gewartete Maschine langfristig funktioniert. Pflegekosten dürfen und sollten kein Hindernis sein. Die Frage nach den Pflegekosten ist eine Frage nach der neuen Wertigkeit und dem Verhältnis. Wir pflegen Dinge, welche den Klimawandel beschleunigen wie Holzöfen, Klimaanlagen oder Autos. Aber eigentlich pflegen wir sie nicht, sondern wir warten sie. Zudem stehen die Kosten für Bau und Pflege von Grünflächen in keinem Verhältnis zu anderen noch viel teureren Infrastrukturmaßnahmen. Für Grün, welches unser Leben erhält, möchten viele keine Kosten investieren. Es ist also eine Grundsatzfrage und braucht einen Wertewandel. Jeder Euro heute in Grün investiert, zahlt sich später aus. Mehr noch, der Wert einer Grünfläche im urbanen Raum steigt stetig, es ist also eine nachhaltige Investition in die Zukunft.

Jeden Euro, den wir jetzt zum Erhalt und zur Förderung der Natur investieren, sparen wir später doppelt und dreifach ein, wenn wir die Leistungen der Natur monetär betrachten. Um dies nochmals mit Zahlen zu unterlegen, sei hierbei auf das Forschungsprojekt GreenValuation verwiesen: https://greenvaluation.app/ (zuletzt geprüft 27.11.2025). Wie regelmäßige Grünpflege Kosten spart und wie mit naturnahem Grün Pflegekosten eingespart werden können, siehe Abschn. 4.5 Pflege.

Bäume sind Kraft- und Baumwerke

Stadtgrün leistet noch viel mehr. Am Beispiel eines Baumes kann dies aber auch stark variieren. Denn die Leistung ist abhängig vom Alter, von der Größe, vom Standort, der Gesundheit oder dem Klima. Um dennoch grobe Zahlen anzunehmen, können folgende Leistungen verwendet werden (Tab. 3.1).

Tab. 3.1 Leistungen eines 100-jährigen Baumes (BMK 2025)

Sauerstoffproduktion/ Tag	CO_2-Bindung/ Tag	Feinstaubfilterung/ Jahr	Verdunstung/ Tag	Abflussverhinderung/ Jahr
Für 10 Menschen	18 kg	1 t	400 L	70.000 L

Der Bund Deutscher Baumschulen gibt diese Leistungen mit 659,50 € pro Jahr an. Dies wären bei dem 100-jährigen Baum 65.950 €. An anderer Stelle wird der Wert einer 100-jährigen Buche mit 150.000 € angegeben. Um ihre Leistung zu kompensieren, müsste man 2000 junge Bäume pflanzen (BMK 2025). Grundsätzlich gilt, je älter und größer ein Stadtbaum ist, desto höher sind seine Leistungen für uns. Viele weitere Fakten und Zahlen können auf der Webseite der Initiative „Grün in die Stadt" (https://www.gruen-in-die-stadt.de/leistungen-von-stadtbaeumen/, zuletzt geprüft 30.11.2025) gefunden werden.

Eine weitere Methode, um die Leistungen zu beziffern, ist die „Methode Koch" in Deutschland. Der Baum ist Teil eines Grundstückes und wenn dieser beschädigt oder entfernt wird, mindert sich der Wert des Grundstücks. Für die Berechnung gibt es vier Kriterien: Funktion, Ausgangsgröße, Herstellungszeit und Wertminderung (Boegner 2018).

Eine sehr praktikable Lösung ist die open source Software Itree aus den USA (https://www.itreetools.org/, zuletzt geprüft 01.05.2026). Sie ist frei verfügbar und analysiert einzelne Bäume oder Baumgruppen. So werden die Werte der CO_2-Speicherung, der Regenwasseraufnahme und der Luftfilterung angezeigt. Es kann aber auch aufgezeigt werden, wie viel Energie in naheliegenden Gebäuden eingespart werden kann. Sicherlich variieren die Werte je nach Örtlichkeit stark, aber es ist ein Ansatz zukünftige Planungen ganz anders zu bewerten. Einen ähnlichen Ansatz verfolgt der Interaktive Leitfaden für Stadtbäume der Technischen Universität München (TUM 2025). Dort können in 34 deutschen Städten die Leistungen von den gängigsten Baumarten abgerufen werden. Dabei wird der Stammdurchmesser, die Bodenart, die Horizontabdeckung und der Zeitraum mit berücksichtigt (Abb. 3.7).

Leistungen von Gebäudebegrünung im Umfeld und für das Gebäude

Neben den typischen Grünelementen wie Parks, Alleen und Bäume werden immer mehr Gebäude begrünt. Die Leistungen von Gebäudebegrünung lassen sich in die Wirkungen auf das Umfeld (Tab. 3.2.) und die Wirkungen auf das Gebäude einteilen (Tab. 3.3.). In beiden Bereichen leistet Grün einen sehr positiven Beitrag.

Neben einer hohen Akzeptanz einer Gebäudebegrünung sind vor allem die Leistungen zur Luftreinhaltung zu nennen. Soll die gesamte CO_2-Bilanz berechnet werden, müssen auch die CO_2-Emmissionen berücksichtigt werden. Hier tragen extensive Gründächer nach 5,8 bis 15,9 Jahren zur Reduzierung von CO_2 bei (BUGG 2 2023).

Die Leistungen am Gebäude selbst sind gerade in der rein finanziellen Betrachtung von Baukosten interessant. Denn immer wieder wird das Argument gebracht, dass Gebäudebegrünungen zu teuer sind. Sie können jedoch wesentlich zur Reduzierung des Energieverbrauchs und zur Haltbarkeit eines Gebäudes beitragen.

Abb. 3.7 Große Bestandsbäume, so wie hier in Monaco, sind unverzichtbar und leisten unzählige Dienste am Menschen. Solche „Baumwerke" sollten im urbanen Raum erhalten und geschützt werden. **Es gilt das Motto, Städte um Bäume herum zu bauen – nicht anders herum.** (Foto Kaysers 2024)

Tab. 3.2 Leistungen von Gebäudebegrünung im Umfeld. Quellen (1: SenStadt 2010, 2: KIT 2012, 3: Pugh 2012, 4: Gorbachevskaya 2013, 5: Pfoser 2018, 5: Cirkel 2018, 7: Schmauck 2019, 8: BUGG 2 2023), Zusammenstellung Kaysers

Leistungen von Gebäudebegrünung im Umfeld			
Faktor	Beschreibung	Einheit/Art	Wert
Lärmminderung	Efeu/Wilder Wein an der Wand	Dezibel	1,7–5 dB[8]
	Wandgebundene Fassadenbegrünung	Dezibel	4–10 dB[5+8]
	Extensivbegrünung (seitlicher Lärm)	Dezibel	6 dB[8]
Kühlung	Troggebundene Kletterpflanzen, 20 m hoch (Tag = 8 h)	Liter/Kilowattstunden pro Tag/m²	10–15 l[1] = 54–82 kwh
	Sedumdach	Millimeter/18 m²/Jahr	400 mm[6] = 272 kwh

(Fortsetzung)

Tab. 3.2 (Fortsetzung)

Leistungen von Gebäudebegrünung im Umfeld			
Faktor	Beschreibung	Einheit/Art	Wert
Verringerung Umgebungstemperatur	Troggebundene Kletterpflanzen, 20 m hoch	Celsius	1,4° C[8]
	Extensivdach	Celsius	1,5° C[8]
Luftqualität	Wandgebunde Begrünung/Efeu	Stickstoffdioxid Filterung	20 %[2]
	Fassadenbegrünung	Feinstaub PM10 Reduzierung	60 %[3]
	Efeu, 20 cm tief auf 1000 m^2	Kohlendioxid/m^2/Jahr	2,3 kg CO_2[8]
	Efeu, 20 cm tief auf 1000 m^2	Sauerstoff/m^2/Jahr	1,7 kg O_2[8]
	Extensive Dachbegrünung	Feinstaub PM10/m^2/ Jahr	10 g[4]
	Extensive Dachbegrünung	Kohlendioxid/1 m^2/ Jahr	0,3–0,5 kg[8]
Biodiversität	Efeu Fassadenbegrünung	Spanner-Arten, Tagfalter	8 St.[8]
	Wildbienen Dachbegrünung	% in Wien	20 %[7]
	Käferarten Dachbegrünung	Artenzahl auf 22 Dächern in Basel/ Luzern	254 St.[7]
	Spinnen Dachbegrünung	Artenzahl auf 22 Dächern in Basel/ Luzern	78 St.[7]
	Sturmmöwe	Brutpaare auf 70.000 m^2 begrüntem Flachdach	1700 St.[7]
Aktzeptanz	Bewohner begrünter Gebäude	% stehen positiv gegenüber	84 %[8]

Gebäudegrün hat viele Vorteile für das Gebäude und sollte viel öfter in die Betrachtungen mit eingerechnet werden. Bei zunehmenden Hitzetagen ist vor allem die Kühlung und die Dämmwirkung auf das Gebäude interessant. Auch nicht zu vernachlässigen ist die Verlängerung der Lebensdauer von Fassadengrün und Gründach auf die Gebäudematerialien. Der einfachste Einsparfaktor sind die geringeren und teilweise entfallenden Abwassergebühren bei Dachbegrünungen. Nach wie vor ist die Abwassergebühr noch viel zu niedrig, jedoch steigt diese von Jahr zu Jahr. Gegenstand weiterer Untersuchungen sollten Normen und Vorgaben für die Berechnung von Gebäudesimulationen und Begrünung

Tab. 3.3 Leistungen von Gebäudebegrünung am Gebäude. Quellen (1: Pfoser 2018, 2: Schmidt 2019, 3: Penalvo-Lopez 2020, 4: Perez 2022, 5: BUGG 1 2023, 6: BUGG 2 2023), Zusammenstellung Kaysers

Leistungen von Gebäudebegrünung am Gebäude			
Faktor	Beschreibung	Einheit/Art	Wert
Kühlung	Geringere Oberflächentemperatur Fassadenbegrünung	Celsius	8–19° C[6]
	Geringere Innenwandtemperatur bei Fassadenbegrünung	Celsius	1,7° C[6]
	Verschattung durch Gerüstkletterpflanzen	Prozent	85–95 %[1]
	Unterschied Oberflächentemperatur Kies zu Dachbegrünung	Celsius	–25° C[6]
	Verdunstungskülung extensives Gründach	Liter/kwh pro m^2	2 l[6]/1,36 kwh
Dämmwirkung	Wandgebundene Begrünung	U-Wert Senkung	22 %[6]
	Kletterpflanzen (Efeu)	Celsius zwischen Wandoberfläche und Außenblättern.	+3° C[6]
	Wandgebundene Begrünung	Celsius zwischen Wandoberfläche und Außenblättern.	+7° C[6]
	Winterlicher Dämmeffekt einer Dachbegrünung	Prozent	2–10 %[6]
Energie	Energieeinsparung durch Gerüstkletterpflanzen im Sommer	Prozent	54 %[4]
	Energieeinsparung durch Gründach im Sommer	Prozent	30 %[3]
Pflege- Wartungskosten	Vergleich technischer Sonnenschutz (16.525 €)[2] zu bodengebundenen Gerüstkletterpflanzen (1300 €)[2]	Euro/Jahr	−15.225 €[2]
Oberflächenschutz	Reduzierung der Sonneneinstrahlung durch Gerüstkletterpflanzen	Prozent	40–80 %[6]
	Verlängerung der Lebensdauer der Dachabdichtung bei einem Gründach	Jahre	10–20 Jahre[6]
Regenwasserrückhalt/ Abwassergebühr	Extensive Dachbegrünung	Prozent	58 %[6]
	Intensive Dachbegrünung	Prozent	79 %[6]
	Reduzierung der Abwassergebühr pro Jahr	Prozent	10–100 % (Durchschnitt 61 %)[6]

sein. Denn beispielsweise gibt es keine Norm für die unterschiedliche Belaubung von Pflanzen, was einer einheitlichen Bewertung und Planung für die Vorteile von Gebäudebegrünung entgegensteht.

Grün hat keine negativen Nebenwirkungen

Zu betonen ist, dass die grünen Lösungen kaum negative Nebenwirkungen haben. Denn eine graue Lösung, wie z. B. eine Dämmung aus Wärmeverbundsystem hat zwar eine sehr gute Dämmwirkung, aber sie leistet keinen Beitrag zur Kühlung der Stadt oder zur Biodiversität. Auch eine Klimaanlage, die mit einer PV-Anlage betrieben wird, nutzt zwar regenerative Energien, aber die dunkle PV-Anlage auf dem Dach heizt die Umgebung zusätzlich auf oder gaukelt Wasserinsekten eine nicht vorhandene Wasserfläche vor. Noch geht es vorrangig um den Ausbau von Photovoltaik, daher werden viele Dächer richtigerweise mit Photovoltaik belegt. Aber wenn es immer heißer wird, werden wir eines Tages die vielen schwarzen und heißen PV-Flächen bereuen. Viele sogenannte nachhaltige und technische Lösungen haben demnach negative Nebenwirkungen. Jede Maßnahme sollte heutzutage mehrschichtig betrachtet werden und sich in die Natur einfügen, statt das Problem zu verlagern.

Grün bleibt „cool“

Hier sei nochmals auf das Thema Hitze und Kühle eingegangen. Gerade bei der Temperaturentwicklung sind begrünte Bereiche unschlagbar. Dass sich unterschiedliche Oberflächen in der Umwelt aufheizen, wurde schon vor 50 Jahren thematisiert. Bewaldete Bereiche oder Wasserflächen sind am kühlsten. Landwirtschaftliche Flächen mit Getreide, Gras oder nacktem Boden dagegen heizen sich schon schneller auf. Am heißesten werden betonierte oder asphaltierte Flächen (Abb. 3.8).

Gerade in Zeiten der Klimaerhitzung sind daher offene Gewässer und mit Bäumen überdachte Flächen wichtig, um die Temperatur auf eine für den Menschen aushaltbare Temperatur zu senken. Dies vor allem im urbanen Raum, der durch Asphalt und Beton stark versiegelt ist. Auf dieses Thema wird nochmals im Zusammenhang mit der menschlichen Gesundheit und Hitze in Abschn. 3.4 eingegangen. Ebenso ist zu betrachten, dass die entsprechenden Frisch- und Kaltluftschneisen berücksichtigt werden.

Beleuchtung kann auch tier- und menschenfreundlich sein

Ein wichtiges Thema ist die Sicherheit und Ausleuchtung der Stadt. Wenn das Stadtgrün dazu missbraucht wird, dass sich die Bewohner unsicher fühlen, ist es nicht gut. Daher sollte das Stadtgrün immer auch unter einem Sicherheitsaspekt betrachtet werden. Dabei sind zu dichte Randbereiche oder Bepflanzungen, welche Angsträume schaffen zu vermeiden. Auch die Ausleuchtung der Stadt ist wichtig, dennoch schadet zu viel Licht der Gesundheit. Dabei wird nicht von Beleuchtung, sondern von Lichtverschmutzung gesprochen. Zuviel Licht schadet allen tagaktiven Lebewesen, auch dem Menschen. Dabei spielt das Hormon Melatonin eine wichtige Rolle. Dieses wird nur bei Dunkelheit produziert. Fehlendes Melatonin beeinträchtigt den Schlaf, den Stoffwechsel und den nächtlichen Energieverbrauch. Sind die Nächte zu hell – schlafen wir schlecht. Stadtvögel beispielsweise werden früher aktiv als ihre Artgenossen auf dem Land, sodass sie mehr Energie

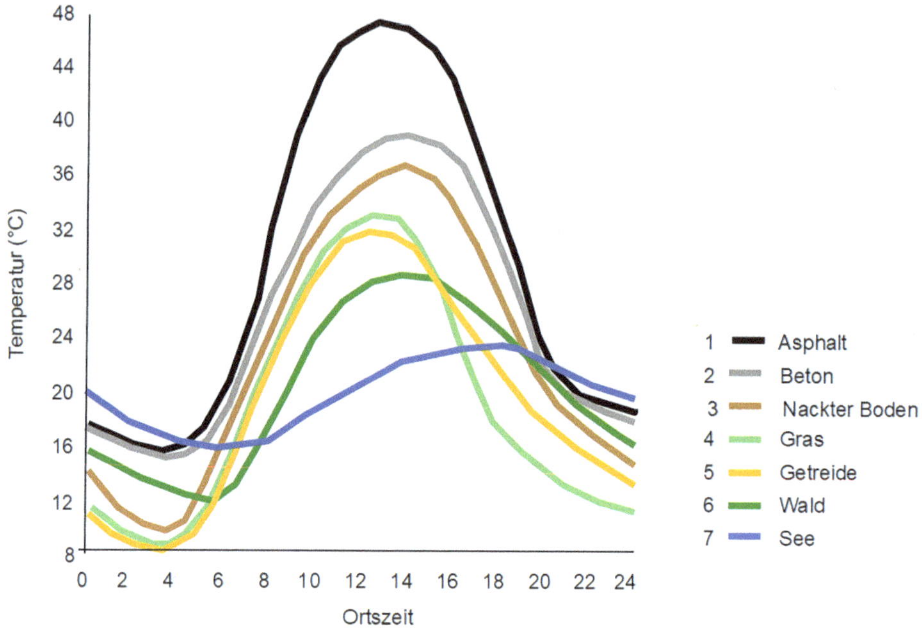

Abb. 3.8 Temperaturangaben (nach Fezer 1975, Graphik Kaysers)

verbrauchen. Ist es nachts zu hell, verschiebt sich sogar das Brutgeschäft um bis zu einem Monat nach vorne. Dann gibt es Nachwuchs, lange bevor es ausreichend Insektennahrung gibt. Dazu sterben viele Insekten an der städtischen Ausleuchtung. Eine Untersuchung vor 25 Jahren belegte, dass an einer einzigen Straßenlampe in Deutschland pro Sommernacht im Schnitt 150 Insekten sterben. Sie verausgaben sich an dem ständigen Licht oder werden leichte Beute für Fressfeinde. Bei damals 6,8 Mio. Straßenlaternen waren dies über eine Milliarde tote Insekten (Fischer, Oberhansberg I 2021).

Auf diese Weise sterben insbesondere viele Nachtfalter. Sie gehören zu den Schmetterlingen, die sehr effektive Bestäuber sind und von vielen Menschen mit etwas Positivem assoziiert werden. Dabei denken die meisten Menschen an die Tagfalter, die am Tag fliegenden Schmetterlinge. Diese machen jedoch nur etwa zehn Prozent der aktiven Falter aus (Reichholf, 2023). Die meisten Schmetterlinge sind Nachtfalter. Daher ist das insektenfreundliche Licht so wichtig. Zudem sollten gezielt Dunkelzonen oder schwach beleuchtete Flächen geplant und umgesetzt werden.

Die beste Lösung ist es, das Licht auszuschalten. Doch wegen der Sicherheit braucht es gleichzeitig auch eine gewisse Ausleuchtung. Da das Problem mit den Insekten mittlerweile erkannt wurde, sollten nur noch insektenfreundliche Leuchten eingebaut werden. Dies sind Leuchten mit einem höheren Rotanteil. Denn UV-, blaues und weißes LED-Licht locken die meisten Insekten an. Eine weitere Möglichkeit ist „mitlaufendes Licht", welches über Bewegungsmelder angeht und danach wieder ausgeht. Dies spart Energie und lässt auch die Stadt zur Ruhe kommen, wenn alle schlafen. Dies ist gut für die Insekten und auch für die Menschen.

Blau mit Grün kombinieren – dies spart Kosten

Ein sehr effektives Argument für mehr Grün in der Stadt steht im Zusammenhang mit dem Regenwasser. Denn durch ein besseres Regenwassermanagement gibt es direkte finanzielle Vorteile. Wird Wasser gespeichert, wiederverwendet oder versickert, können Abwassergebühren eingespart werden. Dies ist vor allem langfristig interessant und auch vor dem Hintergrund, dass die Wassergebühren stetig steigen. Nach wie vor sind sie zu niedrig, doch dies wird sich ändern. In über der Hälfte aller Landkreise in Deutschland sinken die Grundwasserstände, wie bereits erwähnt. Dabei stammt 87 % des Trinkwassers daraus (DLF 2025). Es ist absolut sicher, dass die Gebühren für Trinkwasser steigen werden. Es ist unsere Pflicht darauf hinzuweisen. Siehe hierzu auch Kap. 6.

Niedrigere Klimafolgekosten

Was sich jetzt bereits geändert und vermehrt hat, sind die Schäden durch Überschwemmungen und Hochwasser. Laut dem größten Rückversicherer weltweit, der Münchener Re, betrugen 2023 die Schäden durch Hochwasser weltweit rund 320 Mrd. US$ in 5 Jahren. Um Hochwasser besser abzupuffern, braucht es vor allem die Renaturierung der Gewässer (s. Abschn. 6.1 und Abb. 3.7). Dies würde Geld kosten, aber laut einer Studie des Bundesamtes für Naturschutz auch rund 177 Mio. Euro pro Jahr Klima-Folgekosten einsparen (Scheub, Schwarzer 2, 2023). Deutlicher wird eine Studie des Bundesministeriums für Wirtschaft und Energie, welches kumulierte Gesamtkosten der Schäden durch die Klimakrise zwischen 280–900 Mrd. Euro bis 2050 prognostiziert (BMWK 2024). Investitionen in Klimawandelanpassungsmaßnahmen sind so nicht zusätzliche und unnötige Ausgaben, sondern sie verringern spätere Kosten, die sonst nicht zu tragen wären (Abb. 3.9).

Abb. 3.9 Hochwasser 2024 in Wangen – durch die Renaturierung blieben jedoch größere Hochwasserschäden aus (Foto Kaysers 2024)

Weitere Gegenargumente, was Grün verhindert
Die meisten Argumente gegen Grün aus dem Kapitel zuvor konnten relativiert werden. Es gibt dennoch ein paar Hindernisse, die noch nicht angesprochen wurden. Wie im Kapitel zuvor beschrieben, haben die Bewohner von Gebäuden Bedenken, dass durch Fassadengrün vermehrt Insekten in die Innenräume kommen. Dagegen kann nur gesagt werden, dass sich Insekten im Fassadengrün viel wohler fühlen und Bewohnerinnen von begrünten Gebäuden allgemein positiv der Begrünung gegenüber stehen, siehe Tab. 3.2.

Das Thema Denkmalschutz und Grün ist schwieriger. Doch auch da bleibt zu hoffen, dass Lösungen gefunden werden. Dies geschieht auch bereits beim Thema Solarenergie auf denkmalgeschützen Dächern, bei denen der Klimaschutz immer mehr Gewicht bekommt. Genauso wichtig ist auch die Klimaanpassung, sodass es auch dort zukünftig Bewegung geben wird und muss. Es bleibt auch zu hoffen, dass wir Menschen eine neue Kultur des Grüns entwickeln. **Grün wird wieder Teil unserer Geschichte und somit unseres Denkmals.** So wurde auch Deutschlands bekannteste historische Grünfassade an Goethes Gartenhaus zum Denkmal. Er brachte nämlich nachträglich Rosen, Wein und Geißblatt an die Fassade des Gebäudes an. Seitdem werden die Spaliere als Teil des Denkmals gepflegt. So sollten wir auch viele heutige Denkmäler immer mehr begrünen.

Auf die unbegründeten Bedenken der Brandgefahr durch Grün wird im Abschn. 5.2. eingegangen.

Zusammenfassend kann gesagt werden, **für alle Argumente gegen Grün gibt es immer Gegenargumente.** Mehr noch, es gibt keine bessere Lösung z. B. gegen Hitze, Flut und schlechter Luft als die der natürlichen Prozesse von Grün. Dabei sind zehn Gründe in den Vordergrund zu stellen:

1. Es gibt keine bessere Lösung als Grün in der Stadt, um der Klimakrise zu begegnen.
2. Grüne Freiräume bedeuten Frischluftschneisen und Kaltluftentstehungsgebiete sowie eine Temperaturregulierung.
3. Stadtbegrünung dämpft Lärm.
4. Grün unterstützt die Luftreinhaltung.
5. Grüne Räume sind Orte der Begegnung und des sozialen Zusammenhalts.
6. Urbanes Grün leistet einen Beitrag zur kulturellen und bauhistorischen Identität.
7. Grüne Freiräume sind Orte für Sport, Spiel, Erholung und Gärtnern und leisten somit einen wichtigen Beitrag zur Lebensqualität und Gesundheit.
8. Urbanes Grün wertet Quartiere auf.
9. Stadtbegrünung ist wichtig für die Regulierung des Wasserhaushalts.
10. Stadtbegrünung bietet Lebensräume für Flora und Fauna und unterstützt somit die biologische Vielfalt.

Diese vielen Leistungen sind nicht abschließend, zeigen aber bereits die vielfältigen und positiven Wirkungen für das Leben.

3.2 Nationale und internationale Zielrichtungen

Das Thema Stadtgrün wird immer wichtiger und es gibt immer mehr Leitlinien, Empfehlungen, Vorgaben für die Zielrichtungen im urbanen Raum. Das Konzept der **„Grünen Stadt"** wurde schon in den 1980er-Jahren als Leitlinie für den Naturschutz in der Stadtplanung entwickelt (Sukopp und Sukopp 1987, Breuste 2019). Es ist heute noch aktuell:

1. Vorranggebiete für Umwelt- und Naturschutz,
2. zonal differenzierte Schwerpunkte des Naturschutzes und der Landschaftspflege,
3. Berücksichtigung der Naturentwicklung in der Innenstadt,
4. historische Kontinuität,
5. Erhaltung großer zusammenhängender Freiräume,
6. Vernetzung von Freiräumen,
7. Erhaltung von Standortunterschieden,
8. differenzierte Nutzungsintensitäten,
9. Erhaltung der Vielfalt typischer Elemente der Stadtlandschaft,
10. funktionelle Einbindung von Bauwerken in Ökosysteme,
11. Schaffung zahlreicher Luftaustauschbahnen und
12. des Schutzes aller Lebensmedien.

Mittlerweile gibt es einen breiten nationalen und internationalen Konsens zur grünen Stadt. Die übergeordnete und internationale Zielrichtung ist die **Agenda 2030 mit den 17 Nachhaltigkeitszielen** der Vereinten Nationen (UN 2015). Diese umfasst ökonomische, ökologische und soziale Aspekte. Für den urbanen Raum gilt vor allem das 11. Nachhaltigkeitsziel: Nachhaltige Städte und Gemeinden. Die konkreten Ziele sind:

- Alle Menschen sollen Zugang zu angemessenem Wohnraum und einer Grundversorgung haben.
- Eine inklusive und nachhaltige Stadtplanung soll gestärkt werden.
- Das Weltkultur- und Naturerbe soll besser geschützt werden.
- Die Zahl der Menschen, die von Katastrophen betroffen sind, soll reduziert werden.
- Die von Städten ausgehende Umweltbelastung soll mit besonderem Fokus auf Luftqualität und Abfallbehandlung gesenkt werden.
- Der allgemeine Zugang zu sicheren Grünflächen und öffentlichen Räumen soll gewährleistet werden.

Bei all diesen Zielen spielt das Stadtgrün eine wichtige Rolle und ist teilweise die einzige nachhaltige Lösung. Siehe auch das Buch „Zukunft Stadt: Die globale und lokale Bedeutung von SDG 11" (Hildebrandt 2025).

Weitere konkrete Ziele sind:

- Alle Menschen sollen Zugang zu sicheren, bezahlbaren und nachhaltigen Verkehrssystemen haben.
- Kommunale Kompetenzen des Katastrophenschutzes sollen ausgebaut werden.

Bei letzteren Zielen spielt Stadtgrün eine untergeordnete Rolle, jedoch leistet es auch da einen wichtigen Beitrag. So können nachhaltige Verkehrssysteme wie Radfahren und zu Fuß gehen beispielsweise durch grüne Freiräume attraktiver werden. Beim Katastrophenschutz spielt Grün insofern eine Rolle, dass die Stadtbegrünung mögliche Naturkatastrophen reduzieren kann, indem es Hochwasserereignisse abmildert, Hitze- und Dürreperioden kühlt oder in Pandemien einen Beitrag zur Gesundheit leistet.

Die UN-Nachhaltigkeitsziele stehen auch im Einklang mit den Pariser Klimazielen und sind wiederum Grundlage der Vorgehensweise auf europäischer Ebene. So wurde 2019 der **European Green Deal** (Europäischer Grüner Deal) vorgestellt und ist ein zentraler Bestandteil der Klimapolitik der Europäischen Union. Darauf basieren u. a. wichtige Strategien und Verordnungen wie die der **EU-Biodiversitätsstrategie** im Jahre 2020, die **EU-Klimaanpassungsstrategie** im Jahre 2021, das **Renaturierungsgesetz** im Jahre 2022 und die **EU-Verordnung zur Wiederherstellung der Natur**, die im Juni 2024 in Kraft getreten ist. In all diesen Strategien und Verordnungen spielen die Ökosysteme, auch die städtischen Ökosysteme, eine Rolle. Eine wichtige Verordnung wird zukünftig auch die **EU-Taxonomie** von 2020 sein, die im Finanzsektor und somit in der Wirtschaft nachhaltige Investitionen erleichtert und ein großer Hebel sein wird, ein nachhaltiges Leben zu fördern. Die Verordnung bestimmt sechs Umweltziele:

- Klimaschutz
- Anpassung an den Klimawandel
- Nachhaltige Nutzung und Schutz von Wasser- und Meeresressourcen
- Übergang zur Kreislaufwirtschaft
- Vermeidung und Verminderung der Umweltverschmutzung
- Schutz sowie Wiederherstellung der Biodiversität und der Ökosysteme

Dabei müssen vier Bedingungen eingehalten werden:

- Sie leisten einen wesentlichen Beitrag zur Verwirklichung eines oder mehrerer der Umweltziele der Verordnung („substantial contribution").
- Sie führen nicht zu einer erheblichen Beeinträchtigung eines oder mehrere der Umweltziele der Verordnung (sog. „do not significant harm"-Kriterium).
- Es wird der festgelegte soziale Mindestschutz eingehalten (sog. „minimum social safeguards").
- Die technischen Bewertungskriterien werden erfüllt.

Die Verordnung betrifft sukzessive alle Unternehmen, die unter die Non-Financial Reportung Directive (NFRD) fallen und somit berichtspflichtig sind. Bisher waren dies Unternehmen mit einem Jahresdurchschnitt von mehr als 500 Mitarbeiterinnen. Ab dem Geschäftsjahr 2025 kommen Unternehmen mit mehr als 250 Mitarbeiterinnen dazu und ab 2026 auch kleinere und mittelgroße Kapitalgesellschaften. Auch Banken müssen dieses Nachhaltigkeitsreporting erstellen. Damit werden neue Maßstäbe gesetzt, die in der EU die Nachhaltigkeit im Umgang mit der Umwelt zur Grundlage machen.

Die Zielrichtungen der EU wurden auch auf nationaler Ebene in Strategien und Vorgaben integriert. Diese sind u. a. das **Klimaschutzgesetz von 2019,** das **Klimaschutzprogramm 2030,** die **Deutsche Anpassungsstrategie von 2024** und die **Nationale Strategie zur Biologischen Vielfalt**. Die Biodiversitätsstrategie setzt sich folgende Ziele und Maßnahmen:

- Ausweisen von Schutzgebieten und Sichern von Wildnis-Gebieten für den Erhalt der Biodiversität sowie deren bessere Vernetzung.
- Bis 2030 soll der tägliche Anstieg der Siedlungs- und Verkehrsfläche auf unter 30 ha pro Tag reduziert werden.
- Die Kommunen werden bei der Aufstellung von Stadtnatur-Plänen unterstützt. Das Zentrum Klimaanpassung berät über die Nutzung naturbasierter Lösungen bei der Umsetzung von Klimaanpassungsmaßnahmen.
- Das Aktionsprogramm Insektenschutz wird optimiert.
- Entwicklung eines Bodenbiodiversitäts-Monitorings zur Verbesserung der Datengrundlagen.
- Die Flächenanteile naturnaher, strukturreicher und klimaresilienter Wälder sollen erhöht und ein Einschlagsstopp in alten naturnahen Buchenwäldern auf Bundesflächen verhängt werden.
- Reduktion des Einsatzes chemisch-synthetischer Pflanzenschutzmittel bis 2030 um 50 %. Unter anderem durch Ausweitung des Ökologischen Landbaus und die Weiterentwicklung und Stärkung des integrierten Pflanzenschutzes.
- In Umsetzung des Aktionsprogramms Natürlicher Klimaschutz werden bereits Maßnahmen für die Wiedervernässung und Renaturierung von Mooren gefördert.

Für den urbanen Raum sind dabei insbesondere die drei ersten Ziele wichtig, also die Vernetzung von Schutzgebieten, die Reduzierung der Versiegelung bzw. damit die Integration von Grün und die Aufstellung von Klimaanpassungskonzepten über die Nutzung von naturbasierten Lösungen.

Die Deutsche Klimaanpassungsstrategie wurde 2024 beschlossen (BRD 2024). Zum ersten Mal werden nun für die Vorsorge vor Klimafolgen klare Ziele und messbare Kennzahlen festgelegt.

Insgesamt enthält die Strategie 33 Ziele und 45 Unterziele in verschiedenen Aktionsfeldern, die bis 2030 beziehungsweise 2050 zu erreichen sind. Alle vier Jahre werden die Ziele und Maßnahmen überprüft und gegebenenfalls angepasst. So soll es bundesweit beispielsweise

- gegen Hitze mehr kühlende Grünflächen oder auch sonstigen Sonnenschutz geben,
- gegen Hochwasser eine Anpassung der Flussläufe bzw. der Moore geben, damit sie das viele Wasser besser aufnehmen können und es von Siedlungen fernhalten,
- Kommunen sollen ihre Klimaanpassungsmaßnahmen erweitern und verbessern. Bis 2030 sollen für 80 % der Gemeinden Konzepte vorliegen. Bei etwa einem Zehntel der Kommunen und einem Viertel der Landkreise ist dies bereits der Fall.

Die Ziele sind sieben Clustern zugeordnet, die die gesamte Bandbreite der Anpassung und Vorsorge abbilden:

1. Infrastruktur
2. Land und Landnutzung
3. menschliche Gesundheit und Pflege
4. Stadtentwicklung, Raumplanung und Bevölkerungsschutz
5. Wasser
6. Wirtschaft
7. Clusterübergreifende Themenbereiche

Auch hier betreffen alle Cluster den urbanen Raum mit seinen Grünflächen, die bei der Anpassung eine entscheidende Rolle spielen. Zugeordnet zu den Clustern wären dies:

1. Infrastruktur: Grünflächen können die Schäden durch Hochwasser, Starkregen, Sturm, Dürre oder Hitze an Infrastruktur und Gebäuden reduzieren.
2. Land und Landnutzung: Grünflächen können die biologische Vielfalt und den Bodenschutz bei der Landnutzung erhöhen. Die Übernutzung der Landschaft durch urbane Landwirtschaft entlasten.
3. menschliche Gesundheit und Pflege: Die Gesundheit der Menschen verbessern.
4. Stadtentwicklung, Raumplanung und Bevölkerungsschutz: Stadtgrün kann die Hitzebelastung reduzieren und sich dadurch dem naturnahen Wasserhaushalt annähern.
5. Wasser: Stadtgrün kann verfügbare Wasserressourcen langfristig erhalten, die Resilienz der Wasserinfrastrukturen stärken und klimaresiliente Gewässer fördern.
6. Wirtschaft: Stadtgrün kann Extremwetterereignisse abmildern und somit potenzielle Verluste durch Auswirkungen auf Mitarbeitende und das Betriebsvermögen von Unternehmen oder Kommunen reduzieren.
7. Clusterübergreifende Themenbereiche: Die Begrünung mit ihren Ökosystemleistungen kann einen wesentlichen Beitrag für die notwendigen Klimaanpassungskonzepte leisten.

In der **Klimaanpassungsstrategie** wird eine Vision für ein klimaresilientes Deutschland 2060 aufgezeigt (BRD 2024):

„Die Bürgerinnen leben in Städten und Dörfern in einem grünen und lebendigen Wohnumfeld, das auch bei sich verändernden klimatischen Bedingungen lebenswert ist. Klimaangepasste Kultur-, Freizeit- und Naherholungsmöglichkeiten und -orte sind für alle Personengruppen zugänglich und unentgeltlich nutzbar. Die Zugänglichkeit ist vor allem auch bei großer Hitze beispielsweise durch kurze, schattige Wege, Grünschneisen zwischen Parks, Wäldern in Außenbezirken und Trinkbrunnen gewährleistet. Dies wurde u. a. durch klimaangepasstes Bauen, Pflanzen und die Berücksichtigung von Klimaanpassung in allen städtebaulichen Maßnahmen und eine wassersensible Stadtentwicklung erreicht. Die Menschen bleiben im Klimawandel gesund, weil sie die notwendigen Voraussetzungen vorfinden, im Klimawandel für ihre Gesunderhaltung zu sorgen. Das Gesundheitswesen sowie Städte und Gemeinden sind an die Folgen des Klimawandels angepasst und klimawandelbedingte Erkrankungen und Todesfälle sind gesunken, da u. a. flächendeckend Hitzeaktionspläne existieren und niederschwellige Informationsangebote für vulnerable Gruppen breit genutzt werden. Ein institutions- und ebenenübergreifendes Risikomanagement ist in der Lage auf neue gesundheitliche, ökologische, meteorologische, hydrologische und maritime Gefahren adäquat zu reagieren und Schäden durch Extremsituationen zu minimieren. Eine naturverträgliche Landnutzung und der Schutz der Biodiversität sind gewährleistet, um unsere Lebensgrundlagen im Klimawandel zu bewahren und zu schützen. Böden als begrenzte und wertvolle Ressource erfüllen weiterhin ihre für unser Leben und unsere Gesellschaft wichtigen natürlichen Funktionen. Ihrer bedeutenden Rolle im Hochwasserschutz und im Landschaftswasserhaushalt wurde Rechnung getragen. In einer vielfältigen Landwirtschaft mit Betrieben aller Größenordnungen werden klimaangepasste Kulturen soweit möglich mit ökologischen, boden- und wasserschonenden Praktiken angebaut. Der Wald ist erhalten und an das Klima angepasst und eine naturverträgliche Landnutzung und der Schutz der Biodiversität ist gewährleistet. In einer vielfältigen Forstwirtschaft mit Betrieben aller Größenordnungen werden ökologische, boden- und wasserschonende Praktiken angewandt, u. a. durch den Umbau hin zu resilienten Baumarten und Waldstrukturen.

Die Versorgung mit Wasser, Energie und Rohstoffen als Grundstein unserer Gesellschaft ist auch bei zunehmenden Klimawandelfolgen gesichert. Die Gesellschaft folgt der Erkenntnis, dass Wasser Leben ist und eine endliche Ressource, die uns alle angeht. Eine nachhaltige, angepasste und klimaresiliente wasserbezogene Infrastruktur steht zur Verfügung und die Qualität der Gewässer bzw. des Grundwassers wurde erhalten und eine Übernutzung der Ressource Wasser verhindert. Eine Vielzahl dezentraler Wasserspeicher nimmt Regenwasser auf, um es in Trockenperioden abgeben zu können. Flüsse, kleine Fließgewässer und Moore sind renaturiert, soweit dies machbar und sinnvoll ist. Für die gerechte Verteilung und Nutzung von Wasser in Trockenperioden bestehen flächendeckende Aktionspläne. Die Verkehrsinfrastruktur funktioniert zuverlässig. Auch unter extremen Bedingungen kommt es zu keiner Unterbrechung von Lieferketten. ÖPNV und Bahn sind attraktiv, zuverlässig und – unter Nutzung erneuerbarer Energien – klimatisiert.

Radwege sind auch bei Hitze und Wetterextremen sicher und attraktiv, etwa durch Beschattung und Regenschutz durch Bäume und Alleen. Die Wirtschaft und die Arbeitswelt haben sich auf die neuen klimatischen Bedingungen eingestellt, um wettbewerbsfähig zu bleiben und um zur Wohlstandswahrung und zu guten Arbeitsbedingungen beizutragen. Durch ein vor Wetterextremen geschütztes Arbeiten, Lernen und Wirtschaften wird die Leistungsfähigkeit und Gesundheit der Bevölkerung erhalten. Neue Arbeits- und Berufszweige und neue Chancen durch Innovation in einem Wirtschaftszweig Klimaanpassungswirtschaft sind entstanden. Damit ist es gelungen, den Folgen des Klimawandels in Deutschland vorsorgend zu begegnen, eine Übernutzung der Ressourcen zu verhindern, Natur- und Umwelt nachhaltig zu bewahren, ein gutes Arbeiten und Wohnen zu ermöglichen, die wirtschaftliche Leistungsfähigkeit zu erhalten, den sozialen Zusammenhalt zu garantieren und gleichzeitig der Generationengerechtigkeit Rechnung zu tragen sowie der globalen Verantwortung gerecht zu werden.“

Viele Städte haben mittlerweile **Klimaanpassungskonzepte** erstellt und versuchen diese umzusetzen. Die Stadt Freiburg im Breisgau hat schon 2019 ein entsprechendes Konzept beschlossen, welches bei allen Verfahren der Bauleitplanung und Zulassung von Vorhaben berücksichtigt werden muss (Abb. 3.10).

So muss bei größeren Vorhaben auch ein **Starkregengutachten** vorgelegt werden. Dieses unterscheidet sich vom Überflutungsnachweis darin, dass rein die Starkregenereignisse ohne Versickerung betrachtet werden. Auch wird ein spezieller Fokus auf die „Hit-

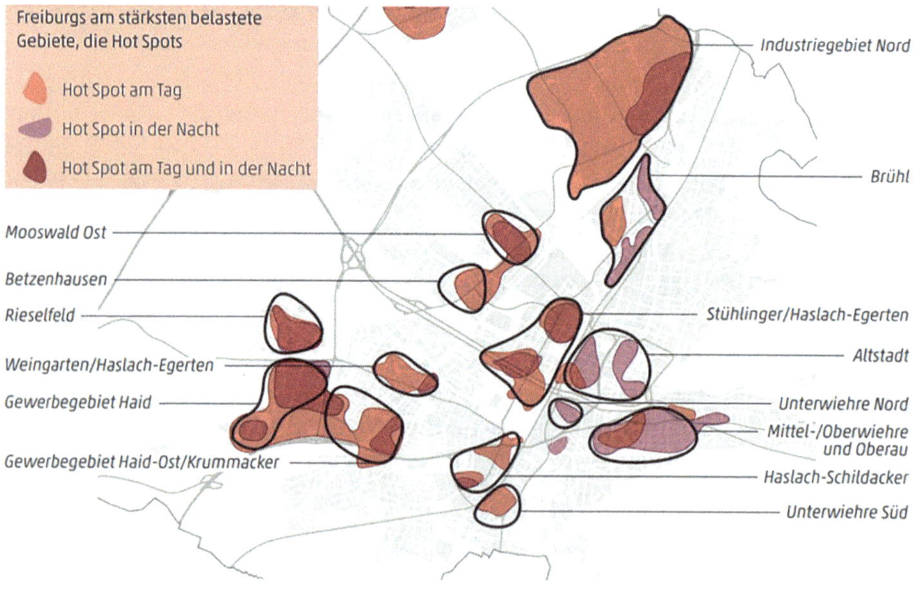

Abb. 3.10 Lage der Hot Spots der Hitzebelastung im Stadtgebiet Freiburg (KLAK Hitze, Stadt Freiburg i. Br. 2019c, G-19/014)

zehotspots“ in der Stadt gelegt und Maßnahmen sind gefordert, um auf natürliche Weise darauf zu reagieren. Deutschlandweit betrachtet wird jedoch noch viel zu wenig umgesetzt, aber die Richtung ist klar. Laut Gesetz müssen die entsprechenden Konzepte bis 2027 von allen größeren Kommunen vorgelegt werden. Wichtig ist, dass die Konzepte breit aufgestellt und querschnittsorientiert entwickelt werden. Denn die Anpassung betrifft nicht nur die Stadtplanung, sondern auch beispielsweise die Wasserwirtschaft, den Bodenschutz, die Agrarplanung, den Wohnungsbau oder das Gesundheitswesen. Um die Maßnahmen zu entwickeln und umzusetzen, sind alle Akteure frühzeitig mit einzubinden.

Gute Handlungshinweise werden über das Zentrum Stadtnatur und Klimaanpassung in Kooperation mit der Technischen Universität München gegeben. Ein Team aus Wissenschaftlerinnen zeigt, wie mithilfe der Ökosystemleistungen wie Beschattung, Wasserspeicherung, Abflussreduktion nachhaltige und an die Folgen des Klimawandels angepasste Städte umgesetzt werden können (ZSK 2024). Immer wieder werden ein grünes Umfeld und eine grüne und blaue Infrastruktur genannt. Beides gehört zusammen gedacht.

Im Jahre 2023 wurde von der Bundesregierung auch die Nationale **Wasserstrategie** verabschiedet. Damit werden Visionen für 2050 formuliert. Die Strategie gliedert sich in 10 Strategischen Themen:

- Den naturnahen Wasserhaushalt schützen, wiederherstellen und dauerhaft sichern – Wasserknappheit und Zielkonflikten vorbeugen
- Gewässerverträgliche und klimaangepasste Flächennutzung im urbanen und ländlichen Raum realisieren
- Nachhaltige Gewässerbewirtschaftung weiterentwickeln – guten Zustand erreichen und sichern
- Risiken durch Stoffeinträge begrenzen
- Wasserinfrastrukturen klimaangepasst weiterentwickeln – vor Extremereignissen schützen und Versorgung gewährleisten
- Wasser-, Energie- und Stoffkreisläufe verbinden
- Leistungsfähige Verwaltungen stärken, Datenflüsse verbessern, Ordnungsrahmen optimieren und Finanzierung sichern
- Meeresgebiete (Nord- und Ostsee) intensiver vor stofflichen Einträgen vom Land schützen
- Bewusstsein für die Ressource Wasser stärken
- Gemeinsam die globalen Wasserressourcen nachhaltig schützen

Auch hier hängen alle Themen direkt oder indirekt mit dem urbanen Raum und Stadtgrün zusammen. Denn letztendlich gilt dort die Herausforderung, einen natürlichen Wasserhaushalt wieder herzustellen und mit Wasser sparsam umzugehen. Beides ist für den urbanen Raum gesprochen mit Begrünungsmaßnahmen umzusetzen, beziehungsweise sind diese ein entscheidender Faktor bei der Umsetzung.

Spezifisch für den urbanen Raum wurde die **New Urban Agenda** beim dritten Gipfel der Vereinten Nationen zum Thema nachhaltige Stadtentwicklung (Habitat III) 2016 in Quito, Ecuador beschlossen (Abb. 3.11).

Die Urban Agenda stellt klare Forderungen an die Städte der Welt. Es braucht eine kompakte Siedlungsentwicklung mit angemessenen Freiräumen, einen sparsamen Umgang mit Ressourcen, eine Stärkung öffentlicher Verkehrsmittel und damit gesunde Lebensbedingungen im urbanen Raum. Da es aber eine freiwillige Vereinbarung ist, mangelt es noch an der Umsetzung, auch in Deutschland. Doch als Werkzeugkasten für die Akteure in den Städten ist sie eine gute Richtschnur und betont die Wichtigkeit von urbanem Grün und den Erhalt der ökologischen Ausgleichsfunktionen und der Biodiversität für die städtische Lebensqualität.

Auf europäischer Ebene wurde für eine nachhaltige Stadtentwicklung die **Leipzig Charta** entwickelt. Diese wurde 2020 fortgeschrieben und formuliert als übergeordnete Ziele die gerechte, produktive und grüne Stadt (Leipzig Charta 2020).

Ein weiterer Leitfaden in Deutschland, speziell für das Stadtgrün als Weiterentwicklung der Leipzig Charta, ist das **Weißbuch Stadtgrün** (BMWSB 2017) (Abb. 3.12).

Dort werden die Handlungsfelder für die Umsetzung der grünen Stadt genannt:

Abb. 3.11 In Quito, der Hauptstadt Ecuadors in den Anden, wurden 2016 mit der Urban Agenda wichtige Leitlinien der Stadtentwicklung entwickelt (Foto Kaysers 2023).

Abb. 3.12 Weißbuch Stadtgrün, (BMWSB 2017)

1. Integrierte Planung für das Stadtgrün:
   - Bedeutung des Stadtgrüns in der Planung stärken
   - Regional-, Landschafts- und Grünordnungspläne fortentwickeln
   - Stadtgrün in der Planungspraxis stärken
   - Stellplatzverordnungen und – Sitzungen flexibler ausgestalten
   - Integrierte Strategien für Grünräume unterstützen
   - Stadt-Umland-Beziehungen stärken
   - Bundesliegenschaften in Stadtentwicklungskonzepte integrieren
   - Städte auf dem Weg zu mehr Freiraumqualität

2. Grünräume qualifizieren und multifunktional gestalten:
   - Stadtgrün als Ausgleichsmaßnahme stärken
   - Friedhöfe als Teil des Stadtgrüns sichern
   - Orientierungs- und Kennwerte für Grün entwickeln
   - Stadtgrün im Rahmen der Städtebauförderung stärken
   - Förderkulisse für Stadtgrün erweitern
   - Urbanes Grün ist ein Stück Baukultur
   - Multikordierte Grün- und Freiräume fördern
   - Mit Gartenschauen „grüne" Stadtentwicklung umsetzen

3. Mit Stadtgrün den Klimaschutz stärken und die Klimafolgen mindern:
   - Klimagerechtes Stadtgrün in der Planungspraxis berücksichtigen
   - Klimaschutzprogramme für Stadtgrün nutzen
   - Mit vitalem Stadtgrün Klimarisiken begrenzen
   - Städte wassersensibel entwickeln
   - Regenwassermanagement auf Rückhalt und Verdunstung ausrichten – Versiegelung reduzieren, Entsiegelung fördern
   - Retentionsräume zur Hochwasservorsorge ausweiten
   - Planungsinstrumente zur Frisch- und Kaltluftversorgung nutzen
   - Integration zukunftsgerichteter Mobilität

4. Stadtgrün sozial verträglich und gesundheitsförderlich entwickeln:
   - In der Städtebauförderung den gesellschaftlichen Zusammenhalt und die Bedeutung des Ansatzes von Umweltgerechtigkeit durch Stadtgrün stärken
   - Gerechte sozialräumliche Verteilung von Grün sicherstellen
   - Öffentliche Grünräume sicherer gestalten
   - Barrierefreiheit in Außenräumen herstellen
   - Das Potenzial urbaner Gärten nutzen
   - Stadtgrün und Gesundheit besser verknüpfen

5. Bauwerke begrünen
   - Stärkung der Bauwerksbegrünung erreichen
   - Bauwerksbegrünung in Zertifizierungssysteme einbringen
   - Straße als Grün- und Lebensraum aufwerten

6. Vielfältige Grünflächen fachgerecht planen, anlegen und unterhalten:
   - Label für Stadtgrün entwickeln
   - Standorteigenschaften stärker in den Blick nehmen
   - Die Pflege des Stadtgrüns sicherstellen
   - Historisches Stadtgrün als kulturelles Erbe mit gesellschaftlichen, touristischen und ökologischen Funktionen stärken
   - Wissenstransfer unterstützen

7. Akteure gewinnen und Gesellschaft einbinden:
   - Privatwirtschaftlichem und zivilgesellschaftlichem Engagement Raum geben
   - Citizen-Science-Ansätze stärken
   - Über rechtliche Instrumente und finanzielle Anreize private Akteure aktivieren
   - Rechtssicherheit für die Öffnung privater Flächen schaffen
   - Öffentliche Akteure stärken und vernetzen
   - Den Wert von Ökosystemleistungen aufzeigen

8. Forschung stärken und vernetzen:
   - Forschungscluster „Grün in der Stadt" als Teil der Innovationsplattform Zukunftsstadt einrichten
   - Verschiedene Facetten von Grün in der Stadt integriert beforschen
   - Neue Nutzungsformen und Freiraumtypen erproben

9. Vorbildfunktion des Bundes ausbauen:
   - Mit einem knappen Gut vorbildlich umgehen
   - Biodiversitätsbelange bei Klimaanpassung und Grünpflege berücksichtigen
   - Durch „Grüne Architektur" qualifiziert gestalten
   - Vorbildliche grüne Verkehrs- und Wasserwege entwickeln
   - Durchgängigkeit von Gewässern herstellen
   - Konversionsflächen und bahnbegleitende Flächen qualifizieren
   - Bauwerksgrün bei Bundesliegenschaften entwickeln, sichern und pflegen
   - Grünflächen des Bundes stärker der Öffentlichkeit zugänglich machen
   - Nachhaltige Grünflächen planen, realisieren und zertifizieren

10. Öffentlichkeitsarbeit und Bildung
    - Wettbewerbe durchführen
    - Öffentlichkeitsarbeit stärken und ausbauen
    - Initiative „Grünflächenentwicklung in der integrierten Stadtentwicklung" stärken
    - Ökologisches Bewusstsein im Kleingartenwesen schärfen
    - Umwelt- und Bewusstseinsbildung für das Stadtgrün verbessern
    - Aus-, Fort- und Weiterbildungsangebote entwickeln

Im Prinzip wird hier schon fast alles angesprochen. Es braucht also die Qualifizierung von Stadtgrün und mehr Grün in der Stadt, das im Rahmen der Beteiligung aller Akteure erhalten und fachgerecht neu umgesetzt werden soll.

Die Umsetzung des Weißbuches wurde in den letzten Jahren von einer Prozessassistenz umfassend unterstützt (BMWSB 2024). Die Wichtigkeit der Umsetzung der Maßnahmen hat sich in der Corona-Pandemie bestätigt. Für die Weiterentwicklung des Weißbuches wurde die Rolle grünblauer Infrastruktur für die Gesundheitsvorsorge und Klimaanpassung betont und mit den Begriffen **„Schwammstadt" und „Schwammlandschaft"** der Umgang mit Wasser als Voraussetzung für die Ökosystemleistungen des Grüns immer deutlicher platziert.

In diesem Zusammenhang wurde auch die Publikation **„Stadtgrün wirkt!"** veröffentlicht (BBSR 2023). Sie gibt wichtige Hinweise für die geeignete Auswahl urbaner Vegetation zur Anpassung an den Klimawandel. Auch werden die positiven Wirkungen von Stadtgrün beschrieben (s. Abschn. 1.3). Ebenso formuliert sie folgende Leitbilder:

- Schwammstadt (Fokus Wasser)
- Naturstadt (Fokus Biodiversität und Resilienz)
- Bürgerstadt (Fokus Partizipation und Gemeinwohl)
- Essbare Stadt (Fokus Produktion, Bildung, Partizipation)
- Grüne Stadt (Fokus auf alle Ökosystemleistungen von Stadtgrün)

Weitere Zahlen, Daten und Fakten gibt es schon seit 2003, von der Stiftung **„Die grüne Stadt"**, die sich seit über 20 Jahren für die Förderung des Umweltschutzes, der Wissenschaft und Forschung sowie des bürgerlichen Engagements in der Stadt einsetzt. Die Stiftung stellt viele Informationen und Handlungsempfehlungen zur Verfügung, ganz nach dem Motto „Grün geht uns alle an!" Ganz konkret werden in der Charta **„Zukunft Stadt und Grün"** acht Wirkungs- und Handlungsfelder benannt, die vielfältige Lösungsbeiträge von urbanem Grün für eine nachhaltige Stadtentwicklung aufzeigen: Abmilderung der Folgen des Klimawandels, Gesundheitsförderung, Sicherung sozialer Funktionen, Steigerung der Standortqualität, Schutz des Bodens, des Wassers und der Luft, Erhalt des Artenreichtums, Förderung von bau- und vegetationstechnischer Forschung sowie Schaffung gesetzlicher und fiskalischer Anreize.

Auch auf Verbandsebene gibt es Empfehlungen des BDLA (Bund Deutscher Landschaftsarchitekten). Der BDLA empfiehlt daher mit seiner **„Klimaanpassung im Städtebau"** 2023 der Bundesregierung (BDLA 2023):

- Stärkung der Klimabelange durch stringente Definition der Begrifflichkeiten,
- Einführung eines grundstücksbezogenen Grünflächenfaktors,
- Etablierung von Orientierungswerten für grün-blaue Infrastruktur und natürliche Klimaanpassung,
- Etablierung von integrierten Freiraumentwicklungskonzepten,
- Stärkung des Entsiegelungsgebots und Normierung eines Verschlechterungsverbots,
- Optimierung der urbanen Kompensation,
- Einführung des Freiflächengestaltungsplans als Teil einer neuen Umbauordnung,
- Ergänzung des Sanierungsrechts und Etablierung von Klimasanierungsgebieten.

Weitere wichtige Papiere sind die Allianz **„Gemeinsam für eine wasserbewusste Stadtentwicklung"** (DWA 2023) oder die Petition **„Klimaschutz ins Grundgesetz – für zukunftsfähige Kommunen!"** vom Bürgerbegehren Klimaschutz e. V.

In den jeweiligen Bundesländern gibt es auch spezielle Institutionen, welche das Thema auf Länderebene vorantreiben. So propagiert beispielsweise das Kompetenzteam Nachhaltiges Planen, Bauen und Klimaanpassung der Architektenkammer Baden-Württemberg ebenfalls, dass Pflanzen die beste Lösung zur Klimaanpassung sind (AKBW 1, 2024). Wichtig bei allen Konzepten ist auch, diese fortzuschreiben, um auf die abrupten Veränderungen und die unvorhersehbare Dynamik der Veränderung zu reagieren. Nicht zuletzt seien auch die verschiedenen Zertifizierungssysteme genannt, welche Strategien und Leitbilder für grüne Städte vorgeben. Hier wird noch im Abschn. 4.3 Förderungen eingegangen.

Es gibt also genügend Zielrichtungen und Informationen für eine nachhaltige und grüne Stadt. Dies schon konkret seit fast 40 Jahren! Nun gilt es sie nur konsequenter umzusetzen. Dennoch ist es erstaunlich, wie dehnbar die Vorgaben sind und es immer wieder zur Missachtung und Nicht-Umsetzung kommt. Eine weitere Gefahr stellen aktuelle politische Bewegungen dar, welche die Gesetze für die Natur abmildern wollen. Eine Abmilderung würde die Probleme nur auf nachfolgende Generationen abwälzen. Ebenso können auch die gesetzlichen Vorgaben zu einfach umgangen werden. Dies ändert sich aber von Jahr zu Jahr und wird mit dem Einklagen der **Rechte der Natur** vor den Gerichten immer deutlicher. So mahnte das Bundesverfassungsgericht 2021 die Bundesregierung an, dass die Freiheit zukünftiger Generationen gefährdet ist, wenn nicht mehr für den Klimaschutz getan wird. Schon 2008 verlieh Ecuador als eines der ersten Länder basale Rechte für die Natur und stufte sie als Rechtsperson ein. 2017 wurde der Whanganui-Fluss in Neuseeland weltweit erstmals als lebende Einheit mit Rechtspersönlichkeit anerkannt. Seitdem gab es mehrere Urteile zugunsten der Natur. Im Mai 2026 hat gerade auch die UNO-Generalversammlung eine Klima-Resolution verabschiedet. Nun können Länder, die gegen Klimaziele verstoßen, künftig zu Schadenersatz verpflichtet werden. Wer zukünftige Urteile gegen sich vermeiden möchte, sollte sich an die Rechtslage halten.

Denn es läuft uns die Zeit davon und zum anderen wird man allein wegen der gesetzlichen Vorgaben nicht mehr anders handeln können. Daher gibt es weitere Strategien, damit die Akteure die Zielrichtungen schnellstmöglich berücksichtigen und umsetzen.

3.3 Strategien für mehr Grün

Um Grün zu erhalten und mehr Grün umzusetzen, braucht es an erster Stelle ein gutes Konzept und eine gute Kommunikation. Gut gemeinte Maßnahmen können schnell auch das Gegenteil bewirken. Daher ist es wichtig, alle mitzunehmen, zu informieren und zu beteiligen (siehe auch Abschn. 4.2). Wenn die Mehrheit mitgenommen wird und das Konzept gut ist, dann ist dies das Fundament für den Erfolg. Im Idealfall wird so auch weiteres Interesse gezeigt und dann kann die „gute Nachricht" in die Breite der Gesellschaft gebracht werden. Dabei sind dann Bilder und Zahlen wichtig. Ansprechende Bilder sagen oftmals mehr als viele Worte und sie werden von allen schnell verstanden. Dies hilft bei jeder Diskussion. Diese **Leitbilder** müssen klar und einfach verständlich sein. Eine kühle Stadt im Sommer, beruhigendes Blattgrün, saubere Luft sind klare Leitbilder, die dann graphisch mit ansprechenden Bildern vermittelt werden. Das entscheidende Argument ist dabei das **Ortsbild**. Kein Ratsmitglied und kein Bewohner will graue Straßenräume und Plätze (Beispielbild Abb. 2.1). **Wenn Grün dabei ist, steigt die Chance des Wohlwollens.** In jedem Bild sollte der Grünanteil überwiegen. Es liegt in der Natur des Menschen, dass diese Bilder positiv aufgenommen werden (Abb. 3.13).

Die Bilder können dann im zweiten Schritt mit Zahlen untermauert werden, denn wir leben in einer Welt der Zahlen. Daher muss Grün auch messbar gemacht werden, um zum einen die Wohlfahrtswirkungen anhand von Zahlen zu belegen und bei Entscheidungen zur Stadtentwicklung vorzubringen (s. Auch Kap. 3). Viele denken, es gibt genügend Grün in der Stadt, für andere gibt es zu wenig Grün. Die Dringlichkeit wird so nicht erkannt. Daher braucht es belastbare Fakten. Bisher fehlte eine einheitliche Datengrundlage, die jedoch mit dem **„Monitoring des Stadtgrüns"** geschaffen wurde (BBSR 2022). Mit Daten des Satelliten Sentinel-2 wurde das urbane Grün in den bundesdeutschen Städten flächendeckend erfasst. Die Ergebnisse können beispielsweise auf dem IÖR-Monitor des Leibniz-Instituts für ökologische Raumentwicklung eingesehen werden (IÖR 2022). Tatsächlich ist der Zustand des Stadtgrüns im Städtevergleich sehr unterschiedlich. Der Grünanteil an der Gesamtfläche der Stadtgebiete beträgt im Bundesdurchschnitt 56,7 %. Das erscheint viel, doch dabei wird das Umland der jeweiligen Stadt mit eingerechnet. Innerhalb der Siedlungs- und Verkehrsfläche liegt der Durchschnitt nur noch bei 35 % (BBSR 2022). Allgemein ist festzustellen, dass kleinere und mittlere Städte einen höheren Grünanteil als große Städte haben. Ebenso wurde deutlich, dass vor allem Großstädte einen hohen Anteil an klimaaktiven Defizitflächen haben. Dies sind Flächen, die als bebaut klassifiziert sind sowie alle stark durchgrünten Bebauungsbereiche, wenn sie sich außerhalb einer Entfernung von 75 Metern um eine mindestens 1 ha große Grünfläche befinden. Das Stadtgrünraster stellt eine bundesweite Vergleichbarkeit her. Um jedoch das genaue Grün-Defizit einer Stadt zu ermitteln, müssen noch hochauflösendere Daten verwendet werden. Dabei ist die Größe des dreidimensionalen Vegetationskörpers auf den Quadratmeter gesehen wichtig, also die Einheit m^3/m^2. Einige Städte haben dies bereits gemacht. Die **Grünvolumenzahl** wurde 1980 in Hamburg entwickelt, um in der Landschafts- und Bebauungsplanung verbindliche Festsetzungen hinsichtlich der Qualität der anzupflanzenden Vegetation anzugeben (Schulze 1984). Hier kann vor allem auch durch ein regelmäßiges Monitoring die Entwicklung des Grünvolumens verfolgt werden. Das Grünvolumen gewinnt vor allem im Rahmen der Klimaanpassung immer mehr an Bedeutung. Dies ist vielfach nachgewiesen worden. Für Potsdam konnte gezeigt werden, dass jedes zusätzliche m^3/m^2 Grünvolumen die Temperaturen um etwa 0,3 K reduziert, während 1 % zusätzliche Versiegelung einen Temperaturanstieg um etwa 0,03 K bewirkt (SenStadt 2020).

Das Grünvolumen in Berlin wurde mittels dem Liegenschaftskataster und Orthofotos ermittelt. Jede Vegetationsfläche wurde mit der bebauten Fläche verschnitten und mit ihrer mittleren Höhe multipliziert, siehe Abb. 3.14. Dividiert man das ermittelte Grünvolumen durch die Flächengröße, ergeben sich die Werte für die Grünvolumenzahl jeder Fläche (SenStadt 2020).

Bundesweit ist diese Methode jedoch noch nicht flächig Bestandteil der Stadt- und Grünplanung. Mit dem cloud-basierten Datenportal **UrbanGreenEye** (BMDV 2024) können seit 2024 Deutschlandweit klimaanpassungsrelevante Parameter abgerufen werden. Dies zeigt

Abb. 3.13 Ein hoher Grünanteil wirkt positiv – Konzept für die Altstadt von Marburg (Zeichnung Kaysers 2023)

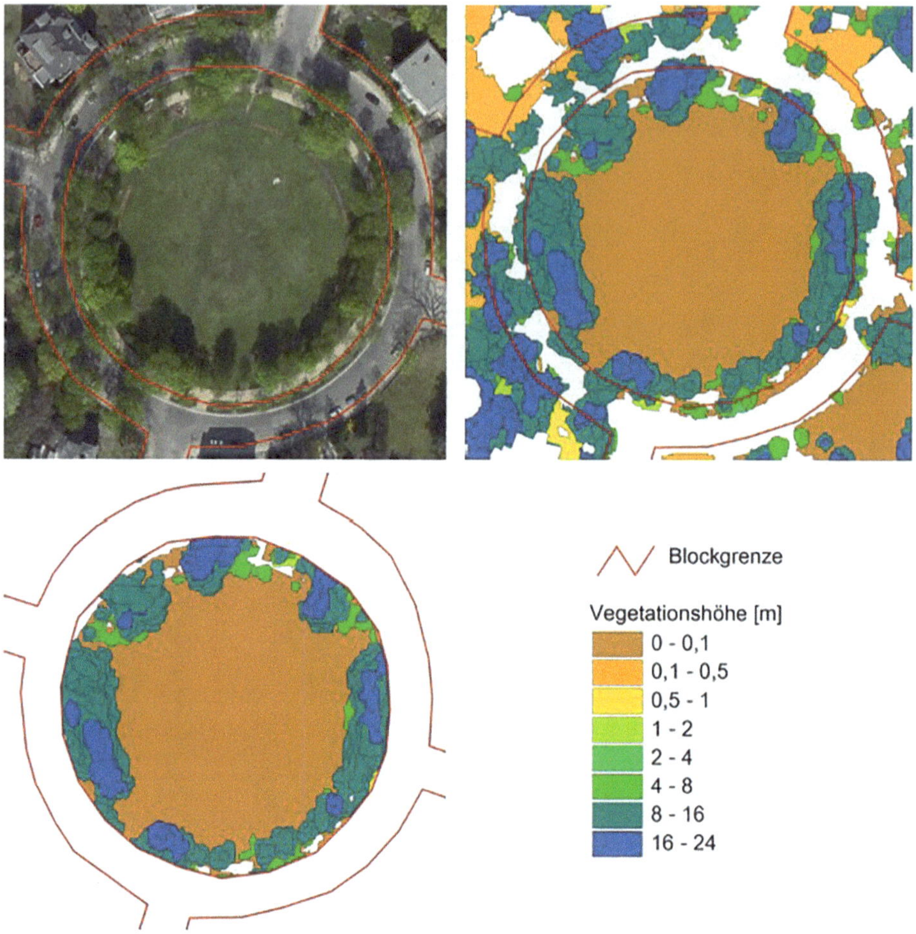

Abb. 3.14 Methode zur Berechnung des Grünvolumens der Stadt Berlin (Graphik SenStadt 2020)

bildlich den dringenden Handlungsbedarf auf. Keine Kommune, keine Bauherrin kann sich dem entziehen. Die Indizes sind die thermische Belastung wie die Oberflächentemperaturen, der Albedo der Oberflächen und die Verschattung einer Kommune. Weitere Indizes sind die thermische Entlastung wie das Grünvolumen, die Vitalität des Grüns und das Bodenkühlleistungspotenzial. Auch die hydrologische Entlastung wird mit den Versickerungsflächen und der Versiegelung aufgezeigt. In Verbindung der Indizes Oberflächentemperatur, dem Grünvolumen und der Versiegelung zur thermischen Be- und Entlastung werden zudem die Defizite aufgezeigt, in denen vordringlicher Handlungsbedarf besteht. Mit diesem Tool kann zukünftig bundesweit die Grünvolumenzahl, ähnlich einem Biotopflächenfaktor, als quantitatives Maß in den Entscheidungsgremien Beachtung finden.

Mit diesen Zahlen kann gut argumentiert werden. Auf europäischer und somit auch auf Bundesebene wird dies durch das Klimaanpassungsgesetz und der EU-Verordnung wie beschrieben, bald für alle Städte gelten. Die EU-Verordnung legt fest, **dass bis Ende 2030**

keine Nettoverluste an städtischen Grünflächen und Baumüberschirmungen erfolgen dürfen. Ab Anfang 2031 muss ein steigender Trend in Bezug auf die Gesamtfläche städtischer Grünflächen nachgewiesen werden. Diese Fläche wird alle 6 Jahre gemessen und überprüft. Um dieses Ziel zu erreichen, müssen die EU-Staaten bis zum zweiten Quartal 2026 ihre nationalen Wiederherstellungspläne vorlegen. Nach Rückmeldung durch die EU-Kommission sind dann die finalen Wiederherstellungspläne 2027 fällig. Mehr Grün in Stadt und Land in ganz Europa ist das Ziel, welches für alle Regionen und Städte gilt.

Nicht nur das Grünvolumen ist wichtig. Auch Werte für Feinstaub und Strahlungsantrieb können zukünftig berücksichtigt werden. So kann die klimatische Wirkung des Bauvolumens durch das Grün kompensiert werden (Krupka 2022) bzw. das Grünvolumen als messbare Größe in den Städten verbessert werden. Wer ohne Grün baut, trägt zur weiteren Aufheizung und Feinstaubbelastung einer Stadt bei.

Mit dem Projekt **„UrbanÖSL"** werden Standards für zertifizierte Ökosystemleistungen aufgezeigt (DBU 2024). Das Projekt konzentriert sich auf grüne Infrastrukturelemente in urbanen Gebieten, die wesentliche Dienstleistungen wie Kohlenstoffspeicherung, Mikroklimaregulierung und Regenwassermanagement bieten. Die Zertifizierung ist nicht kostenlos. Der Vorteil allerdings dieser Bewertungsmethode ist, dass die Zahlen zertifiziert sind und so die Glaubwürdigkeit und Umweltbemühungen von Unternehmen, Bauherrinnen oder Kommunen besser belegt wird. Denn die Zahlen sind wissenschaftlich quantifizierbar und fundiert.

Eine sehr effektive Strategie, um Bauherrinnen und Beteiligte zu überzeugen, dass Grün wichtig ist und seinen Platz im Projekt benötigt, sind **Wärmebildaufnahmen** mit der Drohne. Damit kann visuell aufgezeigt werden, wo die Hotspots im Projektgebiet sind und wie das Grün dabei die Lösung zur Kühlung sein kann. Sehr eindrücklich wird das Ergebnis dann mithilfe der Wärmebild-Luftbilder zur Verfügung gestellt (Abb. 3.15). Jeder Quadratmeter mehr Grün senkt die Umgebungstemperatur. Gleichzeitig bietet jeder Quadratmeter Grün mehr Lebensraum für Tiere und somit der Artenvielfalt. Die Kühlung ist somit das entscheidende Argument, dass mehr Grünräume umgesetzt werden (Kaysers, Senner 2024). Hierzu wird im nächsten Abschnitt zum Thema Hitze und Gesundheit nochmals eingegangen.

Abb. 3.15 Links Bestand, rechts Auswertung mit der Wärmebildkamera, nach Planstatt Senner GmbH, 2024

Neben den messbaren Größen und der visuellen Darstellung sind großräumige, bereits umgesetzte Beispiele die besten Argumente, mehr Grün in der Stadt zu entwickeln. Die besten Entwicklungstreiber dabei sind beispielsweise Gartenschauen, Landschaftsparks, Regionalen oder Bauausstellungen. Dies sind langfristig geplante Konzepte, die auf Nachhaltigkeit setzen. Mit diesem Ansatz können großräumige Veränderungen in einer Kommune umgesetzt werden. Das Ausstellungsjahr einer Gartenschau beispielsweise ist nur ein kleiner Teil der Umgestaltung. Der eigentliche Mehrwert sind langfristig umgesetzte Daueranlagen. Die teilnehmenden Kommunen können Projekte umsetzten, die sie ohne diesen Motor nicht angehen können. Die Bevölkerung wird in einem intensiven Beteiligungsprozess mit einbezogen und die Länder und der Bund unterstützen mit breit angelegten Förderungen. Das Großartige ist, dass diese Projekte von einer breiten Mehrheit in der Bevölkerung getragen werden. Der ganze Prozess, die vielen gemeinsamen Erlebnisse und nicht zuletzt das Ausstellungsjahr bleiben tief verankert. Es entstehen nachhaltige Projekte, die über Generationen hinweg einen Mehrwert für die Kommune bedeuten. So entstand beispielsweise in Balingen 2023 eine erfolgreiche Gartenschau (Abb. 3.16), die einen Besucherrekord zu vermelden hatte und eine Vielzahl an ehrenamtlichen Helferinnen aus der Bevölkerung aktivierte. Ein Gewinn für die Kommune und die Bevölkerung.

Neben großflächigen Entwicklungen sollte auch kleinräumig die Wichtigkeit und Wirkung von Grün betont werden. Stadtgrün sollte nicht mehr nur Begleitgrün sein, sondern der unmittelbare, positive Nutzen damit verknüpft werden. „Nützliches" Grün findet schnell Akzeptanz. So kann Stadtgrün gezielt als Beschattung eingesetzt werden z. B. als

Abb. 3.16 Nordteil der Gartenschau Balingen (Planung und Foto Planstatt Senner GmbH 2023)

Pergola. Es kann als Biotop mit Aufenthaltsqualität gestaltet sein z. B. auf dem Dach. Es kann gezielt die Luft reinigen z. B. in einer Allee oder als Wasserspeicher und kühlende Insel dienen z. B. als Schwammstadtprojekt oder als Retentionsfläche. Alle Flächen können zugänglich und nutzbar sein als **multicodierte Grünflächen**. Wenn der Nutzen erkennbar ist und aufgezeigt wird, sind das gute Argumente für Grün. Viele solcher Beispiele werden in Kap. 5 aufgezeigt.

Ansprechende Bilder, messbares Grün, Wärmebildaufnahmen, Gartenschauen und „nützliche" Grünflächen sind gute Strategien für mehr Begrünung. Alle stehen im Zusammenhang mit der Klimaanpassung und dem Klimaschutz. Und die gute Nachricht ist, dass Grün für beides Lösungen bietet. Das kann nicht oft genug wiederholt werden. Grün ist eine Lösung für den Klimaschutz und gleichzeitig die Antwort zur Klimaanpassung und Klimaresilienz. Auf die entsprechenden Ziele wurde bereits im vorigen Abschnitt eingegangen. Konkrete Beispiele zur Umsetzung gibt es auf vielen Ebenen. Eine davon sind die Anpassungspotenziale für verdichtete Städte, gemäß der Broschüre **„Urbane Grüne Infrastruktur"** vom Bundesamt für Naturschutz (BfN 2017). Diese sind:

- kühlende Grünflächen und Parks
- grüne Straßen und Plätze
- entsiegelte und begrünte Innenhöfe
- blaugrüne Dächer als Retentions- und Lebensraum
- einfache Fassadenbegrünungen im Bestand
- intensive Fassadenbegrünungen insbesondere an sonnenexponierten Seiten
- Baumschatten insbesondere an der Südseite
- helle Farben und Verschattungselemente an südexponierten Fassaden
- Sicherung und Durchlüftung zwischen Grünflächen und Höfen

Bei allen Maßnahmen zählt jeder Quadratmeter. Beim Thema Verschattung sollte vorrangig auf grüne Lösungen zurückgegriffen werden. Nur wenn sich Grün nicht umsetzen lässt, sollen graue Maßnahmen wirken. In dieser Priorität sind auch die meisten Förderprogramme aufgebaut. **Erst Grün, dann Grau.** Weitere Maßnahmen sind die Schaffung von offenen Wasserflächen und das gezielte Einplanen von Verdunstungskühlung. Zum Grün kommt Blau – beides sollte immer zusammen gedacht werden (s. Abschn. 6.1).

Bei allen Grünstrategien und Konzepten ist die **Vernetzung** der verschiedenen Grünelemente wichtig. Insellösungen sind selten erfolgreich. Erst die Vernetzung des Grüns erreicht eine effektive Verbesserung des Stadtklimas und der Biodiversität. Grün wird auf ganzer Breite spürbar. Dann kommt es den Erholungs- und Gesundheitswerten der Stadtmenschen zugute. Mehr Grün – mehr Vogelgezwitscher statt Motorenlärm. In einer europaweiten Studie mit mehr als 26.000 Befragten wurde deutlich, dass die Zufriedenheit der Menschen auch mit der Artenvielfalt zusammenhängt, sie sogar genauso wichtig wie das Einkommen ist. So waren Menschen in Regionen mit einer hohen Vielfalt an Vogelarten zufriedener (Böhning-Gaese 2021). **Biodiversität macht zufrieden.** Und wer sich mit der Natur beschäftigt, dem öffnet sich eine ganz neue Welt, abseits von der digitalen Ermüdung und Belastung. Wer sich über ökologische Zusammenhänge informiert, sieht Grün mit anderen Augen. Der Betonpflasterbelag oder der geschnittene Rasen sind auf einmal nicht mehr schön anzusehen, da sie ökologisch wenig Wert haben. Es entsteht dadurch eine neue ökologische Ästhetik. Nicht der eintönig grüne Rasen ist schön, sondern die bunte mit Insekten belebte Wiese. Nicht der graue Beton ist das Ziel, sondern die durchlässige und grüne Oberfläche. Grün beschäftigt sich mit lebendigen Prozessen und diese sind so vielfältig und voller Wunder. Wer sich mit dem lebendigen Organismus Erde auseinandersetzt, entdeckt eine neue Welt. Eine Welt, die begeistert und Spaß macht. Diese Botschaft ist wichtig. **Es geht nicht um Belehrung oder Verzicht, sondern um Spaß und Bereicherung am Leben. Wenn dies erkannt wird, dann wird Grün zum Selbstläufer.**

3.4 Gesundheit über alles

Die bisherigen Argumente für mehr Grün sind vielfältig, doch das beste Argument ist die Gesundheit. Sobald jemand krank ist oder man anderen Menschen etwas wünscht, dann kommt man darauf zurück und betont, wie wichtig die Gesundheit sind. Dieses Argument sollte an erster Stelle stehen und in den Vordergrund gebracht werden. Dabei spielt die Umwelt mit dem Stadtgrün eine entscheidende Rolle. Schon vor 60 Jahren hat Alexander Mitscherlich die Diskussion über die „Unwirtlichkeit unserer Städte“ (Mitscherlich 1965) ins Rollen gebracht. Er prangerte an, dass die Umweltbelastungen und die zunehmende Verödung unserer Städte krank machen.

Mittlerweile gibt es viele Studien und Forschungsergebnisse, welche den Zusammenhang von Natur und Gesundheit aufzeigen. So verursacht in Deutschland die Belastung durch Feinstaub ca. 47.000 Todesfälle pro Jahr. Bäume filtern Staub und können die Feinstaubbelastung um bis zu 15 % reduzieren (TEEB DE 2017). Dabei sind Laubbäume mit rauen, behaarten und klebrigen Blättern gut geeignet die Staubteilchen zu filtern. Ein Teil bleibt auf dem Blatt und ein anderer Teil wird beim nächsten Regen ins Erdreich abgewaschen. Insbesondere sollten auch Nadelbäume angepflanzt werden, da sie auch in den Wintermonaten den Feinstaub aus der Luft filtern. Allgemein gilt, dass unterschiedliche Pflanzen verwendet werden sollten, um die Filterleistung zu erhöhen. Denn jede Pflanze filtert unterschiedliche Luftschadstoffe anders (Grüne Stadt 2013). **Standortgerechte und vielfältige Pflanzungen tragen zur Luftreinigung und besseren Gesundheit bei.**

Auch das Thema immer heißere Sommer fordert mehr Hitzetote – nicht nur weltweit, sondern auch in Deutschland. Im Bezug zur Gesundheit muss dies nochmals betont werden. Im Außenraum kann nur Grün dabei helfen die Stadt zu kühlen. Laut Prof. Dr. Thomas Rötzer vom Lehrstuhl für Waldwachstumskunde der TU München, hat eine 80-jährige Linde eine jährliche Kühlleistung von rund 200 Kühlschränken! Siehe dazu auch Abschn. 1.3 Was Grün für uns leistet. Das Thema Hitze ist eines der besten Argumente für mehr Grün, denn es ist am meisten direkt spürbar. Bei der Luftqualität sind die Folgen meist erst später spürbar, die Sauerstoffproduktion von Grün gilt, als selbstverständlich und die CO2-Aufnahme der Vegetation ist nicht sichtbar. Hitze jedoch spürt jede und jeder.

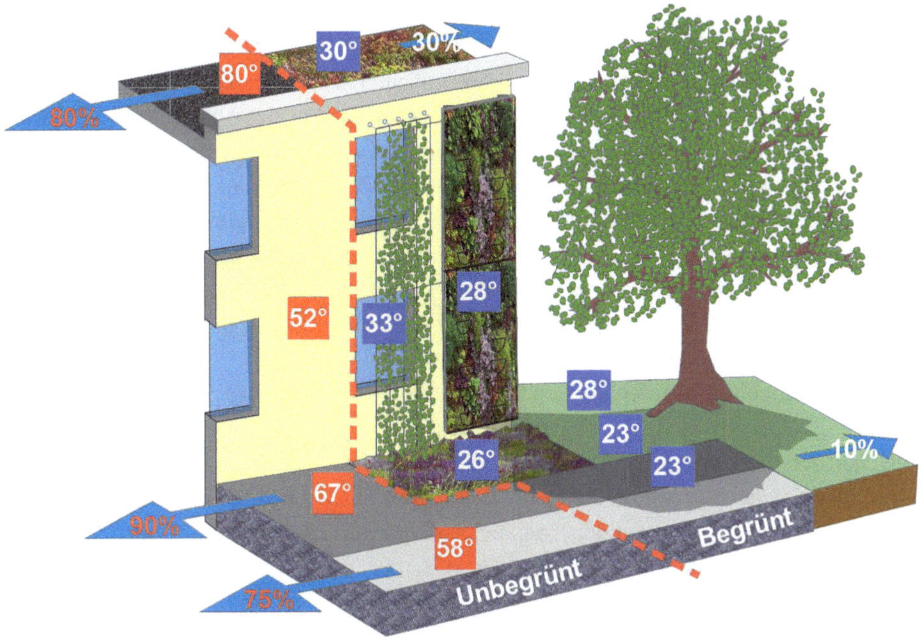

Abb. 3.17 Temperatur- und Regenwasserabflussdifferenzen von unbegrünten und begrünten Stadtoberflächen (Graphik Kaysers 2025). Temperaturangaben: Planstatt Senner GmbH 2025, Verbraucherzentrale NRW 2024, Neue Landschaft 2024, Lebensart 2019. Regenabflussdaten nach DIN 1986–100

Auch die Oberflächen und die **Abstrahlungswärme** (Albedo Effekt) spielen immer mehr eine Rolle. Wenn Grün fehlt, heizen sich die Oberflächen in der Stadt auf (Abb. 3.17). So kann sich Asphalt auf 67° C oder ein Kiesdach auf 80° C aufheizen. Während begrünte Bereiche wie ein extensives Gründach zum gleichen Zeitpunkt sich nur auf 30° C aufwärmt oder eine Grünfläche im Baumschatten mit ungefähr 23° C kühl bleibt. Das gleiche gilt für den Regenwasserabfluss. Dieser liegt bei einem Kiesdach bei 80 % oder bei Asphalt bei 90 % der Regenmenge, die abfließt und nicht zurück gehalten wird. Bei Grünflächen dagegen fließen im Mittel nur 10 % ab. Grüne Flächen mindern den Regenabfluss und heizen sich weniger auf.

Von der Weltgesundheitsorganisation (WHO) werden schon seit langem die Notwendigkeit und Erstellung von **Hitzereaktionsplänen** empfohlen. Das Bundesministerium für Gesundheit benennt in ihrem Musterhitzeschutzplan ein Begrünungskonzept als wichtigen Baustein zum Hitzeschutz. Zu den kurzfristigen Maßnahmen zählen technische Lösungen wie Ventilatoren oder Klimaanlagen. Doch mittel- und langfristige Maßnahmen sind Abkühlungseffekte durch Gebäudebegrünung, Bäume, Gärten und Grünanlagen (UBA 2018). Es wird ausschließlich darauf hingewiesen, dass technische Kühlung durch Klimaanlagen nur dann zu empfehlen sind, wenn andere Maßnahmen ausgeschöpft sind. Denn durch den hohen Stromverbrauch und die Abgabe von Wärme an die Außenluft tragen sie zum

Klimawandel und zur weiteren Aufheizung bei. Daher sind bauliche und grüne Maßnahmen vorzuziehen. Ebenso hat das Deutsche Institut für Urbanistik eine Handlungsempfehlung zur Entwicklung von Hitzeaktionsplänen herausgegeben (Difu 2025).

In diesem Zusammenhang sei auch darauf hingewiesen, dass beim Thema Albedo, Hitze und Gesundheit nicht nur das Thema Hitze und Abstrahlungswärme berücksichtigt werden sollte. Denn neben der Begrünung als Lösung werden auch der Einbau heller Oberflächen empfohlen. Diese reflektieren das Licht besser und heizen sich weniger auf. Jedoch fördert dies auch die Streuung ultravioletter Strahlen, die im Zusammenhang mit der Entwicklung von Hautkrebs stehen. Darauf hat die Deutsche Dermatologische Gesellschaft hingewiesen. Daher ist in jedem Fall eine differenzierte, ortsspezifische Strahlungsanalyse notwendig, welche die Oberflächenreflexion miteinbezieht (DDG 2025). Will man das Thema umgehen, empfehlen sich pflanzliche Oberflächen und Schattenplanung mit Begrünung. Dort gibt es solche negativen Effekte nicht.

Neben den direkten gesundheitlichen Leistungen durch Stadtgrün gibt es auch positive Wirkungen auf die Psyche und die Seele. Bekannt ist das Waldbaden aus Japan. Dort wird der Aufenthalt im Grünen von der Krankenkasse gezahlt. In diesem Zusammenhang wird von „Kur- und Heilwäldern“ gesprochen (Abb. 3.18).

Abb. 3.18 Das Grün tut gut und wirkt sich positiv auf den Menschen aus (Foto Kaysers 2025)

Grün ist wie eine heilsame Therapie und der Aufenthalt im Grün führt zu kurz- und langfristigen gesundheitlichen Effekten (Schuh, Immich 2019). Letztendlich kann es selbst am eigenen Körper gespürt werden. Ein Spaziergang im Grünen, ein duftender Garten, ein blühender Baum tun einfach gut, ohne wissenschaftlichen Nachweis. Die Natur liegt in unseren Genen (s. Abschn. 1.1 Grün und die Menschen).

Vor allem nachhaltiges Gärtnern nutzt der Gesundheit, besagt eine Studie der Royal Horticultural Society (RHS 2024). Denn wer nachhaltig gärtnert, verbessert nicht nur seine Umwelt direkt, sondern auch seine psychologische Erholung, seine Naturverbundenheit, sein Wissensspektrum über die Natur und ein Gefühl der erweiterten Fürsorge für die Umgebung. Viele weitere Berichte beschreiben den positiven Einfluss von Grün (Pfrommer 2013), etwa dass:

- der Zugang zu Parks im Wohnumfeld einen deutlichen Einfluss auf die Entwicklung des BMI (Body-Maß-Indexes) von Kindern und Jugendlichen hat,
- mehr Grün in der Siedlung bei Frauen einen positiven Einfluss auf die physiologische Stressreaktion und die Selbsteinschätzung des Stresserlebens hat,
- Erholung im Außenraum einen günstigeren Einfluss auf die psychische Gesundheit hat als z. B. soziale Aktivitäten im Innenraum.

Insgesamt gesehen haben die positiven Effekte von Stadtnatur auf die Gesundheit eine enorme wirtschaftliche Bedeutung, da sie viele Kosten im Gesundheitssektor einsparen. Allein die drei teuersten Erkrankungen wie Herz-Kreislauf-Erkrankungen, Erkrankungen des Haltungs- und Bewegungsapparates und psychische Erkrankungen verursachen in Deutschland laut dem Statistischen Bundesamt jährlich mehr als 100 Mrd. Euro Krankheitskosten. Eine der hauptsächlichen Ursachen für diese Erkrankungen ist Stress. Die Leistungen von Stadtnatur dagegen helfen bei der Stressreduzierung (Kowarik 2017).

Im Rahmen des Forschungsprojektes **„Stadtnatur erfassen, schützen, entwickeln – Naturschutzfachliche Begleitung der Umsetzung des Masterplans Stadtnatur“** (BfN 2022) wurden Orientierungswerte entwickelt, die dem Schutz und der Förderung von Gesundheit durch Grünflächen im urbanen Raum dienen (Tab. 3.4).

Weitere Kenngrößen sind Mindestgrößen für Nachbarschaftsgrün von 0,5 ha, für Wohngebietsgrün von 1 ha und für Stadtteilgrün von 10 ha. Dabei sollte der Versiegelungsgrad der unversiegelten Grünflächen mindestens 80 % betragen sowie der Straßenlärm auf mehr als 50 % der Fläche geringer als 53 dB(A) sein.

Jegliche Verallgemeinerung von Zahlen ist natürlich schwierig, da jede Stadt anders ist. Doch angesichts der Dringlichkeit des Themas braucht es gut einprägsame Zahlen. So wurde die **3-30-300 Regel** von Cecil Konijnendijk entwickelt. Er ist Direktor und Mitbegründer des Nature-Based Solutions Institute (NBSI 2021). Er schlägt für urbane Räume vor, dass mindestens 3 Bäume in Sichtweite von jedem Haus wachsen sollen, dass jedes Viertel zu 30 % der Fläche durch Baumkronen beschattet ist und niemand weiter als 300 m von einem größeren öffentlichen Grünraum entfernt wohnen sollte.

Tab. 3.4 Empfohlene Kernindikatoren und Orientierungswerte für gesundheitswirksame öffentliche Grünflächen und Grünstrukturen. Nach Peter Blum, Christa Böhme, Christina Kühnau, Markus Reinke, Luise Willen (BfN 2022)

Kernindikator	Maßeinheit	Orientierungswerte
Grünversorgung	Grünraumversorgung pro Einwohner*in (EW) m^2/EW/ Arbeitsstätte	Nachbarschaftsgrün 4 m^2 250 m
		Fußweg Wohngebietsgrün 6 m^2 500 m
		Fußweg Stadtteilgrün 7 m^2 1.000 m
		Fußweg Gesamtstädt. Grün 7 m^2 5 km ÖPNV
		Arbeitsstättengrün 4 m^2 200 m Fußweg
Grünerreichbarkeit	Anteil der EW in fußläufiger Entfernung zu öffentlich gesundheitswirksamen Grünflächen mit definierter Mindestgröße (in %)	100 % der EW erreichen in max. 500 m Fußweg Grünflächen in einem Gesamtumfang ≥1 Hektar
Straßenbäume	Anzahl/km, Anzahl/Stellplatz	Hauptverkehrs–/Erschließungsstraße beidseitig ein Baum/15 m Nebenstraßen einseitig ein Baum/15 m schmale Nebenstraßen einseitig ein Baum/33 m Stellplatzanlagen ein Baum (großkronig) pro 4 Stellplätze
Straßenbegleitgrün	%	Hauptverkehrs-/Erschließungsund Nebenstraßen: 20 % Flächenanteil Begleitgrün bezogen auf Straßenflächen (DIN) (schmale) Neben- und Fahrradstraßen: mehr als 20 %
Grünraumver netzung/Konnektivität	m	500 m Höchstabstand zwischen zwei gesundheitswirksamen Grünflächen
Umweltgerechtigkeit	m^2/EW	Orientierungswerte der Grünraumversorgung prioritär in sozial benachteiligten bzw. einfachen Wohnlagen umsetzen (soweit unterdurchschnittliche Versorgung besteht)

Alle genannten Zahlen sind empfohlene Mindestgrößen, deren Einhaltung sich positiv auf die Gesundheit auswirkt. **Landschaftsarchitektinnen sind längst kompetent und erfahren zur öffentlichen Gesundheit beizutragen.** Sie sollten sich viel öfters auch Gesundheitsfragen stellen und sich hierzu „fachlich zu Wort melden" (Jirku/Pfrommer 2013).

Die Architektenkammer Baden-Württemberg kooperiert beispielsweise mit der Ärztekammer Baden-Württemberg – gerade zum Thema Hitze. Die Ärzte können auf die gesundheitlichen Folgen hinweisen und die Planerinnen können Lösungen dafür aufzeigen. Natürlich sind Planerinnen keine Ärztinnen, aber wenn wir gesundheitliche Belastungen durch Grün abmildern können, dann ist dies ein ärztlich-planerischer Rat. Es ist eine Pflichtaufgabe für Planerinnen dies zu betonen (Abb. 3.19).

Gemeinsame Handreichung zum sommerlichen Wärme-/ Hitzeschutz

Landesärztekammer Baden-Württemberg — Architektenkammer Baden-Württemberg

Der Klimaschutzbeauftragte — Kompetenzteam Nachhaltiges Planen, Bauen und Klimaanpassung

Hitzeschutz beim Planen und Bauen mitdenken!

Der Klimawandel ist in unserem alltäglichen Leben längst angekommen, seine Folgen wie beispielsweise lange und intensive Hitzeperioden sind deutlich spürbar. Dies kann für viele Menschen zur konkreten Gesundheitsgefahr werden. Dort, wo Menschen sich lange aufhalten und leben – in der Wohnung, im Haus, im Stadtquartier, … – wird langanhaltende Wärme häufig zum besonders ernsten Problem. Die Landesärztekammer und die Architektenkammer Baden-Württemberg zeigen daher gemeinsam auf, wie effektiver Hitze- und Gesundheitsschutz beim Planen und Bauen mitberücksichtigt werden können. Denn eines ist klar: Gesundheitliche Aspekte müssen bei der Planung und Genehmigung (neuer) baulicher Maßnahmen eine größere Rolle als bisher spielen, um die Bevölkerung besser als bisher vor den Folgen der Klimakrise zu bewahren. Bauliche Lösungsansätze gegen Hitzewellen werden von privaten und öffentlichen Eigentümerinnen und Eigentümern noch zu selten „mitgedacht".

Abbildung 1: Uferpark, Überlingen

Was lässt sich gegen Hitze tun?
Forderungen der Landesärztekammer und der Architektenkammer:

- Hitzeschutz muss in einem klaren gesetzlichen Rahmen auf Bundes-, Landes- und kommunaler Ebene als Pflichtaufgabe verankert werden.
- In diesem gesetzlichen Rahmen sollten gesundheitlicher Hitzeschutz als verbindlicher Teil der Klimaanpassungskonzepte für Kommunen als Pflichtaufgabe gesetzlich verankert werden sowie Verantwortlichkeiten geklärt werden.
- Die Bundesländer müssen die Kommunen mit ausreichend finanziellen Mitteln ausstatten.
- Insbesondere muss Hitzeschutz auch bei institutionellen Hitzeaktionsplänen für Gesundheits- und Pflegeeinrichtungen, für Not- und Rettungsdienste sowie für Betriebe, Kitas und Bildungseinrichtungen als Pflichtaufgabe verankert werden. Dabei muss Hitzeschutz ressortübergreifend geplant, umgesetzt und fortentwickelt werden.
- Neben der Verankerung von Hitzeschutz im Gesundheitsrecht muss Hitzeschutz auch in anderen Sektoren wie dem Bau- und dem Arbeitsrecht Berücksichtigung finden.
- Hitze sollte standardmäßig in die Gefährdungsbeurteilung aufgenommen werden.
- Hitze sollte als zentrale Herausforderung im Zivil- und Katastrophenschutz integriert werden.

Forderungen gezielt an die Kommunen:

- gerade auch hier: gesundheitliche Aspekte bei der Planung und Genehmigung baulicher Maßnahmen stärker als bisher mitberücksichtigen
- Bestandsanalysen durchführen: „Hot Spots" definieren, „grüne und blaue" Lösungsmöglichkeiten identifizieren und umsetzen (Begrünung, Parks mit Kühlwirkung, Trinkbrunnen, Wasserspiele etc.)
- Bürgerinnen und Bürgern aktuelle Informationen liefern: durch Zugänglichmachen realer Klimadaten und durch transparente Planung und Erstellung von aktuellen Hitzeschutzplänen

Abb. 3.19 Ausschnitt der gemeinsamen Handreichung der Ärztekammer Baden-Württemberg sowie der Architektenkammer Baden-Württemberg (AKBW 2, 2023, vollständiger Downloadlink)

Beim Thema Gesundheit sollte allerdings auch ein Thema berücksichtigt werden, welches oftmals vergessen wird. Das ist das Thema allergische Reaktionen bei bestimmten Pflanzen. Insbesondere in Zeiten des Klimawandels, in denen neue Pflanzen mit erhöhten Pollenwerten oder Blühzeitenverlängerung die Beschwerden erhöhen. Bei der Pflanzplanung sollte darauf auch eingegangen werden. Generell überwiegen jedoch die gesundheitlichen Vorteile durch Grün.

3.5 Vorreiter

Um die Stadtbegrünung weiter voranzutreiben, sind grüne Vorreiter wichtig. Vorreiter, die das Thema schon seit Jahrzehnten erfolgreich umsetzen. Bekannte Städte, die weltweit für Aufsehen sorgen, sind Sydney, Singapur, Seoul, Kopenhagen, New York, Wien oder Rotterdam. Singapur möchte die grünste Stadt der Welt werden. Dort gilt seit 2012 das Ziel, dass aus einer Gartenstadt eine Stadt im Garten werden soll. Bekannt sind die Super Trees (Abb. 3.20) mit mehr als 220.000 verschiedenen Pflanzenarten aus aller Welt. Auch energetisch setzen sie Zeichen. So liefern die integrierten Photovoltaik-Paneele nicht nur Energie für die Beleuchtung, sondern werden auch für die Bewässerung und Kühlungssysteme verwendet. Die Super Trees sammeln auch das Regenwasser, um die umfangreiche Bepflanzung zu bewässern. Natürlich sind echte Bäume bei der Begrünung zu bevorzugen. Daher möchte Singapur auch 1 Mio. Bäume bis 2030 in der Stadt pflanzen. Doch mit solchen städtebaulichen Zeichen wird das Thema weltweit vorangebracht.

Abb. 3.20 Super Trees in Singapur – eine Verbindung von Technik und Natur, Grant Associates (Foto lavendertime/iStock 2017)

Bekannt sind auch die vielen Grünfassaden in Singapur. Bis 2030 sollen 80 % der Gebäude begrünt werden. Ohne Grün gibt es keine Baugenehmigung. Viele Grünfassaden sind weltbekannt, so wie das Parkroyal on Pickering oder das Oasis Hotel.

Auch Sydney möchte bis 2030 sicherstellen, dass jeder Bewohner innerhalb 3 min oder 260 m Wegstrecke einen Grünzug – und nicht nur einen begrünten Platz – erreichen kann. Bis zum Jahr 2050 sollen 40 % der Stadt mit Grünflächen bedeckt sein. Es sollen 60 Parks und Erholungsgebiete geschaffen oder erweitert werden (City of Sydney 2025). Ein Beispielprojekt ist der Masterplan von Central Parks mit dem One Central Park Gebäude von Jean Nouvel, welches schon 2014 fertiggestellt wurde. Die Fassadenbegrünung von One Central besteht hauptsächlich aus heimischen Sträuchern und Kletterpflanzen, die in Pflanztrögen und an Edelstahlseilen wachsen und hochklettern. Die Begrünung dient dem Sonnenschutz und der Erhöhung der Biodiversität. Pro Wohneinheit bietet One Central 10 m^2 an Grünflächen. Ein großer Heliostat zwischen den Gebäudetürmen lenkt Tageslicht auf natürliche Weise in Bereiche, die sonst den größten Teil im Schatten lägen. Es ist ein Beispiel, wie eine dichte und grüne Stadt umgesetzt werden kann (Stadt + Grün 2021) (Abb. 3.21).

In den USA spielt schon lange das Thema „Landscape Urbanism“ eine Rolle. Die Stadt soll eher eine vernetzte und ökologische Konstruktion sein als eine Anordnung von Objekten und Gebäuden. Die urbane Landschaft verleiht einem Raum einen ortspezifischen Charakter und entwickelt diesen weiter. Ein Projekt in diesem Zusammenhang ist beispiels-

Abb. 3.21 Begrüntes Gebäude One Central in Sydney, Architekt Jean Nouvel (Foto Stephen Bridger/iStock 2021)

Abb. 3.22 High Line Park in New York, seit 2009 ein Highlight. Büro Diller + Scofidio, Pflanzplan Piet Oudolf (Foto Marian Zvara)

weise der High Line Park in New York. Dort wurde auf einer ehemaligen Hochbahntrasse ein 2,6 km langer linearer Park umgesetzt. Seitdem floriert das Gebiet um den Park. Der erste Abschnitt wurde 2009 umgesetzt, der letzte Abschnitt 2023 fertiggestellt (Abb. 3.22).

In Europa möchte Paris Vorreiter sein. Mit knapp 22.000 Einwohnern pro Quadratkilometer ist die Metropole nicht nur eine der am dichtesten besiedelte Städte der Welt, sondern mit rund 50 Mio. Touristen jährlich auch eine der meistbesuchten. Straßenbäume hingegen gab es bisher nur ca. 100.000 und damit nicht mehr als in Stuttgart (Fischer, Oberhansberg II 2021). Doch dies ändert sich gerade. Mit der Charta „Objectif 100 hectares" begann 2015 die Stadtverwaltung der Bürgermeisterin Anne Hidalgo ca. 100 ha Grün entstehen zu lassen. Dies vor allem auf und an öffentlichen und privaten Gebäuden. Ein Drittel des Grüns soll für die urbane Agrikultur genutzt werden. In ihrer zweiten Periode wurde der „Plan Local de Urbanisme de Paris" aufgestellt, der dieses Ziel noch auf 300 ha neuer Grünflächen erhöhte (ZDF 2024). Zwar wird kritisiert, dass viele der Flächen bereits jetzt existieren und diese nur zugänglich gemacht werden. Jedoch setzen Projekte, wie die Umwandlung eines Teils der Ringautobahn in einen Wald, Zeichen. Statt Autos sollen auf einem Fahrstreifen der Stadtautobahn 20.000 Bäume stehen (DLF Nova 2022). Dies zeigt die Richtung auf. Auch die Bevölkerung wünscht den Wandel. In einer Bürgerbefragung sprach sich im März 2025 eine Mehrheit dafür aus, 500 neue autofreie Straßen zu schaffen. In den kommenden Jahren können damit 10.000 Parkplätze wegfallen, sodass dort grüne Fußgängerzonen entstehen (Tagesschau 2025). Es entstehen auch immer mehr urbane Stadtwälder. Nach der Begrünung der Place de Catalogne und dem Park Bois de Charonne wurde nun auch der Vorplatz des Rathauses mit einem 2500 m^2 großen urbanen Wald umgestaltet. Der im März 2026 neu gewählte Bürgermeister von Paris möchte den grünen und fahrradfreundlichen Umbau der Stadt fortsetzen.

Auch die Stadt Wien ist schon lange Vorreiter bei grünen Stadtquartieren. Vorbildlich ist das 2014 beschlossene Stadtentwicklungskonzept STEP 2025 (STEP 2014), welches fachübergreifend Strategien für die gesamte Gesellschaft vorgibt. Schon lange vor STEP 2025 gab es auch andere grüne Projekte. Bekannt ist der Wohnpark Alterlaa, der schon von dem Vordenker und Architekt Harry Glück geplant und 1985 fertig gestellt wurde (Abb. 3.23). Die 23 Stockwerke hohen Gebäude haben viele begrünte Balkone und sogar Schwimmbecken. Besonders ist, dass in den Wohnungen 11.000 Sozialwohnungen integriert sind. Dies zeigt, dass Fassadenbegrünung auch mit günstigem Wohnraum verbunden werden kann. Am Anfang dieser grünen Ideen stand das Leitbild „Biotope City", welches von Glück zusammen mit der Stadtplanerin Helga Fassbinder entwickelt wurde. Die wesentlichen Ziele des Leitbilds sind die Reduzierung der Hitzebelastung, eine höhere Biodiversität, mehr Grün im Wohnumfeld und ein intelligentes Regenwassermanagement.

Ebenfalls investiert Zürich schon lange in das Stadtgrün im urbanen Raum. Eines der bekanntesten Grünbauwerke ist der MFO Park (Abb. 3.24), der 2002 eröffnet wurde. Geplant wurde er von der Planungsgemeinschaft raderschallpartner ag landschaftsarchitekten und Burckhardt + Partner Architekten. Der Park besteht aus einem Stahlgerüst, welches die Dimensionen der ehemaligen Maschinenfabrik Oerlikon aufnimmt. Das Gerüst

Abb. 3.23 Seit über 40 Jahren grün und beliebt, der Wohnpark Alterlaa in Wien, Architektur Harry Glück (Foto AEAG Gemeinnützige Wohnungsaktiengesellschaft/Eveline Tilley-Tietze)

Abb. 3.24 MFO Park in Zürich, Planungsgemeinschaft raderschallpartner ag landschaftsarchitekten und Burckhardt + Partner Architekten (Foto Kaysers 2025)

ist 100 m lang, 35 m breit und 17 m hoch. Zwischen dem Gerüst mit Rankseilen sind Treppen eingebaut, sodass der Besucher den Grünraum erklimmen und auf verschiedenen Ebenen erleben kann. Die oberste Plattform ist mittlerweile von der am höchsten wachsenden Kletterpflanze, der Glyzinie (Wisteria), eingegrünt. Von dort oben gibt es einen Rundblick über Zürich-Nord. Das Innere der Konstruktion wird für Kulturveranstaltungen genutzt. Über die Jahre sind nun die Seiten komplett grün und bilden ein mächtiges und grünes Bauwerk inmitten der stark verdichteten Stadt. Ein starkes Zeichen für mehr Grün. Die Stadt treibt weiter das Stadtgrün voran. Mit dem Programm Stadtgrün sollen über die nächsten Jahre 130 Mio. Franken für Stadtgrün zur Hitzeminderung, Klimaverbesserung und Steigerung der Biodiversität investiert werden.

Aber auch in Deutschland gibt es seit vielen Jahren Vorreiter wie Tübingen, Freiburg, Berlin oder Frankfurt. In Frankfurt gilt das Leitbild Grüngürtel und in Berlin die „Strategie Stadtlandschaft 2017–2030–2050“. Im Mittelpunkt des Leitbilds stehen drei Themen: Die „Schöne Stadt“, die „Produktive Landschaft“ und die „Urbane Natur“. Die bestehenden Grünflächen und als öffentliche Freiräume nutzbaren Straßen dienen als Grundgerüst der grünen Stadt. Schwerpunkte liegen in bioklimatisch belasteten und sozial benachteiligten Gebieten, aber auch in der Pflege der Gartenkultur (Berlin 2015). Um Berlin noch grüner und hitzeresilienter zu machen, sollen viele Bäume gepflanzt werden. Über das Berliner

„Bäume Plus-Gesetz“ der Initiative Volksentscheid Baum für Berlin sollen bis 2040 mindestens 300.000 neue Bäume gepflanzt werden. Dies entspricht entlang der Straßen alle 15 m ein Baum. Das Gesetz wurde Anfang November 2025 beschlossen. Berlin ist somit die erste deutsche Kommune, die so ein Baumgesetz beschlossen hat.

Nicht nur Städte können Vorreiter beim Grün sein. Auch Firmen spielen eine wichtige Rolle. Zum einen wurde und wird nach wie vor die Natur durch die Wirtschaftsleistung überall zurückgedrängt und ausgebeutet. Die Firmen verdienen durch die Ausbeutung der Natur viel Geld. Daher gibt es seitens der Firmen auch eine hohe Bringschuld zur Wiedergutmachung. Oftmals geschieht dies auch aus weiterem Eigeninteresse, da ein „grüner Anstrich“ gut bei den Kunden ankommt. Zum anderen müssen sich aber auch vor allem große Firmen ab 2025 der EU-Taxonomie anpassen und Bericht erstatten, siehe Abschn. 3.2. Einige Firmen versuchen gezielt etwas zur biologischen Vielfalt beizutragen. So werden beispielsweise seit 2010 über die Bodensee-Stiftung biodiverse Außenanlagen von Firmen gefördert. Weitere Vorreiter sind beispielsweise das Dach des Fruchthofs Konstanz, welches bereits in den 1990er-Jahren intensiv begrünt wurde. Das Dach senkt den Kühlbedarf für das Obst in der Halle. Mittlerweile wachsen Bäume auf dem Dach (Abb. 3.25).

Bei den Projekten mit den Unternehmen geht es nicht nur um Begrünung, sondern auch um den Austausch zwischen der Wirtschaft, den Ministerien und Organisationen. Dies, um die Biodiversität im unternehmerischen Management zu berücksichtigen.

Abb. 3.25 Seit über 30 Jahren grün und jetzt ein Baumdach, das Lagergebäude des Fruchthofs in Konstanz, Neo Geo Architekten (Foto Kaysers 2025)

Um das Thema auch in kleinerem Maßstab voranzutreiben, gibt es auch gute Beispiele im Privatgartenbereich. So werden seit 2016 grüne Projekte im kleineren Maßstab über die Initiative Deutschland summt! gefördert. Mittlerweile wurden viele naturnahe Projekte ausgezeichnet. Darunter begrünte Balkone, Kleingärten, Schulen, Vereine und Firmengärten.

Es gibt viele Vorreiter, die sich schon seit vielen Jahren engagieren. Heutzutage profitieren wir von deren Mut und Erfahrung. Daher ist es wichtig, mutig und mit innovativen Lösungen voranzugehen und sich nicht beirren zu lassen, wenn das Tagesgeschehen andere Prioritäten setzt. Grün braucht Zeit zum Wachsen und je früher damit angefangen wird, desto besser für die Zukunft.

Übersicht

Fazit für die Praxis: Zum einen müssen die nationalen und internationalen Zielrichtungen eingehalten und umgesetzt werden. Zum anderen muss immer mehr auf die Klimaanpassung hingewiesen werden, um die grüne Infrastruktur auszubauen. Bei der Freiraum- und Grünordnungsplanung müssen die Vorgaben für den Freiraum messbar gemacht und berücksichtigt werden. Diese sind u. a. die Integration von Dach- und Fassadenbegrünungen, das Pflanzen von Bäumen, mehr Platz für Bäume oder die Verwendung von ressourcenschonenden Baustoffen mit geringer Wärmespeicherkapazität. Auch auf der Ebene der Bauleitplanung sind diese Vorgaben zu beachten. Zusätzlich sollte die Grundflächenzahl (GRZ) den unversiegelten Flächenanteil erhöhen und klare Vorgaben zur Biotopvernetzung und zum Artenschutz gemacht werden.

Wir brauchen eine neue ökologische Ästhetik. Nicht ein monotoner Rasen, sondern die blühende Wiese ist schön. Das Thema Artenschwund sollte dabei nicht nur als Bedrohungsszenario aufgezeigt werden, sondern es gilt dabei, die Menschen für Biodiversität zu begeistern. Die Botschaft ist: Biodiversität macht Spaß, weil hochinteressant! Die Stadt sollte vom Freiraum – vom Leben her gedacht werden. Es gibt 1000 Gründe, warum Grün in der Stadt immer im Weg ist. Doch allein der eine Grund des Überlebens wiegt 1000 Gründe dagegen auf. Grün ist zu wichtig, als dass es nur eine Nebensache ist. Die Zukunft gehört der grünen Stadt.

Um die Kommunen und Bauherrinnen zu mehr Grün zu ermutigen, gibt es viele Strategien. Dabei können mittlerweile viele Zahlen helfen. Grün leistet wie aufgezeigt so viel! Doch neben den Zahlen sollte das Thema Gesundheit immer mehr in den Vordergrund gerückt werden, denn es gibt nichts Wichtigeres. Und auch da spielt Grün eine wichtige Rolle. Letztendlich gilt es zu betonen, dass es um lebenswerte und gesunde Städte geht – davon profitieren alle.

Das Heranziehen von guten Praxisbeispielen ist wichtig. Bei der Stadtbegrünung gibt es viele Vorreiter. Diese Beispiele können nicht oft genug gezeigt werden. Denn damit kann keine Bauherrin sagen – das geht nicht. Grün geht überall!

Literatur

AKBW 1, Architektenkammer Baden-Württemberg, 2024: https://www.akbw.de/kammer/gremien/kompetenzteams/kt-nachhaltigkeit Zuletzt geprüft am 18.05.2025

AKBW 2, Architektenkammer Baden-Württemberg, 2023: https://www.akbw.de/fileadmin/download/dokumenten_datenbank/AKBW_Broschueren/Nachhaltigkeit/Handreichung-Hitzeschutz_LAEK-AKBW.pdf Zuletzt geprüft am 13.04.2025

BBSR Bundesinstitut für Bau-, Stadt- und Raumforschung (2022): Wie Grün sind deutsche Städte? https://www.bbsr.bund.de/BBSR/DE/veroeffentlichungen/sonderveroeffentlichungen/2022/wie-gruen-deutsche-staedte-dl.pdf?__blob=publicationFile&v=2 Zuletzt geprüft am 29.01.2025

BBSR Bundesinstitut für Bau-, Stadt- und Raumforschung (2023): Stadtgrün wirkt! https://gruen-in-der-stadt.de/uploads/files/28092023_Stadtgru%CC%88nWirkt_getaggt_NEU_final-1.pdf Zuletzt geprüft am 16.01.2025

BDLA Bund Deutscher Landschaftsarchitekten (2023): https://www.bdla.de/de/nachrichten/nachrichten-de/4150-empfehlungen-des-bdla-fuer-eine-angemessene-beruecksichtigung-der-klimaanpassung-im-staedtebaurecht Zuletzt geprüft am 16.01.2025

Berlin (2015): https://www.berlin.de/sen/uvk/natur-und-gruen/landschaftsplanung/strategie-stadtlandschaft/ Zuletzt geprüft am 09.06.2025

BfN Bundesamt für Naturschutz (2017): Urbane Grüne Infrastruktur: https://www.bfn.de/publikationen/broschuere/urbane-gruene-infrastruktur-grundlage-fuer-attraktive-und-zukunftsfaehige Zuletzt geprüft am 08.01.2025

BfN Bundesamt für Naturschutz (2022): Stadtnatur erfassen, schützen, entwickeln: Orientierungswerte und Kenngrößen für das öffentliche Grün, Peter Blum, Christa Böhme, Christina Kühnau, Markus Reinke, Luise Willen, Seite 15–16: https://bfn.bsz-bw.de/frontdoor/deliver/index/docId/1288/file/Schrift653.pdf Zuletzt geprüft am 09.01.2025

BMDV Bundesministerium für Digitales und Verkehr (2024): http://urbangreeneye.de/ Zuletzt geprüft am 13.06.2025

BMK Bundesministerium Klimaschutz, Umwelt, Energie, Mobilität, Innovation und Technologie, Wien und Bund Deutscher Baumschulen (2025): https://www.bmk.gv.at/themen/klima_umwelt/naturschutz/vielfaltleben/aktiv/baum.html Zuletzt geprüft am 15.01.2025

BMUV, Bundesministerium für Umwelt, Naturschutz, nukleare Sicherheit und Verbraucherschutz (2023): https://www.bmuv.de/faq/was-steht-in-der-krefelder-studie/ Zuletzt geprüft am 09.01.2025

BMWK, Bundesministerium für Wirtschaft und Energie (2024): https://www.bundeswirtschaftsministerium.de/Redaktion/DE/Schlaglichter-der-Wirtschaftspolitik/2024/07/04-kosten-des-klimawandels.html Zuletzt geprüft am 07.09.2025

BMWSB Bundesministerium für Umwelt, Naturschutz, Bau und Reaktorsicherheit (2017): https://www.bmwsb.bund.de/SharedDocs/downloads/Webs/BMWSB/DE/publikationen/wohnen/weissbuch-stadtgruen.html Zuletzt geprüft am 16.01.2025

BMWSB Bundesministerium für Wohnen, Stadtentwicklung und Bauwesen (2024): https://gruen-in-der-stadt.de/projektergebnisse Zuletzt geprüft am 16.01.2025

Boegner, L. (2018): https://www.uvp-verbund.de/documents-ige-ng/igc_be/631F4E7F-69CF-4A09-9916-199A9F940197/Anlage_03-Nd_PG_Gwe.pdf Zuletzt geprüft am 15.01.2025

Böhnung-Gaese K., Methorst J., Rehdanz K., Mueller T., Hansjürgens B., Bonn A. (2021): The importance of species diversity for human well-being in Europe: https://www.sciencedirect.com/science/article/pii/S0921800920322084 Zuletzt geprüft am 10.01.2025

BRD Bundesregierung Deutschland (2024): https://www.bundesregierung.de/breg-de/aktuelles/klimaanpassungsstrategie-2024-2324828 Zuletzt geprüft am 16.01.2025

Breuste, Jürgen (2019): Die Grüne Stadt, Springer-Verlag GmbH Deutschland/Springer Nature, Berlin, Seite 247

BUGG 1, Bundesverband Gebäudegrün e. V. (2023): https://www.gebaeudegruen.info/service/downloads/bugg-marktreport-archiv Zuletzt geprüft am 03.01.2025

BUGG 2, Bundesverband Gebäudegrün e. V. (2023): Fachinformation „Positive Wirkungen von Gebäudebegrünungen" https://www.6-f-g.de/fileadmin/data/pdf/Dachbegruenung/BuGG-Fachinfo-Positive_Wirkungen_Gebaeudebegruuenung_20230604.pdf Zuletzt geprüft am 03.01.2025

Cirkel, D., Voortman, B., van Veen, T., & Bartholomeus, R. (2018). Evaporation from (Blue-) Green Roofs: Assessing the Benefits of a Storage and Capillary Irrigation System Based on Measurements and Modeling. Water, https://www.mdpi.com/2073-4441/10/9/1253 Zuletzt geprüft am 27.01.2025

City of Sydney (2025): https://www.cityofsydney.nsw.gov.au/sustainable-sydney-2030-2050 Zuletzt geprüft am 09.06.2025

DBU Deutsche Bundesstiftung Umwelt (2024): https://www.iao.fraunhofer.de/de/presse-und-medien/aktuelles/neue-standards-fuer-gruene-staedte.html Zuletzt geprüft am 13.06.2025

DDG Deutsche Dermatologische Gesellschaft (2025): https://derma.de/presse/uebersicht/detail/hautkrebspraevention-landschaft-als-zweite-haut-und-schuetzende-huelle Zuletzt geprüft am 14.09.2025

Difu Deutsches Institut für Urbanistik (2025): https://difu.de/publikationen/2025/hitzeaktionsplaene-in-der-kommunalen-praxis Zuletzt geprüft am 14.09.2025

DLF Deutschlandfunk (2007): https://www.deutschlandfunk.de/mit-sanfter-gewalt-gegen-beton-100.html Zuletzt geprüft am 10.01.2025

DLF Deutschlandfunk (2025): https://www.deutschlandfunk.de/wasserversorgung-deutschland-hitze-duerre-resilienz-100.html Zuletzt geprüft am 20.07.2025

DLF Nova, Deutschlandfunk (2022): https://www.deutschlandfunknova.de/beitrag/umweltschutz-paris-moechte-einen-gruenstreifen-auf-einer-autobahn-pflanzen Zuletzt geprüft am 13.07.2025

DWA, Deutsche Vereinigung für Wasserwirtschaft, Abwasser und Abfall e. V. 2023: https://de.dwa.de/files/_media/content/03_THEMEN/Wasserbewusste-Stadt/Position_Allianz_Wasserbewusste_Stadtentwicklung.pdf Zuletzt geprüft am 25.05.2025

Fezer, F. (1975) Lokalklimatische Interpretation von Thermal Luftbildern in Bildmessung und Luftbildwesen, S. 152–158, Wichmann Verlag

Fischer F., Oberhansberg H. II (2021): Was hat die Mücke je für uns getan? Seite 107–108, Oekom Verlag, München

Fischer F., Oberhansberg H.I (2021): Was hat die Mücke je für uns getan? Seite 113–114, Oekom Verlag, München

G + L Garten und Landschaft/Topos, Kampagne Move to Improve (2025): https://www.garten-landschaft.de/theme/move-to-improve/ Zuletzt geprüft am 06.09.2025

Gardens by the bay 2025: https://www.gardensbythebay.com.sg/en/things-to-do/attractions/supertree-grove.html Zuletzt geprüft am 09.06.2025

GartenLeistungen (2022): https://www.gartenleistungen.de/publikationen/infografiken-und-factsheets/ Zuletzt geprüft am 17.05.2025

Gorbachevskaya, Olga und Herfort, Susanne (2013) Feinstaubbindungsvermögen der für Bauwerksbegrünung typischen Pflanzen. Berlin : Institut für Agrar- und Stadtökologische Projekte Humboldt-Universität, Berlin

Greening Sydney Strategy (2021): https://www.cityofsydney.nsw.gov.au/strategies-action-plans/greening-sydney-strategy, Seite 36

Grüne Stadt (2013): Bäume und Pflanzen lassen Städte atmen, Schwerpunkt Feinstaub, Stiftung Grüne Stadt, Seite 25 und 28

gwf Wasser/Abwasser Fachzeitschrift, 06.11.2024: EU-Kommunalabwasserrichtlinie (KARL) final verabschiedet: https://gwf-wasser.de/branche/eu-kommunalabwasserrichtlinie-karl-final-verabschiedet/ Zuletzt geprüft am 08.04.2025

Hildebrandt, Krieger, Bachmann (2025): Zukunft Stadt: Die globale und lokale Bedeutung von SDG 11, Springer Verlag

IÖR, Leibniz Institut für ökologische Raumentwicklung (2022): https://www.ioer-monitor.de/ Zuletzt geprüft am 29.01.2025

Jean Nouvel (2014): https://www.jeannouvel.com/en/projects/one-central-park/ Zuletzt geprüft am 09.06.2025

Jirku, A. Hrsg. (2013) StadtGrün. Artikel Pfrommer, D. Vitamin G: Grün und Gesundheit, Fraunhofer IRB Verlag, Stuttgart, Seite 228

Kaysers, Tim und Senner, Johann, Artikel „Artenreiche Firmengelände", Magazin Neue Landschaft, Patzer Verlag, 09.2024, Seite 34

KIT Karlsruher Institut für Technologie (2012) „Grüne Wände" gegen Luftverschmutzung: https://www.kit.edu/kit/pi_2012_11634.php Zuletzt geprüft am 15.10.2024

Kowarik I., Bartz R., Brenck M., Hansjürgens B. (2017), Ökosystemleistungen in der Stadt. Gesundheit schützen und Lebensqualität erhöhen, Naturkapital Deutschland: https://www.ufz.de/export/data/global/190506_TEEB_DE_Broschuere_KF_Bericht3_Stadt_BF.pdf Seite 31, Zuletzt geprüft am 08.04.2025

Kowarik II., Bartz R., Brenck M., Hansjürgens B. (2017), Ökosystemleistungen in der Stadt. Gesundheit schützen und Lebensqualität erhöhen, Naturkapital Deutschland: https://www.ufz.de/export/data/global/190506_TEEB_DE_Broschuere_KF_Bericht3_Stadt_BF.pdf Zuletzt geprüft am 08.04.2025

Krekel, C., Kolbe, J., Wüstemann, H. (2016): The greener, the happier? The effects of urban green and abandoned areas on residential well-being. Ecological Economics 121: Seiten 117–121.

Krupka, B. W. (2022) Neue Stadtökologie im Klimawandel, Eugen Ulmer Verlag, Stuttgart, Seite 14

Lebensart Magazin (2019): https://www.lebensart.at/in-der-hitze-der-stadt Zuletzt geprüft am 17.05.2025

Leipzig Charta (2020): https://www.nationale-stadtentwicklungspolitik.de/NSPWeb/DE/Initiative/Leipzig-Charta/Neue-Leipzig-Charta-2020/neue-leipzig-charta-2020_node.html Zuletzt geprüft am 19.10.2025

Mitscherlich, Alexander (1965): Unwirtlichkeit unserer Städte, Suhrcamp Verlag, Frankfurt am Main

NBSI Nature Based Solutions Institute (2021): https://nbsi.eu/the-3-30-300-rule/ Zuletzt geprüft am 22.11.2025

Neue Landschaft (2024): https://neuelandschaft.de/artikel/gruene-waende-fuerlebendige-staedte-12109 Zuletzt geprüft am 17.05.2025

Nowak (1994): https://www.sciencedirect.com/science/article/abs/pii/S1618866715301539?via%3Dihub Zuletzt geprüft am 27.01.2025

Penalvo-Lopez, e., Carcel-Carrasco, J., Alfonso-Solar, D., Valencia-Salazar, I., Hurtado-Perez (2020). Study of the Improvement on Energy Efficiency for a Building in the Mediterranean Area by the Installation of a Green Roof System. Energies 2020, 13, 1246. doi:https://doi.org/10.3390/en13051246

Perez, G., Goma, J., Chafer, M., Cabeza, L. F. (2022). Seasonal influence of leaf area index (LAI) on the energy performance of a green façade. https://www.sciencedirect.com/science/article/pii/S0360132321008921 Zuletzt geprüft am 27.01.2025

Pfoser, N. (2018) Vertikalbegrünung, Eugen Ulmer KG Verlag, Stuttgart, Seiten 143–145

Pfrommer, Dieter (2013): Stadtgrün von Almut Jirku (Hrsg.), Fraunhofer IRB Verlag, Artikel: Vitamin G: Grün und Gesundheit

Planstatt Senner (2025); https://www.klima-umwelt-planstatt.de/portfolioitem/klimaadaptive-auswertung-o/ Zuletzt geprüft am 17.05.2025

Pugh, T. A. M., MacKenzie, A. R., Whyatt, J. D., Hewitt, C. N. (2012): https://pubs.acs.org/doi/10.1021/es300826w Zuletzt geprüft am 28.12.2025

Reichholf, Josef H. (2023), Stadtnatur, eine neue Heimat für Tiere und Pflanzen, OekomVerlag München, Seite 60
RHS, Royal Horticultural Society (2024): https://www.sciencedirect.com/science/article/pii/S1618866724002218 Zuletzt geprüft am 31.10.2024
Scheub Ute, Schwarzer Stefan 2, (2023): Aufbäumen gegen die Dürre, oekom Verlag, München (Seite 30)
Schmauck, S. (2019) Bundesamt für Naturschutz, BfN-Skripten 538: Seiten 13–20
Schmidt, Marco (2019): Fassadenbegrünung. Besser und günstiger als konventioneller Sonnenschutz, Taspo Garten Design 3, 2019
Schuh, Immich (2019): Waldtherapie – das Potential des Waldes für Ihre Gesundheit, Springer Nature Verlag
Schulze, H.-D., Pohl, W. & Großmann, M. (1984): Gutachten: Werte für die Landschafts- und Bauleitplanung: Bodenfunktionszahl, Grünvolumenzahl. – Schriftenreihe der Behörde für Bezirksangelegenheiten, Naturschutz und Umweltgestaltung Freie Hansestadt Hamburg, 9. 1. Aufl. Christians. Hamburg
SenStadt Senatsverwaltung für Stadtentwicklung, Berlin (2010) http://www.gebaeudekuehlung.de/SenStadt_Regenwasser_dt.pdf Zuletzt geprüft am 27.01.2025
SenStadt, Senatsverwaltung für Stadtentwicklung und Wohnen (2020): https://www.berlin.de/umweltatlas/biotope/gruenvolumen/2020/kartenbeschreibung/ Zuletzt geprüft am 27.01.2025
Stadt + Grün (2021): https://stadtundgruen.de/artikel/vertikale-gruenflaechen-ein-internationals-forschungsprojekt-dichte-und-gruene-staedte-one-central-park-in-sydney-australien-5831 Zuletzt geprüft am 09.06.2025
Statistisches Bundesamt (2025): https://www.umweltbundesamt.de/daten/private-haushalte-konsum/wohnen/wohnflaeche#wohnflache-pro-kopf-gestiegen Zuletzt geprüft am 17.05.2025
STEP Stadtentwicklungskonzept Wien (2014): https://www.geschichtewiki.wien.gv.at/Stadtentwicklungsplan_2025 Zuletzt geprüft am 21.09.2025
Sukopp und Sukopp: Vegetation ecology and creation of new environments (1987), Tokai University Press, Tokyo, Seiten 347–355
Tagesschau (2025): https://www.tagesschau.de/ausland/europa/frankreich-paris-strassen-buergerbefragung-100.html Zuletzt geprüft am 09.06.2025
TEEB DE, The Economics of Ecosystems and Biodiversity – Naturkapital Deutschland TEEB DE (2017): https://www.ufz.de/export/data/global/190506_TEEB_DE_Broschuere_KF_Bericht3_Stadt_BF.pdf Zuletzt geprüft am 15.01.2025
TUM, Technische Universität München (2025): http://leitfaden-website.s3-website.eu-central-1.amazonaws.com/ Zuletzt geprüft am 29.05.2025
UBA Umweltbundesamt (2018): https://www.umweltbundesamt.de/sites/default/files/medien/360/publikationen/handlungsempfehlungen_hitzeaktionsplaene.pdf Zuletzt geprüft am 13.06.2025
UN United Nations/Vereinte Nationen (2015): Nachhaltigkeitsziele https://unric.org/de/17ziele/ Zuletzt geprüft am 16.01.2025
Verbraucherzentrale NRW (2024):https://www.klimakoffer.nrw/klimaanpassung-begruenung-kuehlt Zuletzt geprüft am 17.05.2025
Wüstemann, H., Kolbe, J. (2017) Der Einfluss städtischer Grünflächen auf Immobilienpreise. Eine hedonische Analyse für die Stadt Berlin. Raumforschung und Raumordnung, Springer Nature Verlag, Berlin, Seiten 429–438.
ZDF heute (2024): https://www.zdf.de/nachrichten/heute-in-europa/paris-wird-gruener-100.html Zuletzt geprüft am 10.01.2025
ZSK Zentrum Stadtnatur und Klimaanpasung, Technische Universität München (2024): https://www.zsk.tum.de/zsk/startseite/ Zuletzt geprüft am 18.05.2025

4 Grün planen, fachgerecht umsetzen und pflegen

Die Stadtbegrünung muss von Fachmenschen gut geplant und umgesetzt werden. Dies geht am besten interdisziplinär und mit allen Beteiligten zusammen. Oftmals braucht es Förderanreize, damit genügend Grün umgesetzt wird. Das Ziel sollte immer sein, die Qualität, die Biodiversität und Klimaresilienz zu verbessern, die Grünbausteine zu vernetzen, Mehrfachnutzungen zu fördern und Kooperationen und Allianzen anzuregen. Steht die Planung, muss das Projekt fachgerecht umgesetzt werden. Ganz besonders wichtig ist danach die Pflege, die zwar bereits zu Beginn mitgedacht werden muss, aber dann nach Fertigstellung den Erfolg des Projekts langfristig sicherstellt.

4.1 Integrierte, nachhaltige Planung – Planungsschritte

Nachhaltige Freiraum- und Stadtplanung muss langfristig geplant sein und muss auf viele Aspekte eingehen. Die Planung von Grünräumen in Deutschland richtet sich an die Leistungen, die in der Honorarordnung für Architekten und Ingenieure (HOAI) in den Leistungsbildern für Freianlagen, Landschaftsplanung und Stadtplanung definiert sind. Die Regeln für die Vergabe und Ausführungen stehen in der sogenannten VOB, der Vergabe- und Vertragsordnung für Bauleistungen. Diese sind für die öffentliche Hand verpflichtend, werden aber auch vielfach bei privaten Verträgen angewandt. Allerdings ist die VOB nur ein Regelwerk, kein Gesetz. Sie gilt bei Privatpersonen nur, wenn sie schriftlich vereinbart wurde. Ansonsten gelten für Bauleistungen die Gesetze aus dem Bürgerlichen Gesetzbuch (BGB). Nachfolgend sei jedoch zunächst auf einige wichtige Planungsschritte bei der Freiraum- und Stadtbegrünung eingegangen.

Die Anforderungen an die Freiraumplanung sind vielfältig und verändern sich stetig. Der steigende Klimawandel, die innerstädtische Nachverdichtung, die Förderung der Gesundheit, die Energiewende, immer neue Nutzungen oder neue Faktoren verlangen ste-

T. Kaysers, *Stadtbegrünung*, https://doi.org/10.1007/978-3-658-51457-0_4

tige Abstimmung und Fortbildung. Um das Grün in der Stadt zu erhalten und weiterzuentwickeln, braucht es eine integrierte Planung. Das bedeutet, dass verschiedene Fachdisziplinen mit eingebunden werden sollten, denn niemand weiß alles. Vor allem ist die folgende Pflege nach der Umsetzung wichtig, siehe Abschn. 4.5. Die Pflege und intensive Abstimmung ist besonders bei der Gebäudebegrünung zu berücksichtigen. Hier bedarf es einer engen Planung mit allen am Gebäude und der Umgebung beteiligten Planerinnen und Fachleuten.

Wichtig ist auch der Blick über den „Tellerrand". Zu berücksichtigen sind übergeordnete globale und regionale Vorgaben, die Stadt- und Quartiersentwicklung sowie die Parameter vor Ort. Alle Planungen sollten immer in einem größeren Zusammenhang gesehen werden. Die internationalen und nationalen Vorgaben wurden in Abschn. 3.2 beschrieben. Die nächste Ebene wären Landesentwicklungspläne, dann die Regionalpläne und schließlich die Flächennutzungs- und Landschaftspläne.

Auf städtischer Ebene sind beispielsweise Stadtentwicklungs-, Klimaschutz- oder Klimaanpassungskonzepte zu entwickeln und zu berücksichtigen. Danach wird es konkreter und es sind Freiflächengestaltungspläne zu erstellen und zu beachten. Im besten Fall gibt es auch Baum- oder Freiflächengestaltungssatzungen, die integriert werden müssen. Auch die übergeordneten Biotopverbundplanungen sollten berücksichtigt werden. Es gilt immer, die Planungen so gut wie möglich zu vernetzen und in übergeordnete Überlegungen einzubinden. Denn die übergeordneten Planungen sind meist auf Langfristigkeit ausgelegt, sodass sich Einzelbausteine darin gut einfügen.

Bei einer konkreten Planung des Ortes sind für Bauten Bebauungspläne in Zusammenspiel mit Grünordnungsplänen zu entwickeln. Das Bundesamt für Naturschutz (BfN 2024) hat eine praxisorientierte **Toolbox für blaugrüne Grünordnungspläne** herausgegeben, welche die Wichtigkeit von Grünordnungsplänen bekräftigt und ein guter Leitfaden dafür ist. Danach folgt der Freiflächengestaltungsplan. Dieser enthält nicht nur Gestaltungshinweise, sondern auch konkrete Angaben zu Pflanzungen. Es werden Pflanzorte und die Pflanzqualitäten beschrieben. In diesem Zusammenhang müssen auch Umweltprüfungen erstellt und Eingriffsregelungen getroffen werden. Sind besonders geschützte Arten betroffen, braucht es eine spezielle Artenschutzprüfung. Liegen alle Planungen vor, wird alles bei der Gemeinde bzw. der Stadt, dem Bund oder beim Landratsamt zur Genehmigung eingereicht.

An erster Stelle der Planung steht die **Bestandsaufnahme** des Ortes mit all seinen Parametern. Diese Grundlagenermittlung ist ein wichtiger Schritt, der oft unterschätzt wird. Vor allem der Erhalt von bestehendem Grün, insbesondere von alten Bäumen, sollte oberste Priorität haben. Die Leistungen eines Bestandsbaumes zu ersetzen, ist nahezu unmöglich, da das Kronenvolumen bei einer Neupflanzung nicht 1 × 1 ersetzt werden kann (s. Abschn. 1.3). Dabei sollte der Fokus bei Bestandsvermessungen nicht nur auf der Lage des Stammes liegen, sondern auf dem tatsächlichen Kronenumfang der Bäume. Nur so kann ein Wurzeleingriff verhindert werden. Weitere wichtige Planungsparameter sind unter anderem das örtliche Klima, die Anbindung, das soziale Umfeld, die Geologie, die Hydrologie oder Blick- und Wegebeziehungen. Viele Kommunen und Länder haben ent-

Abb. 4.1 Geoportal der Stadt Essen – hier zum Thema Baumbewässerung (Graphik Geoportal Essen)

sprechende Geoportale (Abb. 4.1), in denen alle wichtigen Parameter zur Natur und Bevölkerung in der Stadt entnommen werden können. Neben den natürlichen Informationen können dort auch Informationen zur Bildung, zur Wirtschaft, zur Gesundheit, zur Kultur, zum Verkehr und zur Verwaltung eingesehen werden – alles weitere wichtige Parameter für eine gute Planung.

Bei gebäudenahen Anlagen müssen natürlich alle gebäudebezogenen Parameter wie Leitungen, die Pflege der Fassade oder die jeweiligen Nutzungen betrachtet werden.

Liegen alle Grundlagen vor, werden diese ausgewertet und analysiert. Mit der Auswertung kann die Planung beginnen. Zusätzlich beginnt die kreative Phase mit der „guten Idee", die am besten individuell und genau auf den Ort angepasst ist. Neben den harten Belägen sollte der Fokus auf dem Grün liegen. Dies ist die Kernkompetenz der Landschaftsarchitektinnen und Grünplanerinnen. Weniger harte Beläge senken auch die Investitionskosten. Diesbezüglich wäre auch zu überlegen, ob die Honorarordnung (HOAI) reformiert werden könnte, da das Planungshonorar an die Baukosten gekoppelt ist. Je höher die Baukosten, desto höher das Honorar. Dies bedeutet wiederum, mehr harte Beläge und weniger Grün bedeuten höhere Honorareinnahmen oder umgekehrt, je mehr grün, umso geringer das Honorar. Das gleiche gilt für naturnahe Lösungen. Wenn beispielsweise ein Ingenieurbauwerk als Regenrückhalt geplant wird, dann gibt es ein hohes Honorar und wenn eine kostengünstigere Mulde vorgeschlagen wird, dann gibt es weniger Honorar. Natürlich ist der Aufwand der Planung geringer, aber es fehlt auch der Anreiz für kostengünstige und naturnahe Lösungen. Daher sollte es einen Anreiz geben, Kosten zu senken und mehr Grün zu planen. Wenn beispielsweise aufgezeigt wird, dass Kosten durch Grün eingespart werden, dann könnten diese eingesparten Kosten zum Teil als Bonus dem Honorar zugeschrieben werden. Unabhängig davon sollte jeder/e Grünplaner/in aus Eigeninteresse mehr Grün als Grau planen und umsetzen.

Bei der Pflanzplanung ist es wichtig, dass standortgerechte, gesunde, vitale und resistente Pflanzen ausgewählt werden (s. Kap. 7). Ebenso wichtig ist die Berücksichtigung eines langfristig gesicherten unter- und oberirdischen Wuchsraumes, der bei jeder Pflanze anders ist und auf die gesamte Lebensdauer der Pflanze ausgelegt sein sollte. Bei Bäumen kann der Wurzelraum am Pflanzort nicht groß genug sein. Viele Städte geben mittlerweile **30–50 m^3 große Substraträume** vor, obwohl laut gängigen Richtlinien nur 12 m^3 gefordert sind. Doch die Wurzelräume sollten noch größer sein, denn Bäume erreichen erst ihre volle Leistung gegen Auswirkungen des Klimawandels nach rund 30 Jahren, dann benötigen sie einen Wurzelraum von etwa 36 m^3 (Abb. 4.2). Derzeit erreichen die meisten Straßenbäume ein Alter von 20–30 Jahren (Arbeitsgruppe Schwammstadt 2025), da sie nicht genügend Wurzelraum haben und mit Bodenverdichtung und schadstoffbelastetem Straßenwasser kämpfen. Wollen wir klimawirksame Bäume in der Stadt, müssen wir Ihnen oberirdischen und vor allem unterirdischen Raum geben. Dazu kommt die genaue Betrachtung der Bodenverhältnisse, des Klimas sowie der Versorgung mit Wasser und Nährstoffen.

Im Idealfall ist die Baumscheibe noch mit unterstützenden Stauden und Sträuchern bepflanzt, sodass es Synergien bei der Nährstoffaufnahme- und Abgabe sowie bei der Schädlingsbekämpfung und dem Schutz des Bodens gibt.

Teil der Pflanzplanung ist die Pflege- und Unterhaltungsplanung der Pflanzung, siehe Abschn. 4.5. Bevor es dann losgeht, sollte der Zeitplan der Umsetzung frühzeitig abgestimmt sein, denn die idealen Pflanzzeiten im Frühjahr oder Herbst sollten beachtet werden. Auch Artenschutzthemen und vieles mehr sind im Zeitplan zu beachten. Die Planung sollte jedenfalls alle Blickwinkel betrachten und immer in Varianten gedacht werden. Erst wenn alles abgeklärt ist, der Entwurf steht, die Kosten abgestimmt sind, geht es an die Ausführungsplanung. Doch während der Variantenprüfung ist noch der Einbezug der Nutzerinnen und der Bevölkerung wichtig.

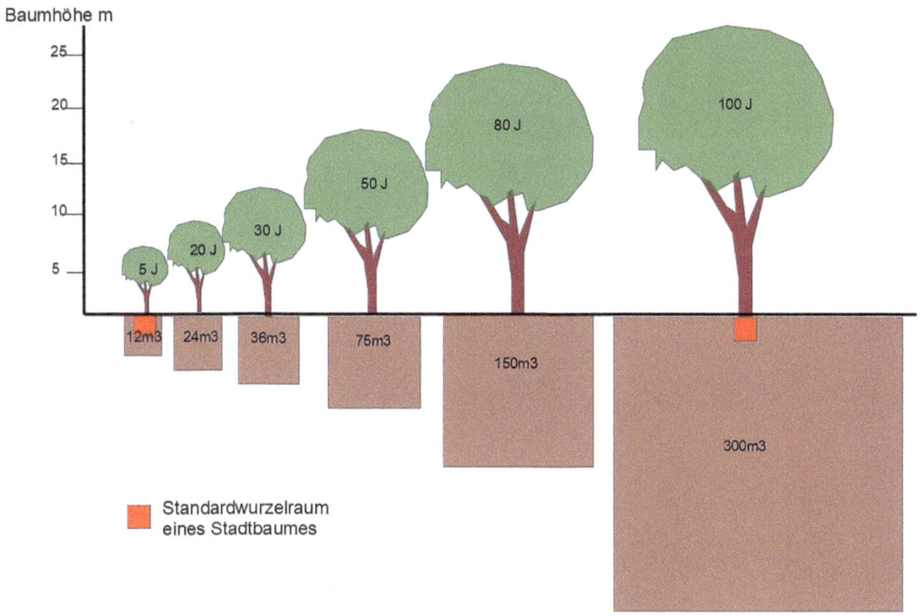

Abb. 4.2 Korrelation von Baumalter bzw. Kronengröße zum Wurzelraum (nach LWG Veitshöchheim 2016, Graphik Kaysers 2026)

4.2 Bürgerbeteiligung und Akteure gewinnen

Heutzutage ist die Bürgerbeteiligung bei der Umsetzung von Maßnahmen im urbanen Raum unbedingt zu berücksichtigen. Dies vor allem zur Schaffung der Akzeptanz und um möglichst viele Menschen einzubinden. Dies ist oftmals ein mühseliges Unterfangen, doch lohnt es sich hinterher. Oft gibt es wichtige Hinweise zur Planung, die zu berücksichtigen sind. Schlussendlich dient die Stadtbegrünung insbesondere der Bevölkerung selbst. Je besser eine Maßnahme kommuniziert und abgestimmt ist, desto erfolgreicher ist sie. Die Gesellschaft und die Akteure können über Stadtspaziergänge, vorhandene Netzwerke, Initiativen und Online-Befragungen wie **GoVocal** https://urban-digital.de/go-vocal/ (zuletzt geprüft 01.05.2026) eingebunden werden. Um die Bevölkerung frühzeitig für die Themen zu sensibilisieren ist die Umweltbildung nicht nur bei der Erziehung, sondern bereits im Kindergarten und der Schule wichtig. Kombiniert mit einer guten Öffentlichkeitsarbeit und Partizipationsangeboten, kann eine Stadtverwaltung das Thema voranbringen. Bei den Partizipationsangeboten sollten auch Formate gewählt werden, die zum einen alle ansprechen oder auch mal aus der Reihe fallen. Neben den genannten Spaziergängen können dies beispielsweise Radfahren, Paddel- und Standup-Touren, Nachtwanderungen oder Hoverboard-Fahrten sein. Die hohe Kunst dabei ist es, auch die Kinder und Jugendlichen anzusprechen, sie fehlen oftmals bei den Veranstaltungen.

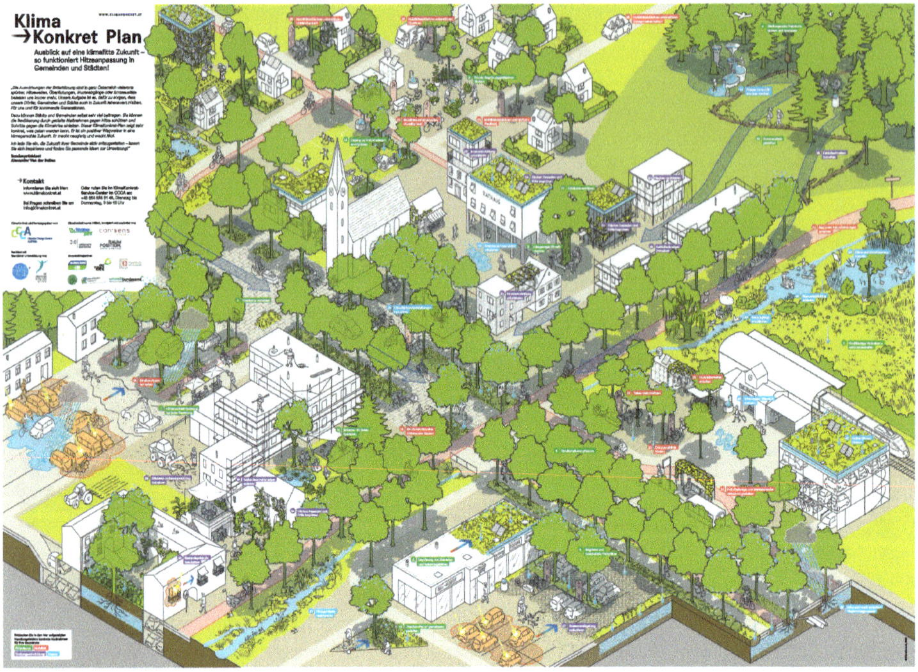

Abb. 4.3 Wimmelbild des KlimaKonkret-Planes (Patrick Bonato/Klimakonkret 2020)

Eine Form von Beteiligung und Partizipation stellen **Gemeinschaftsgärten** dar (s. Abschn. 5.3). Dies sind Orte der Inklusion, des Gemeinwohls und sozialen Grüns. Jede Form dabei ist wertvoll und kann Akzeptanz schaffen. Letztendlich geht es um Wissenstransfer und persönliche Erfahrung. Diese Art der „Citizen Science“ bringt oftmals mehr als vorgelegte Studien.

Bei der Stadtbegrünung ist es wichtig, alle konkreten Akteure mit ins Boot zu holen. Über Leitbilder können Visionen und Pläne entwickelt werden, die alle vertreten können und von denen alle profitieren. Demografie-Wandel, Sicherung der Immobilienwerte, Jugend, Bildung, Gesundheit oder Sport sind dabei Themen. Wenn es für alle interessant ist, gelingt die Umsetzung von mehr Grün. Wichtig dabei ist auch die Umsetzung von Pilotprojekten, damit es greifbar wird. Dies findet viel einfacher Nachahmer (s. Abschn. 8.2). In Österreich wurde über den „KlimaKonkret-Plan“ https://www.klimakonkret.at/ (zuletzt geprüft 30.11.2025) eine anschauliche Karte zum Thema Umsetzung der Schwammstadt erstellt (Abb. 4.3), die Lust auf Umsetzung macht und die vielfältigen Lösungen im Stadtraum aufzeigt. Auch das Zeigen von Fotosimulationen ist sehr hilfreich.

Bei Beteiligungen gilt es immer wieder Kompromisse zu finden z. B. zwischen Hundebesitzerinnen und Nicht-Hundebesitzerinnen, zwischen Fußgängern und Radfahrern, zwischen Personen, die grillen wollen, und „Nicht-Grillern“, zwischen Bewegung und Ruhe, Wildnis oder kultivierter Natur. Auch die unterschiedlichen städtischen Kulturen sind zu berücksichtigen. Dabei kann Stadtgrün ein ideales Mittel sein, diese unterschiedlichen Bedürfnisse zu vereinen. Denn Natur eint uns alle und alle brauchen wir die Natur, unabhängig vom kulturellen oder sozialen Hintergrund. Stadtgrün ist dabei eine positive Zukunftsvision.

4.3 Förderungen

Für kommunale Maßnahmen zur Stadtbegrünung ist die Förderung entscheidend, da knappe Haushaltskassen ohne Förderung oftmals notwendige Maßnahmen blockieren. Da seitens des Bundes und der Länder die Wichtigkeit von Stadtgrün erkannt wurde, gibt es zahlreiche Fördermöglichkeiten z. B. vom Bundesamt für Naturschutz (BfN 2025) oder der Stiftung Grüne Stadt (Grüne Stadt 2025) sowie der KFW Bank (KFW 2025). Eine sehr erfolgreiche Förderung im Bereich der Klimaanpassung ist das Förderprogramm **„Anpassung urbaner und ländlicher Räume an den Klimawandel"** vom Bundesamt für Bauwesen und Raumordnung (BBR 2025). Hier werden seit 2020 Park- und Grünanlagen, Entsiegelung, Begrünung von Frei- und Verkehrsflächen und die Förderung von Biodiversität in Städten und Gemeinden gefördert.

Für Naturschutz-Maßnahmen kann geprüft werden, ob dafür ein Ökokonto angelegt werden kann. Mit einem Ökokonto können Kommunen Flächen bevorraten, mit denen künftige Beeinträchtigungen von Natur- und Landschaft ausgeglichen werden können. Der Nachteil des Ökokontos ist jedoch, dass der hohe Flächenverbrauch damit eher begünstigt wird und oftmals auch die naturschutzfachliche Qualität der Maßnahmen nicht genügend kontrolliert wird.

Für Gebäudebegrünungen erstellt der Gebäudebegrünungsverband BUGG jährliche Übersichten mit Fördermöglichkeiten in deutschen Kommunen. (BUGG 2025).

Um attraktive Förderungen zu erhalten oder eine Maßnahme nachhaltig zu entwickeln, wurden verschiedene Instrumente wie Zertifizierungen für nachhaltige Außenanlagen entwickelt. Als eines der ersten Zertifizierungssysteme wurde das **BREEAM-System** (Building Research Establishment Environmental Assessment Methodology) in Großbritannien entwickelt und 1990 publiziert. Danach folgte das **LEED-System** (Leadership in Energy and Environmental Design) aus den USA, welches weltweit am meisten angewendet wird. Allerdings enthält es auch die schwächsten Kriterien und setzt keinen hohen Standard. In Deutschland bietet die **Deutsche Gesellschaft für Nachhaltiges Bauen (DGNB)** verschiedene Zertifizierungssysteme an, auch für biodiversitätsfördernde Außenräume. Für Bundesliegenschaften gilt das **BNB-System.** Auch hier gibt es ein spezielles System für Außenräume. Weitere Informationen s. Abschn. 4.6.

4.4 Umsetzung

Wenn die Finanzierung steht (bestenfalls mit Förderung), die Genehmigung vorliegt, alle beteiligt wurden und die Ausführungsplanung fertig ist, kann die Maßnahme ausgeschrieben oder direkt beauftragt werden – je nach Auftraggeber und Auftragssumme. Bei privaten Bauherrinnen können verschiedene Angebote bei ausführenden Firmen eingeholt werden. Der wirtschaftlichste Bieter oder der mit dem besten Angebot kann den Auftrag erhalten. Dabei sollten Nachhaltigkeitskriterien auch eine Rolle spielen. Bei öffentlichen Auftraggebern ist eine Ausschreibung notwendig. Je nach Bausumme, ist diese dann eine Direktvergabe oder eine öffentliche Ausschreibung. Bei Pflanzarbeiten ist es wichtig, auch eine Fachfirma zu nehmen. Denn die Pflanzung wird zwar von vielen Baufirmen mit angeboten, jedoch oftmals von Nichtfachleuten ausgeführt, da die Pflanzung meist den kleinsten Teil der Baukosten ausmacht. Entweder man verlangt dann zur Angebotsabgabe einen Qualifikationsnachweis oder man schreibt die Pflanzung separat aus. Einige Kommunen nehmen die Pflanzung auch selbst vor, da sie auch später die Pflege übernehmen.

Bei der Umsetzung von Vegetationsflächen sind die geltenden Regeln der Technik und Normen zu beachten. Dabei gelten die **DIN-Normen,** Gütesiegel oder Fachberichte der **Forschungsgesellschaft Landschaftsentwicklung Landschaftsbau e. V. (FLL).** Hierzu gibt es laufend Neuerungen und aktuelle Themen beispielsweise zu Gebäudebegrünung oder Biodiversität. Da aber im Bereich des nachhaltigen Bauens viel Bewegung ist und es viele Innovationen gibt, sollten vermehrt auch Sonderbauweisen genehmigt werden. Siehe hierzu Abschn. 4.5.

Bevor mit der Baustelle begonnen wird, muss die vorhandene Vegetation geschützt werden. Wie bereits erwähnt, sind vor allem Bestandsgrün und insbesondere Bestandsbäume wichtig und am effektivsten bei der Klimaanpassung. Frühzeitig ist mit allen Akteuren ein **Baumschutzplan** zu erstellen. Im Idealfall werden alle Bestandsgehölze geschützt, und es wird nur bis maximal 150 cm an den Wurzelbereich von Bäumen eingegriffen. Oftmals muss jedoch bei den engen Platzverhältnissen im urbanen Raum in den Wurzelbereich eingegriffen werden. Über frühzeitige Wurzelvorhänge und temporären Kiesschüttungen gibt es aber Lösungen, Bäume auch beim Bau zu erhalten. Dennoch gilt, am besten außerhalb des Wurzelbereiches zu bleiben (Abb 4.4).

Falls ein Baum bei einem Bauvorhaben doch weichen muss, sollte eine Großbaumverpflanzung geprüft werden. Wie beschrieben gilt, je größer die Baumkrone, umso höher die Ökosystemleistung. Daher ist dies die letzte Option vor der Fällung. Es sollte in erster Linie alles unternommen werden, um **Bestandsbäume zu erhalten und zu fördern.**

Bei ökologisch wertvollen Flächen ist eine **ökologische Baubegleitung** wichtig, da diese rein aus dem Blick der Ökologie die Baustelle überwacht und sicherstellt, dass alle Auflagen und die Ökologie des Ortes ausreichend geschützt werden.

Bei der Umsetzung von mehr Stadtgrün sind an erster Stelle die Jahreszeiten zu beachten. Die ideale **Pflanzzeit** ist im Herbst, wenn die Pflanzen in die Winterruhe gegangen sind, um dann im Frühjahr mit der ersten Wärme gleich ausschlagen und sich verwurzeln können. Eine Frühjahrspflanzung ist ebenfalls möglich, doch oftmals wird dann zu spät gepflanzt, sodass die bereits ausgeschlagenen Pflanzen gestresst sind. Es ist immer zu bedenken, dass ein Gehölz aus der Baumschule an einen anderen Standort gewöhnt war und plötzlich mit einem ganz neuen Boden und Standort konfrontiert wird. Bäume sind Lebewesen und noch fester als Menschen mit ihrem Standort verwurzelt. Daher sollten alle Anwuchshilfen bei der Pflanzung beachtet werden. Diese sind genügend Wurzelraum, das

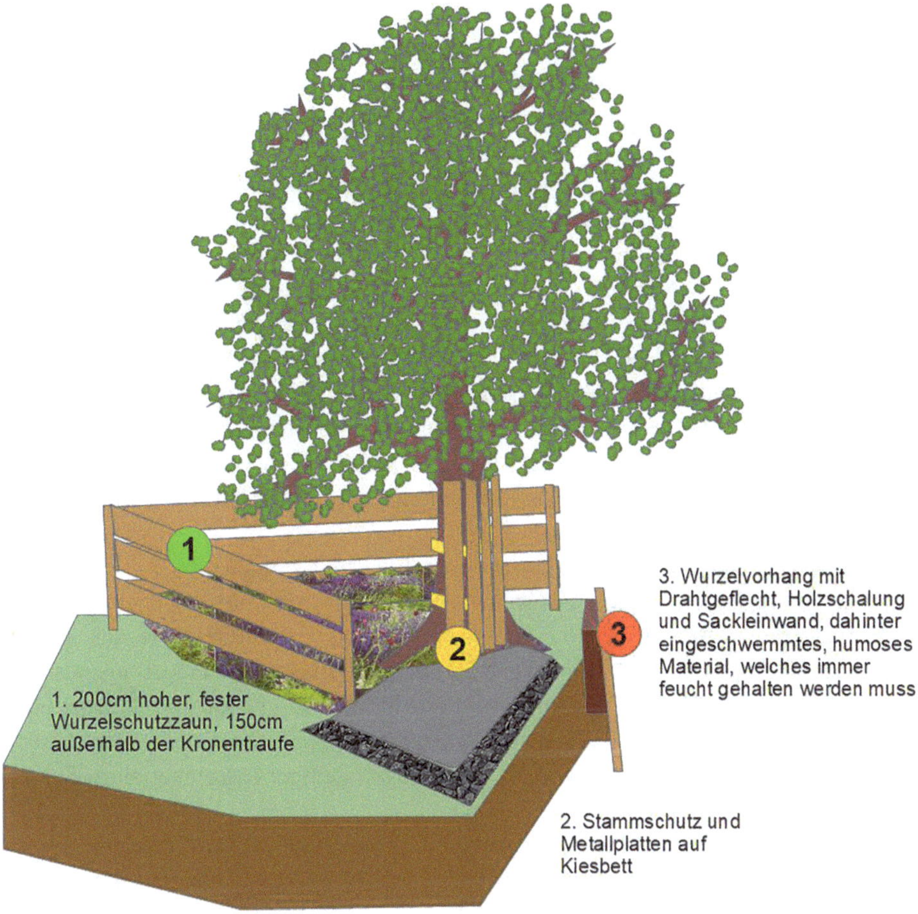

Abb. 4.4 Baumschutz. Die beste Methode ist der feste Wurzelschutzzaun außerhalb der Kronentraufe (1), die zweitbeste Lösung die Metallplatte auf Kies mit Stammschutz (2) und die Notlösung ist ein Wurzeleingriff mit Wurzelvorhang (3), (Graphik Kaysers 2025)

richtige Substrat, eine Mykorrhiza-Impfung, eine Düngung, die regelmäßige Bewässerung, der Stammschutz und bei Bedarf der erste Schnitt. Einige Baumschulen markieren bei Halb- und Hochstämmen die Seite, die in der Baumschule nach Norden zugewandt war. Damit kann sichergestellt werden, dass die Bäume an ihrem neuen Standort ebenfalls mit der Nord- bzw. mit der Sonnenseite nach Süden gepflanzt werden können. Dies verringert Frostrisse und Sonnenbrand in der Anwuchsphase.

Neben der Frühjahrspflanzung gibt es auch Sommerpflanzungen. Dabei werden die Pflanzen in Töpfen vorkultiviert. Doch eine Sommerpflanzung stellt für das Gehölz eine viel größere Stresssituation dar. Denn das Gehölz ist in „vollem Saft" und braucht die sofortige und volle Versorgung. Wenn immer möglich, sollte daher eine Frühjahrs- oder Herbstpflanzung bevorzugt werden. Eine Möglichkeit für eine schnellere Verwurzelung der Neupflanzung ist das Air-Pot-System. Dabei bestehen die Wände der Pflanzgefäße aus einer Art belüfteter Noppenfolie, sodass anstatt Ringwurzeln viele Faserwurzeln beim Anwachsen gebildet werden. Setzt man das Gehölz mit den feinen Faserwurzeln in das neue Pflanzquartier, können sich die Wurzeln schneller ausbreiten und die Pflanze versorgen. Siehe hierzu auch Kap. 8 Gute Beispiele.

Sehr wichtig ist die richtige Auswahl der **Bodensubstrate**. Hierbei gibt es eine breite Auswahl. Im Idealfall ist der anstehende Boden gut genug, sodass er ebenfalls zur Pflanzung verwendet oder mit Substrat gemischt werden kann. Bei der Auswahl der Substrate sollte auf regionale Mischungen geachtet werden, damit beim Transport des Pflanzmaterials nicht gleich schon der positive CO_2-Abdruck einer Pflanzung verbraucht ist. Ganz entscheidend ist jedoch auch, ob und wie die Substrate das Wasser speichern können. Hier sollte sogar der Wert über den Mindestwerten liegen, da die Wasserspeicherung immer wichtiger wird. Ebenso sollte darauf geachtet werden, dass die Substratmischungen langfristig Nährstoffe den Pflanzen zur Verfügung stellen. Die Beigabe und Wirkung von normalem Kompost lässt schon nach kurzer Zeit nach. Besser wirkt da Pflanzenkohle (s. a. Kap. 6).

Um Wurzelschäden in Belägen zu vermeiden, braucht der Baum nicht nur eine ausreichend große Pflanzgrube, sondern es sollte auch mit Substraten unter Belägen gearbeitet werden. Diese sind Spezialsubstrate, die auch verdichtet und überbaut werden können. Doch nach wie vor sind eine ausreichend große Baumscheibe und ein genügender und nicht unter- oder überbauter Wurzelraum die beste Möglichkeit für ein langes Baumleben.

Die Gebäudebegrünungen müssen von entsprechenden Fachfirmen umgesetzt werden. Denn im Vergleich zu Baumpflanzungen gibt es dazu weniger Langzeiterfahrungen und die technische Umsetzung ist deutlich komplexer.

Bei allen Umsetzungen ist eine regelmäßige Überwachung der Ausführung seitens der Planung wichtig. Denn wie es unter der Erde aussieht und dass alles fachgerecht umgesetzt wurde, kann nur mit einer ständigen Überwachung überprüft werden.

Wenn alles begrünt und gepflanzt wurde, kann die Maßnahme abgenommen werden. Dabei gelten entsprechende Regelwerke und Toleranzen. Im Idealfall wird die Pflanzung erst nach der Fertigstellungspflege abgenommen, die eine Vegetationsperiode dauert. Danach beginnt die Entwicklungs- und Unterhaltungspflege.

4.5 Die Pflege

Wie bereits mehrfach betont, ist die Pflege immens wichtig, siehe auch Abschn. 3.2. Neben der Wertschätzung der Pflege sollte auch bedacht werden, dass ausbleibende Pflege zu höheren Folgekosten führen kann, wenn Flächen ungepflegt bleiben und unkontrolliert wachsen. Das Beheben dieses Mangels ist teurer wie eine regelmäßige Pflege (Abb. 4.5). Zudem steigt die Gefahr von Vandalismus und es sinkt die Attraktivität für die Bürgerinnen.

Abb. 4.5 Schlecht gepflegte Dach- und Fassadenbegrünung kann zu einem Auswechseln der Bepflanzung führen. Dies kann sehr teuer werden. Foto Parkhaus in Friedrichshafen (Foto Kaysers 2025)

Die Anforderungen für einen fachgerechten Umgang mit Pflanzen sind die Grundvoraussetzungen für qualitative und funktionierende Grünflächen im urbanen Raum. Bei der Pflege ist es wichtig, dass immer zwei Seiten betrachtet werden: zum einen die Sicht der Entwerferinnen und ganz wichtig die Sicht der erfahrenen Pflegerinnen vor Ort. Denn wenn die Grünfläche seitens der Planung fertiggestellt ist, beginnt erst die eigentliche Erfahrung der Pflege. Daher ist es wichtig, dass die Fertigstellungs- und Entwicklungspflege sowie danach die Unterhaltungspflege von Anfang an mit betrachtet werden. Daher spielt die Erfahrung der „Pflege" eine wichtige Rolle, da sie permanent auf sich stets verändernde Nutzungstrends und ein sich veränderndes Erscheinungsbild reagieren muss. Die Natur ist lebendig und verändert sich laufend. Die Planerinnen überlegen sich ein Gestaltungsbild, welches sich jedoch auch stets verändert. Durch das Wachsen verändern sich die Nährstoffbedingungen, die Wasserverfügbarkeit sowie die Licht- und Schattenverhältnisse. Nicht alles kann exakt vorausgeplant werden. Daher ist der frühe Austausch zwischen den Pflegenden und Planerinnen wichtig. Die meisten Planungsleistungen hören mit der Umsetzung der Maßnahme beziehungsweise mit der Fertigstellungspflege auf. Das Überwachen der Unterhaltungs- und Entwicklungspflege ist eine Sonderleistung, die viel zu wenig angeboten und umgesetzt wird. Im Prinzip bräuchte es eine 10. Leistungsphase, nach den bereits bestehenden 9 Leistungsphasen bei der Planung und Bauleitung. In dieser 10. Leistungsphase kann gemeinsam mit den Pflegenden nachgesteuert, aber auch viel gelernt werden. Im Idealfall wird ein Betriebskonzept für die Pflege gleich zu Beginn erstellt und mit allen abgestimmt. Dies hilft vor allem auch, wenn die Eigentümerinnen oder Nutzerinnen wechseln. Die Pflege sollte langfristig definiert, angepasst und gewährleistet werden. Genau wie technische Geräte aufwendig und teuer gewartet werden, darf und muss Grün ebenso gepflegt werden.

Für die Pflege ist nach wie vor viel Handarbeit notwendig. Dazu braucht es viele qualifizierte Gärtner und Fachleute, die gute Ausbildungsmöglichkeiten benötigen. Es braucht eine neue Wertschätzung des Gärtnerberufs, um genügend Mitarbeiterinnen zu finden und attraktive Grünflächen zu erhalten. Grünanlagen sind die Lösung im Klimawandel, sie prägen aber auch das Image einer Stadt, daher sind sie auch ein Wirtschaftsfaktor (Jirku/Dams 2013). Grünpflege ist wichtig!

Bei vielen Projekten werden richtigerweise die Pflegekosten gleich zu Beginn mit betrachtet. Ein nützliches Tool, um die Pflege- und Betriebskosten eines Grünprojektes zu berechnen, ist der Regenrechner der **Berliner Regenwasseragentur** (Regen 2025). Das kostenfreie Rechnungstool hilft bei der Planung von Schwammstadt-Elementen wie Versickerungsmulden und Gründächer. Das Tool ermöglicht eine schnelle Kostenschätzung und erleichtert den ökonomischen Vergleich der Anlagen. Für genaue Kosten ist jedoch die Ermittlung durch Fachleute wichtig.

Dennoch ist es gut, den Pflegeaufwand zu reduzieren und Kosten zu sparen. Dabei sind die gezielte Pflanzenauswahl und Verbesserung der Standortverhältnisse wichtig. Unterstützend braucht es ein gutes Grünflächenmanagement, welches geplant auf die Standorteigenschaften eingeht und diese berücksichtigt. Siehe hierzu das Kap. 7 Pflanzplanung und Pflanzlisten.

In Zeiten knapper Kommunalkassen und des Verlusts der Biodiversität ist die **naturnahe Pflege** die beste Antwort. Zum einen werden Kosten gespart und zum anderen die Vielfalt erhöht. Dies haben viele Kommunen mittlerweile erkannt und sich zu einem Bündnis zusammengetan. Das größte deutsche Netzwerk für naturnahe Kommunen ist das Bündnis **„Kommunen für biologische Vielfalt e. V.“** (Kommbio 1, 2025). Dort gibt es Informationen zu Förderungen und Praxisbeispiele. Bei einem Beispiel aus Riedstadt wird aufgezeigt, wie die Pflegekosten von 5,52 und 8,93 € pro Quadratmeter jährlich auf Kosten zwischen 0,39 und 2,17 € pro Quadratmeter gesenkt wurden (Kommbio 2, 2025).

Die Pflege von Gebäudebegrünung stellt eine besondere Herausforderung dar. Unabdingbar ist, dass bei jeder Gebäudebegrünung vorher die Zugänglichkeit mit geplant wird. Meist braucht es Hubbühnen oder Kräne, um das Gebäudegrün zu pflegen. Daher braucht es entsprechende Aufstellflächen am Gebäude oder Wartungsgänge, welche das Gebäudegrün zugänglich machen. So müssen Dachbegrünungen und Fassadengrün regelmäßig gepflegt und gewartet werden. All dies muss auch mit Fachleuten der Sicherheit abgestimmt werden. Bei der Pflege wird unerwünschter Aufwuchs entfernt, gedüngt, gewässert, nachgepflanzt, geschnitten und bei Bedarf Pflanzenschutz berücksichtigt. Gerade bei Fassadengrün ist es wichtig, dass Totholz entfernt wird, da es sonst eine Brandgefahr darstellt. Auch müssen alle Sicherheitsrinnen, Kontrollschächte und Abläufe freigehalten werden. Weitere wichtige Informationen zum Thema finden sich auf der Webseite des Bundesverbandes zur Gebäudebegrünung BUGG.

Eine große Herausforderung stellt die **Bewässerung** im Klimawandel dar. Zum einen soll die Stadt grüner werden und braucht somit mehr Bewässerung und zum anderen gibt es längere Trockenphasen im Klimawandel und somit weniger Wasserverfügbarkeit. Je Straßenbaum sind in der Fertigstellungs- und Entwicklungsphase 10–15 Bewässerungsgänge im Jahr üblich. In Trockenphasen werden Jungbäume teilweise wöchentlich bewässert. Die Bewässerungsmenge variiert zwischen 100 und 200 Litern pro Baum und Bewässerungsgang. Für Staudenflächen wird mit 15–25 Litern pro Quadratmeter und Woche gerechnet. Für die Stadt Hamburg wurde errechnet, dass für eine optimale Wasserversorgung aller Pflanzen und Rasenflächen bis zu 7,8 Mio. Kubikmeter Wasser notwendig wären. Demgegenüber steht eine praxisbezogene Bewässerungsmenge von etwa 110.000 Kubikmetern der Parkanlagen, Straßenbäume und Friedhöfe (BUKEA 2025). Es wird deutlich, dass bereits jetzt schon viel Wasser für die Bewässerung fehlt. Mehr dazu und Lösungsansätze siehe Kap. 6 „Ohne Boden und Wasser kein Grün".

Kritisch zu betrachten sind die immer öfter eingesetzten Wassersäcke, die über einen längeren Zeitraum tröpfchenweise Wasser abgeben. Dies spart zwar Bewässerungsgänge ein, jedoch bildet der Jungbaum vorrangig an den Tropföffnungen Feinwurzeln und bildet weniger Pfahlwurzeln aus. Natürlich ist das nicht. Der Baum lernt, dass die Oberfläche immer feucht ist und hat dann Probleme, wenn die Säcke nach der Anwuchsphase entfernt werden. Die Wassersäcke sollten nur eine kurze Übergangslösung sein.

Neue technische Möglichkeiten können bei der Pflege helfen. So gibt es **sensorgesteuerte Cloud-Lösungen,** welche das Baumwachstum, die Boden- und Kronenfeuchte und die Wasserverfügbarkeit überwachen. Dieses Baummonitoring optimiert das Bewässerungs- und Pflegemanagement. In Berlin hilft seit 2021 das KI-Modell Qtrees dabei, zu erkennen, welche Bäume demnächst unter Trockenstress leiden könnten (G+L 2025). Auf der berühmten Chelsea Flower wurde 2025 ein intelligenter Garten ausgezeichnet, der mit Sensoren bestückt den Zustand der Bäume und Pflanzen mithilfe von KI analysiert. Das Besondere ist, dass die Besucher sich mit den Bäumen unterhalten konnten. So berichteten die Bäume über ihr Wachstum, den Satftfluss, die Bodenbeschaffenheit, die Luftqualität oder die Wetterverhältnisse. Die Pflege wurde dabei zwar nicht von KI übernommen, jedoch hilft sie den Pflegenden bei Entscheidungen zur Pflege (TreeTalk 2025). Es ist nach wie vor nur eine Unterstützung und ersetzt nicht den erfahrenen Blick der pflegenden Personen.

Eine weitere Möglichkeit zum Erhalt des Stadtgrüns stellt die Stadtbevölkerung selbst dar. Über Baum- und Grünflächenpatenschaften kann die Pflege des Grüns bis zu einem gewissen Grad von der Bevölkerung übernommen werden. Schließlich sind es die Stadtbewohnerinnen, die von dem Grün profitieren. Es ist somit eine „Win-Win-Situation". Beispiele und wie entsprechende Patenschaften umgesetzt werden können, findet man auf der Webseite „Die Baumretter": https://baumretter.de/ (zuletzt geprüft 28.11.2025).

Die Bewohnerinnen helfen der Stadtverwaltung und sie helfen sich selbst, indem das Stadtgrün erhalten bleibt und die Leistungen ihnen zugutekommen. Wer keine Bäume direkt pflegen möchte, kann auch finanzielle Patenschaften übernehmen. Beispielsweise über Obstbaumpatenschaften, die über eine Jahresspende von der Stadt gepflegt werden und bei denen die Paten dann zum Erntezeitpunkt die Früchte pflücken dürfen (Abb. 4.6).

Abb. 4.6 Patenschafts-Obstbäume Schloss Rauenstein, Überlingen (Foto Kaysers 2025)

Abb. 4.7 Eine städtische Fläche wird zum „Insektengarten" in Überlingen, gepflegt von der örtlichen NABU-Gruppe mit der Sense (Foto Kaysers 2025)

Abb. 4.8 Einfach mal wachsen lassen – Moosdach! (Foto Kaysers 2025)

Wenn Ehrenamtliche die Pflege übernehmen, können sie auch gesteuert die Biodiversität erhöhen oder sogar beispielhaft aufzeigen, wie naturnahe Flächen aussehen können (Abb. 4.7). Da die Arbeitskraft ehrenamtlich ist und nicht wirtschaftlich sein muss, können dort beispielsweise die Wiesenflächen per Hand gesenst werden. Die schonenste Art und Weise für die Insekten in der Blühwiese. Aus eigener Erfahrung kann ich das händische Sensen bestens empfehlen. Es ist wie eine Meditation und gut für den eigenen Geist und die Biodiversität.

Neben der ehrenamtlichen Unterstützung bleibt aber eine professionelle Pflege im Hintergrund unerlässlich. Denn gerade im urbanen Raum spielt die „Verkehrssicherheit" eine wichtige Rolle. Die Stadt trägt die Verantwortung, dass die Stadtbäume sicher stehen und gesund sind. Denn durch die erschwerten Standortbedingungen und viele Pflanzenschädlinge gibt es viele Gefahren für die städtischen Pflanzen. Daher ist die jährliche Prüfung durch Baumsachverständige wichtig, um frühzeitig Probleme zu erkennen und im Idealfall zu behandeln.

Zur Vielfalt der Stadt gehören auch gänzlich pflegefreie Flächen oder zumindest Flächen, an denen sich Flechten und Moose bilden können. Auch sie leisten ihren Beitrag zur Stadtbegrünung und stellen Minibiotope dar. Da könnten wir in Deutschland von der japanischen Kultur des **Wabi Sabis** lernen. „Sabi" kann als „Patina" oder „Reife" bezeichnet werden. Also die Schönheit eines bemoosten Felsens, eines grasbewachsenen Strohdaches oder des Rosts auf Stahlelementen. Das natürliche Altern ist schön. Dagegen wird in Deutschland gegen Moos in Pflasterfugen oder auf Dächern mit Dampfstrahlern angegangen. Doch die natürliche Patina an bestimmten Orten zuzulassen, würde nicht nur die

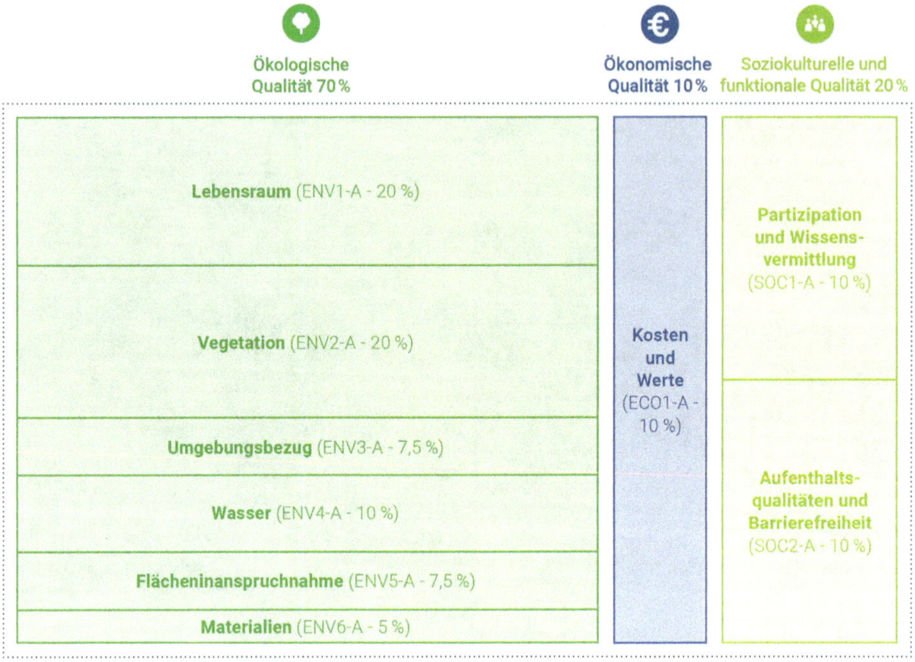

Abb. 4.9 Neun Kriterien der DGNB biodiversitätsfördernde Außenräume (Graphik DGNB 2023)

Pflegekosten reduzieren, sondern auch mehr Vielfalt und Biodiversität fördern. So können Maueroberflächen, nicht begrünte Dächer oder Gegenstände bewusst nicht gepflegt werden, um eben genau diese „Patina" zu zeigen (Abb. 4.8).

4.6 Optimierungen und Planungshilfen: Nachhaltigkeit, KI und Sonderbauweisen

Um Maßnahmen hinsichtlich der Nachhaltigkeit zu optimieren und umzusetzen, geben die verschiedenen Nachhaltigkeits-Zertifizierungen eine gute Planungshilfe (s. Abschn. 4.3). Die meisten Zertifizierungen betrachten die drei Hauptkriterien der Nachhaltigkeit. Die ökonomischen, die soziokulturellen und die ökologischen Aspekte. Bei dem DGNB Zertifikat **biodiversitätsfördernde Außenräume** hat die ökologische Qualität mit 70 % der Bewertung die höchste Gewichtung. Danach folgt die soziokulturelle und funktionale Qualität mit 20 % und dann die ökonomische Qualität mit 10 %. Das System besteht aus neun Kriterien (Abb. 4.9).

Die höchste Gewichtung entfällt auf den Lebensraum und die Vegetation selbst, zusammen 40 %. Damit wird deutlich, dass bei biodiversitätsfördernden Außenanlagen die genetische Vielfalt und die der Arten, also Pflanzen und die Vielfalt der Lebensräume am wichtigsten sind. Dieser Fokus kann dann bei der Planung berücksichtigt werden.

Im Hochbau spielt schon lange die Ökobilanzierung eine wichtige Rolle. Über Material-Datenbanken kann beispielsweise der CO_2-Abdruck eines Projektes errechnet werden. Für den Außenraum sind die entsprechenden Daten noch sehr dürftig, werden aber zunehmend wichtiger. So testet beispielsweise die Stadt Köln bei Planungen, ob die Varianten mit der besten Ökobilanz bevorzugt umgesetzt und verfolgt werden sollen.

In England gibt es das **„Biodiversity Net Gain Matrix“**, welches zum Ziel hat, dass Neuplanungen ab Februar 2024 die Biodiversität am Standort mindestens um 10 % erhöhen.

Das Planen und Umsetzen von Grünanlagen mit digitalen Hilfsmitteln ist schon seit gut 20 Jahren Standard. Der Trend geht immer weiter in Richtung Digitalisierung. Beim Hochbau wird schon lange mit digitalen 3D-Modellen geplant. Eine weitere Stufe ist das Planen von digitalen Modellen, die untereinander geteilt, gleichzeitig bearbeitet und vernetzt werden können. Dabei wird von **Building Information Modeling** gesprochen (BIM). Dies wird zunehmend auch bei der Freianlagenplanung verwendet, stößt aber oft auch noch an seine Grenzen. Denn bei den Freiräumen wird mit lebendigen Pflanzen geplant, die sich nicht so einfach standardisieren und digital planen lassen. Hier braucht es weitere Entwicklungen. Doch beim Modellieren von Geländemodellen sind die digitalen Modelle sehr hilfreich. Beim Umsetzen der Maßnahmen werden dann diese Geländemodelle per GPS in die Software der Baumaschinen geladen, die dann ganz automatisiert die Planung umsetzen.

Die ganze Welt spricht von künstlicher Intelligenz, **KI** genannt. Auch in der Planung können generative KI-Planungsprozesse unterstützen, indem beispielsweise Pflanzlisten mit den gewünschten Merkmalen wie Farbe oder Blühdauer erstellt werden. Dazu gibt man die entsprechenden Kriterien in einem ChatGPT-Programm (z. B. TalkAI, zuletzt geprüft 01.05.2026) ein und erhält umgehend die gewünschte Liste. Das Ergebnis ist brauchbar, jedoch müssen auch wirklich alle entsprechenden Parameter eingegeben werden. Gibt man keine Bodenqualität, z. B. den pH-Wert an, so wird im Ergebnis auch nicht darauf eingegangen. Nützlich ist KI auch in der Generierung von Visualisierungen. So können auch Perspektiven und Stimmungsbilder aus Übersichtsplänen generiert werden (z. B. Floorplan AI, zuletzt geprüft 01.05.2026). Die generierten Bilder entsprechen zwar nicht immer genau der Planung, doch auch da werden die Programme immer besser. Weiteren Nutzen hat KI in den Bereichen Grünflächenmanagment, Regenwasserbewirtschaftung, Gebäudebegrünung oder Biotop- und Flächenaufwertungen. Digitale Technologien können dabei nicht nur die Initiierung und Umsetzung solcher Projekte unterstützen, sondern auch die Betreuung im Betrieb. Weitere Informationen dazu finden sich in der Publikation vom Institut für ökologische Wirtschaftsförderung „Digitale Technologien für natürlichen Klimaschutz in Kommunen“ (IÖW 2025) oder im Abschn. 4.5. Für bautechnische Details wiederum ist die KI noch lange nicht geeignet. Dies ist sicher eine Frage der Zeit, sodass man die Entwicklung im Auge behalten sollte. Die KI entwickelt sich sekündlich weiter und bereits während ich diese Zeilen schreibe, hat sie wieder dazugelernt. Jede Aussage zur KI kann bereits in dem Moment veraltet sein, wenn sie geäußert wird. Doch die KI hat auch ihre Grenzen. Wenn es um natürliche, emotionale und neue Dinge geht, wird eine Maschine nie an die menschlichen Fähigkeiten herankommen. So kann KI die notwendige physische Bestandsaufnahme nicht ersetzen. Der Ort muss gefühlt und bewertet werden. Wie viel Platz gibt es vor Ort, wie ist die Sonneneinstrahlung, wie sind die Gerüche, was ist zu hören, welche Sichtbeziehungen gibt es, wie fühlt sich der Boden an etc. Natürlich kann vieles in einem 3D-Modell künstlich generiert werden. Viele Städte arbeiten bereits mit ihren digitalen Zwillingen. KI hilft dabei beispielsweise Baumaßnahmen zu testen oder Klimasimulationen zu machen. Doch kann dieses Model nie die menschlichen Sinneswahrnehmungen ersetzen. Gerade in der natürlichen Umwelt ist eine persönliche Auseinandersetzung mit dem Ort, die Findung des Genius Loci, unersetzlich.

Für den ständigen Wandel ist die Vereinfachung der Gesetzgebung wichtig. Denn Normen und Richtlinien werden oftmals nicht schnell genug an die sich schnell verändernden Bedingungen angepasst, sodass veraltete Techniken oder strenge Planungskorsetts die Umsetzung innovativer Ideen behindern. So braucht es eine Reform des Baugesetzbuches, um mehr Spielraum für Sonderbauweisen zu ermöglichen. Beispielsweise innovative Klimaanpassungsmaßnahmen bei Baumpflanzungen wie die genannten Baumulden oder vereinfachte Bauweisen mit weniger Beton oder Verbundstoffen. Im Hochbau gibt es den Gebäudetyp E, für „E“infaches oder „E“xperimentelles Bauen. Das gleiche sollte es auch im Freiraum und bei der Stadtbegrünung geben, damit schneller begrünt werden kann. **Es braucht daher auch einen Freiraumtyp E.**

4.7 Aus- und Weiterbildung

Ein wichtiges Thema ist das Fachwissen bei der Begrünung. Zu oft wird Grün schlecht geplant und nur von Nichtfachleuten umgesetzt oder gepflegt. Das Resultat können hohe Pflegekosten oder eine mangelhafte Begrünung sein. Die Nichtfachleute werden zwar auch gebraucht und sollten eingebunden werden, aber es braucht immer eine professionelle Begleitung. Daher ist eine gute Ausbildung bei der Planung und Umsetzung wichtig. Für die Planung werden beispielsweise Studiengänge für Landschaftsarchitektur, Umweltplanung oder Landschaftsplanung angeboten. In Deutschland gibt es 14 Hochschulen für Landschaftsarchitektur (BDLA 2018). Für eine Ausbildung als Gärtnerin gibt es sieben Fachrichtungen: Zierpflanzengärtnerin, Friedhofsgärtnerin, Obtsgärtnerin, Gemüsegärtnerin, Landschaftsgärtnerin, Staudengärtnerin oder Baumschulgärtnerin. Die meisten lassen sich dabei als Landschaftsgärtnerinen ausbilden. Was in den Fachrichtungen noch fehlt, ist eine Vertiefung und spezielle Ausbildung zur **Gebäudebegrünerin**. Die Komplexität ist dort so hoch, dass es eigentlich ein eigenes Fachgebiet ist. Erste sehr gute Ansätze bietet das **Forschungsprojekt Bimoka** der TU Berlin (Bimoka 2021). Dort wurden Bildungsmodule entwickelt, die sich mit den Anforderungen des Klimawandels auf Architekturkonzepte und infrastrukturelle Projekte auseinandersetzen. In allen Bereichen fehlt es jedoch an Studierenden und Fachkräften. Viele offenen Stellen bleiben unbesetzt. Dabei wird die Branche der Begrünung weiterwachsen und wachsen müssen. Es gibt viel zu tun. Dazu sollten die Studien- und Ausbildungsangebote erhöht und die Vielseitigkeit und Wichtigkeit des Berufes hervorgehoben werden. **Grün hat Zukunft und macht Spaß – das ist die Botschaft.**

Ebenfalls sind ständige Fortbildungen wichtig. Eine Gärtnerin oder Planerin lernt nie aus und kann vor allem erst mit der Zeit Erfahrung sammeln. Anders als ein Gebäude, welches am Tag der Einweihung in seinem besten Zustand ist, entwickelt sich eine Begrünungsmaßnahme erst nach Jahren.

Wie erwähnt, sind Nichtfachleute auch wichtig. Entscheidend sind die Anleitung und Betreuung durch Fachleute. Zum einen wird es in Zukunft vermehrt Pflege benötigen, welche nicht allein durch Fachleute bewältigt werden kann und zum anderen ist so auch eine Art Beteiligung gewährleistet (s. Auch Abschn. 4.5). Es ist ein weiterer Beitrag für mehr Kontakt zur Natur, der für die weitere Akzeptanz und Entwicklung der Begrünung hilfreich ist (s. Gute Beispiele Kapitel 8, Alnatura Campus).

Fazit für die Praxis: Die Planung und Umsetzung von Begrünungsmaßnahmen bedarf einer integralen Fachplanung, die ganzheitlich denkt und alle Beteiligten mit an den Tisch holt. Ziel bei jeder Maßnahme sollte sein, die Klimaresilienz, die Aufenthaltsqualität und Biodiversität am Standort zu erhöhen. Ob Nachhaltigkeitszertifikate, KI oder Sonderbauweisen, es gibt genügend Planungshilfen, um nachhaltig zu planen und Maßnahmen umzusetzen. Bei allen Überlegungen ist es wichtig, sich fortzubilden und Erfahrungen zu teilen und zu beobachten. Erfahrung im Bereich Begrünung zu bekommen, geht nur über lange Zeiträume, da Pflanzen langsam wachsen – und so auch die Erfahrung. Daher sollte gesammeltes Wissen frühzeitig in Lehre und Ausbildung weitergegeben und Ausbildungsmöglichkeiten erhöht werden. Ebenso sollten Nichtfachleute mehr beteiligt werden. Letztendlich geht es um den Kontakt und das Lernen in der Natur.

Literatur

Arbeitsgruppe Schwammstadt (2025): https://www.schwammstadt.at/herausforderungen Zuletzt geprüft am 13.06.2025

BBR, Bundesamt für Bauwesen und Raumordnung (2025): https://www.bbsr.bund.de/BBSR/DE/forschung/programme/anpassung-klimawandel/anpassung-klimawandel-node.html Zuletzt geprüft am 13.06.2025

BDLA Bund Deutscher Landschaftsarchitekten (2018): https://www.bdla.de/de/studium-beruf/faszination-studium Zuletzt geprüft am 16.08.2025

BfN, Bundesamt für Naturschutz (2024), Toolbox für blaugrüne Grünordnungspläne: https://tu-dresden.de/bu/architektur-landschaft/ila/lp/ressourcen/dateien/Forschung/abgeschlossene-forschung/2024_gop/Toolbox_GOP_Webversion_Barrierefrei_UA.pdf?lang=de Zuletzt geprüft am 25.05.2025

BfN, Bundesamt für Naturschutz (2025): https://www.bfn.de/foerderung-und-finanzierung Zuletzt geprüft am 13.06.2025

BiMoKa Bildungsmodule zu klimaresilienter Architektur (2021): http://www.bimoka.de/ Zuletzt geprüft am 16.11.2025

BUGG, Bundesverband für Gebäudebegrünung (2025): https://www.gebaeudegruen.info/wissen-und-ressourcen/gebaeudebegruenung/foerdermoeglichkeiten-2025/ Zuletzt geprüft am 01.05.2026

BUKEA Behörde für Umwelt, Klima, Energie und Agrarwirtschaft, Hamburg, 2025: https://www.hamburg.de/resource/blob/1008504/b7bc39d8f0357e89e34b610c410c74e9/d-kurzfassung-bewaesserung-von-stadtgruen-im-klimawandel-grundlagen-und-strategien-data.pdf Zuletzt geprüft am 16.08.2025

DGNB Deutsche Gesellschaft für nachhaltiges Bauen (2023): https://www.dgnb.de/de/zertifizierung/quartiere/biodiversitaetsfoerdernde-aussenraeume Zuletzt geprüft am 30.01.2025

G+L, Garten und Landschaft Magazin 11/25 (2025), Seite 18, Georg Media München

Grüne Stadt, Stiftung (2025): https://die-gruene-stadt.de/foerdercheck/ Zuletzt geprüft am 13.06.2025

IÖW Institut für ökologische Wirtschaftsforschung (2025): https://www.ioew.de/fileadmin/user_upload/DOKUMENTE/Publikationen/Schriftenreihe/IOEW_SR_230_DiNaKom.pdf Zuletzt geprüft am 13.11.2025

Jirku, A. Hrsg. (2013) StadtGrün, Artikel von Carmen Dams, Fraunhofer IRB Verlag, Stuttgart, Seite 277

KFW Bank (2025): https://www.kfw.de/inlandsfoerderung/%C3%96ffentliche-Einrichtungen/St%C3%A4dte-und-Gemeinden-gestalten/F%C3%B6rderprodukte/Nat%C3%BCrlicher-Klimaschutz-in-Kommunen-(444)/ Zuletzt geprüft am 13.06.2025

Kommbio 2, Bündnis Kommunen für biologische Vielfalt e. V. „Kommbio 2“ (2025): https://kommbio.de/ Zuletzt geprüft am 14.06.2025

Kommbui 1, Bündnis Kommunen für biologische Vielfalt e. V. „Kommbio 1“ (2025): https://kommbio.de/ Zuletzt geprüft am 14.06.2025

Regen, Regenwasseragentur Berlin (2025): https://regenwasseragentur.berlin/planen-und-umsetzen/szenarien-kosten-regenwasserbewirtschaftung/ Zuletzt geprüft am 13.06.2025

TreeTalk 2025: https://www.avanade.com/en/about/intelligent-garden Zuletzt geprüft am 09.10.2025

Grün in der Stadt – Gestaltungsmöglichkeiten

5

Stadtbegrünung lässt sich vielfach integrieren und umsetzen. Traditionell dabei sind die Parks und Grünanlagen einer Stadt. Auch Friedhöfe zählen zu den ältesten Grünanlagen. Durch erweiterte technische Möglichkeiten wird immer mehr Gebäudegrün umgesetzt. Dann gibt es die privaten und öffentlichen Gärten, die durch ihre kleinräumigen Flächen und Vielfalt ein wichtiger Baustein für die Ernährung und Artenvielfalt bedeuten. Dabei können sogar bepflanzte Blumentöpfe oder bemooste Dächer ein Trittsteinbiotop bilden. Was immer wichtiger wird, ist die Stadtnatur, die auch mal ohne großen Pflegeaufwand auskommt, jedoch mit vielfältigen Leistungen die Lebensqualität im urbanen Raum erhöht. Alle grünen Bausteine lassen sich und sollten gut vernetzt werden. Somit wird die Stadt zur grünen Stadt und leistet einen Beitrag für mehr Lebenswertigkeit, mehr Gesundheit, mehr Biodiversität und eine bessere Klimaanpassung. Nachfolgend wird auf einige grüne Gestaltungsmöglichkeiten eingegangen.

5.1 Bewährtes Grün: Vom Baum zum Park

Bäume

Sinnbildlich für Grün in der Stadt stehen die Bäume, die genau wie Gebäude zur Stadt gehören. Es gibt Straßen- und Alleebäume, Platzbäume, Parkbäume, Spielplatzbäume, Vorgartenbäume, Bäume auf Balkonen, Bäume auf Tiefgaragen, Bäume auf Gebäuden und an vielen weiteren Orten. Eigentlich können Bäume überall wachsen. Bäume sind eine der wichtigsten Grünelemente in der Stadt. Sie sind ideal, da sie einen schmalen Stamm haben und damit Platz am Boden lassen. Mit ihrer Krone füllen sie dann den Luftraum aus und schenken uns Menschen all ihre Wohlfahrtswirkungen (s. Abschn. 3.1). Daher wird auch gefordert, dass jede Kommune eine **Baumschutzsatzung** einführen sollte. Diese sind über das Bundesnaturschutzgesetz möglich. Leider gibt es diese nicht in allen Städten. Diese regeln den Baumschutz und machen es schwerer, Bäume zu fällen. Und wenn sie gefällt werden müssen, dann

T. Kaysers, *Stadtbegrünung*, https://doi.org/10.1007/978-3-658-51457-0_5

ist der Ausgleich definiert. Die Baumschutzvorgaben sollten nicht zu kompliziert und einfach umsetzbar sein. Denn sind sie schwer umzusetzen, werden sie schneller missachtet, umgangen oder sogar wieder abgeschafft. Bei allen Diskussionen sollte abgewogen werden. Wenn es um positive Wirkungen für die Menschen und die Umgebung geht, sollte „pro Baum“ entschieden werden. Bäume jedenfalls sind die besten Klimaanlagen im Freiraum, daher dürfen wir keine weiteren Bäume in der Stadt verlieren, sondern sollten noch viel mehr Bäume pflanzen. Idealerweise gibt es in einer grünen Stadt mehr Bäume als Gebäude.

Straßen- und Alleebäume

Bäume an Straßen sind auf der einen Seite ideal, da sie auch in schmalen Grünstreifen zwischen und an den Fahrbahnen wachsen können (Abb. 5.1). Wie beschrieben ist jedoch der ausreichende Wurzelraum zu beachten. Mittlerweile gibt es gute Substrate, die auch verdichtet und unter Belägen eingebaut werden können. Ebenso sollten die Leitungsabstände, der Stoffeintrag und die Lichtraumprofile beachtet werden, siehe Abschn. 1.3. Mit ihren Kronen beschatten sie die Wege und schützen somit vor Hitze. Auch der befestigte Belag wird so geschützt, da die Sonne die Oberfläche nicht so sehr aufheizt. Wenn Bäume jedoch den Belag mit ihren Wurzeln hochheben, dann haben sie zu wenig Wurzelraum und vor allem zu wenig Luft (s. Kap. 6).

Gut geeignete Straßenräume lassen sich in der **GALK-Liste** finden, die von der Deutschen Gartenamtsleiterkonferenz gepflegt und aktualisiert wird. Pflanzvorschläge zu biodiversen und klimaresilienten Baumarten befinden sich in Kap. 7.

Abb. 5.1 Straßenbäume stehen an Extremstandorten. Die richtige Auswahl von geeigneten Bäumen ist sehr wichtig (Foto Kaysers 2025)

Alleen sind die klassischen Baumstandorte im urbanen Raum. Sie sind Kulturgut, Orte der Biodiversität und Schattenspender. Viele Alleen sind jedoch schon wegen ihres Alters gefährdet. Zudem macht ihnen der Klimawandel mit langen Trockenzeiten und die Belastungen der Stoffeinträge aus dem Straßenraum zu schaffen. Traditionelle Alleebäume sind Spitzahorn, Eichen oder Linden. Im Projekt Stadtgrün 2021 (LWG 2021) haben sich die ungarische Eiche (Quercus frainetto), der Japanische Schnurbaum (Styphnolobium japonicum) und die Schmalkronige Stadt-Ulme (Ulmus lobel) als gut geeignet erwiesen, mit Trockenheit und Hitze in der Stadt zurechtzukommen. Ein Problem im Straßenraum ist die Salzbelastung. Vor allem Hainbuchen (Carpinus betulus) und der Dreispitzahorn (Acer buergerianum) reagierten empfindlich. Gut geeignet sind wiederum die Hopfenbuche (Ostrya carpinifolia) und die Silberlinde (Tilia tomentosa). Die Silberlinde dreht bei Hitze die Blätter senkrecht gegen die Sonne, zudem reflektiert die silberne Blattunterseite das Sonnenlicht und tieferliegende Stomata schützen vor zu viel Verdunstung. Die Bedenken, dass sich Insekten auf fremdländische Baumarten unwohler fühlten, kann in den Versuchen entkräftet werden. Das Team um Susanne Böll wies 57 Wildbienenarten in den Baumkronen der untersuchten Gehölze nach, dies sind 10 % aller Wildbienenarten in Deutschland (Böll 2021).

In viel befahrenen Straßen sollten die Bäume nicht zu dicht stehen, damit die Luft (Abgase) besser zirkulieren und nach oben abweichen kann. Bäume selbst stoßen auch Substanzen ab, die zusammen mit den Abgasen zu Schadstoffen werden können. Es entstehen sogenannte reaktive Kohlenwasserstoffe (BVOC), welche zur Ozonbildung beitragen können. Es wurde aber auch festgestellt, dass eine gute Wasserversorgung und Kühlung der Umgebung die Emissionen der BVOCs reduziert. In besonders viel befahrenen Straßenschluchten ist eine Fassadenbegrünung oftmals auch die bessere Wahl (s. Abschn. 5.2). In London wurde dabei festgestellt, dass begrünte Mauern einen besseren Beitrag zur Luftqualität haben als Gründächer (Matthew J Tallis 2015). Allgemein ist darauf zu achten, dass wichtige Kaltluftschneisen bei der Pflanzung berücksichtigt werden und aufgeheizte Beläge in heißen Tropennächten auch nachts nach oben abstrahlen können. Daher sollten die Baumpflanzungen aufgelockert sein und eher aus Hochstämmen bestehen, welche eine bessere Durchlüftung ermöglichen.

Platzbäume

Neben den Straßenbäumen sind die Bäume auf Plätzen elementar wichtig in der Stadt. Ohne sie würden sich städtische Plätze im Sommer zu sehr aufheizen und im Winter nicht vor Zugluft schützen. Außerdem gliedern sie die Plätze und lockern diese auf. Idealerweise sollte ein Platz zukünftig großenteils beschattet sein. Nutzungskonflikte mit Veranstaltungen oder Märkten kann mit einer geschickten Platzierung und Abstimmung mit allen Beteiligten entgegnet werden. Aus Sicht der Gesundheit und Aufenthaltsqualität muss jedoch auf die Wichtigkeit der Platzbäume hingewiesen werden. Bei immer höheren Temperaturen sollte zukünftig beides möglich sein – das Festzelt oder der Markt zusammen mit gut platzierten Baumstandorten. Der Marktbesuch und das Fest unter Bäumen werden angenehmer für die Besucher. Der höhere Rangieraufwand für die Betreiber zahlt sich durch höhere Besuchszahlen aus.

Abb. 5.2 Platz in Bregenz. Die wassergebundene Decke ermöglicht eine Nutzung des Platzes und ermöglicht gleichzeitig den Bäumen mehr Wasser und Luft zum Wachsen. Kornmarktplatz, Vogt Landschaftsarchitekten (Foto Kaysers 2020).

Wie bei den Straßenbäumen ist dabei auf den Wurzelraum zu achten. Auch die Farbe des Belages muss berücksichtigt werden. Denn bei dunklen Belägen ist die Abstrahlungswärme nicht nur für die Bäume eine Belastung, sondern auch für die Menschen. Daher sind helle Beläge zu empfehlen, die sich weniger aufheizen. Wie bereits im Abschn. 3.4 beschrieben sollten jedoch bei hellen Oberflächen auch die Oberflächenreflexion im Zusammenhang mit der Streuung von ultravioletter Strahlung berücksichtigt werden. Im besten Fall stehen Platzbäume in einer Grünfläche, die in einer Wechselwirkung mit dem Baum steht. Ist dies nicht möglich, gibt es entsprechende Baumquartiere und Baumschutzvorrichtungen. Diese können auch mit Sitzelementen kombiniert werden. Eine Kombination wäre eine wassergebundene Wegedecke oder ein Schotterrasen als Belag unter den Bäumen (Abb. 5.2). Diese ist für den Menschen nutzbar, ermöglicht jedoch den Bäumen im Wurzelraum mehr Regenwasser und Luft.

Fußgängerzonen

Viele Stadtzentren haben Fußgängerzonen, die eine große Chance für die grüne Stadt sind. Oftmals sind sie baumlos, weil die Läden mehr Außenverkaufsflächen benötigen oder es Platz für die Anlieferung und die Feuerwehr benötigt. Doch dass Bäume das Einkaufserlebnis verstärken, dass sie für Atmosphäre sorgen, dass sie Schatten geben oder dass sie

Abb. 5.3 Fußgängerzone in Tuttlingen. Der Baumerhalt ist elementar. Neugestaltung Planstatt Senner GmbH + Breinlinger Ingenieure (Foto Planstatt Senner GmbH 2021)

dem Auge vor lauter Reklame guttun, sollte mitbedacht werden (Abb. 5.3). Bäume tun einfach gut, insbesondere in einer Welt wie eine Fußgängerzone mit voller Reizüberflutung.

Oft stehen Bäume im urbanen Raum mitten im Belag. Wegen der beengten Platzverhältnisse ist dies, wie beispielsweise in einer Fußgängerzone, oft nicht anders möglich. Im Idealfall stehen Bäume daher auch im „Grünen". In der Stadt sind dies die Grünflächen oder Parks.

Parkbäume

Standorte in Park- und Grünanlagen sind bestens geeignet (Abb. 5.4). Das Mikroklima heizt sich nicht so sehr auf und die Stoffeinträge durch Salz oder Abrieb sind geringer oder gar nicht vorhanden. Dies sind ideale Orte für vielfältige und langfristige Pflanzungen. Auch Heckenstrukturen und Staudenpflanzungen lassen sich dort gut einplanen – im Prinzip alle natürlichen Naturräume lassen sich in Parks abbilden. Es kann gepflegte Rasen- und Wiesenflächen geben, Strauchpflanzungen, kleine Wälder, Plätze mit Bäumen und naturnahe Bereiche, die extensiv gepflegt werden und aus der Nutzung herausgenommen werden (Abb. 5.5). Dies ist zukünftig immer wichtiger, da die urbanen Parks einen immer größer werdenden Nutzungsdruck aushalten müssen. Daher können Bereiche gezielt abgezäunt und geschützt werden. Der Boden und die Pflanzen können sich so regenerieren. Die Abzäunung kann temporär, etwa mit Staketenzäunen, hergestellt werden. Dadurch ist der Bodeneingriff minimal und die Materialität fügt sich natürlich in die Umgebung.

Zu jedem größeren Park gehören auch die unterschiedlichsten Nutzungen. Auch dort können Bäume gut integriert werden. Dies sind etwa Café- und Biergartenbäume, Obst- und Naschbäume, Bäume an Sportflächen oder Spielplatzbäume, Hängemattenbäume, Slackline-Bäume und viele mehr. Auf einige wird nachfolgend noch eingegangen.

Abb. 5.4 Wohltuendes Grün inmitten der Stadt. Park in Kopenhagen (Foto Kaysers 2021)

Abb. 5.5 Temporäre Abzäunung von Grünflächen in stark genutzten Parks. Hasenheide, Berlin. Planung Planstatt Senner GmbH (Foto Kaysers 2023)

Spiel- und Sportplatzbäume

Auf jedem Spielplatz sollten Bäume stehen (Abb. 5.6). Dies ist vor allem wegen der Beschattung wichtig, da die Kinderhaut deutlich empfindlicher und dünner als die Haut von erwachsenen Menschen ist. Das gleiche gilt für ältere Menschen, bei denen die Haut weniger Abwehrkräfte gegen UV-Strahlen hat. Generell sollten Spielplätze auch für alle Altersstufen interessant sein – sogenannte **Mehrgenerationenplätze**. Im Prinzip brauchen alle Freizeitanlagen auch eine Beschattung durch Bäume.

Bei Sportplätzen ist dies verständlicherweise nicht flächig möglich, aber am Rand oder in der Nähe sollten Baumgruppen stehen, die eine Erholung im natürlichen Schatten ermöglichen. Bei Spielplätzen ist es auch wichtig, dass Spielgeräte aus Metall nicht zu heiß werden. Dies sind etwa Rutschen aus Edelstahl, da es sonst in der Sonnenhitze zu Verbrennungen kommen kann. Bei Neuanlagen können Sonnensegel integriert werden, bis die Bäume groß genug sind, um die Beschattung zu gewährleisten. Bäume sind also Teil des Spielplatzes und sollten integriert werden. Im Idealfall können Spielplatzbäume beklettert werden. Dazu sollten Heister gepflanzt werden, die tiefe Astansätze haben. Beim Beklettern gibt es entsprechende Vorschriften, die berücksichtigt werden sollten. Dies ist ein erschwerter Einstieg für Kleinkinder oder die Entfernung von bruchgefährdeten Ästen. Durch eine entsprechende Pflege und Sicherheitsprüfung ist dies möglich. Auch bauliche Anlagen wie Zäune im Fallbereich des Baumes sind zu vermeiden. Allgemein gesehen sind Kletterbäume jedoch keine genormten Spielgeräte, sodass richtigerweise ihr natürliches Wachstum gewährleistet werden sollte.

Abb. 5.6 Spielen unter Bäumen, Grubenspielplatz in Friedrichstal auf der Gartenschau Freudenstadt-Baiersbronn 2025, Planung Planstatt Senner GmbH, Holzspielgeräte Hochkant GmbH (Foto Kaysers 2025)

In der Nähe eines Spielplatzes gibt es im besten Fall auch eine Einkehrmöglichkeit. Dort können gerade Großbäume angenehmen Schatten spenden. Die Eltern genießen ihr kühles Getränk im angenehmen Schatten und können ihre spielenden Kinder beobachten.

Café- und Biergartenbäume
Die berühmten Kastanien in Biergärten wurden gezielt auf oder neben den Bierkellern gepflanzt, um diese und somit das Bier kühl zu halten. Durch ihre großen Blätter spenden sie sehr viel Schatten und das Bier in den Kellern darunter blieb besser kühl. In Zeiten des Klimawandels geht es auch um die Kühlung der Besucher eines Biergartens oder auf einer Caféterrasse. Neben sonnigen Bereichen braucht es immer mehr Baumschatten. Denn der Schatten durch Sonnenschirme ist längst nicht so angenehm wie der Schatten der Bäume. Ein Getränk im Sommer auf einer baumbestandenen Terrasse oder in einem Biergarten zu sich zu nehmen, ist eine perfekte Erholungsmöglichkeit im urbanen Raum. Damit die typischen Kastanien weiter im Biergarten Schatten spenden können, braucht es aber auch ein besseres Wassermanagement. Denn die Kastanien benötigen viel Wasser, um sich gegen die Minimiermotte und Krankheiten in Zeiten des Klimawandels zu wehren. Den Bäumen geht es wie den Menschen. Bei Hitze und langer Trockenheit muss mehr getrunken werden.

Obst- und Naschbäume
Durch den Überfluss von Obst in den Supermärkten, spielen Obstbäume in der Stadt kaum mehr eine Rolle. Oftmals werden sie sogar zu einem Problem, da das nicht aufgehobene Fallobst auf dem Belag am Boden liegen bleibt und unschöne Flecken verursacht. Dann können auch Wespen angezogen werden, die wiederum ein Problem für einige Menschen darstellen. Doch es ist schade, wenn wir Menschen diese Geschenke der Bäume nicht auch im urbanen Raum annehmen. Obstbäume sollten am besten als Gruppe auf einer speziell dafür angelegten Wiese stehen, die dann zur Erntezeit gemäht und zum Ernten frei gegeben wird. Pfirsich, Kirschen, Mirabellen, Birnen, Pflaumen oder frühe Äpfel könnten als natürliche Wasserversorgung das Angebot der Trinkwasserspender bei Hitze ergänzen. Es ist erstaunlich, wie viele Obstbäume es im urbanen Raum dann doch schon gibt, die auf öffentlichen Grund stehen und abgeerntet werden können. Viele Bäume sind auf der Webseite www.mundraub.org (zuletzt geprüft 30.11.2025) auffindbar oder werden durch die Aktion „Gelbes Band" zur kostenlosen Ernte freigegeben. In einer Studie der Technischen Universität München wurde sogar untersucht, dass Obst von Bäumen kaum Schadstoffe aus Verkehrs- und Industrieemissionen einlagern und deshalb häufig weniger belastet sind als Obst aus dem Supermarkt (TUM 2013). Auf das Thema Ernährung im urbanen Raum wird später noch eingegangen.

Wer nur die wunderschöne Blüte der Obstbäume erleben will, kann auch Zierkirschen in der Stadt pflanzen. Bekannt ist die Kirschblüte in Bonn (Abb. 5.7).

Historische Gärten
Große stattliche Bäume stehen meist auch in historischen Parks. Dort konnten sie über viele Jahrhunderte wachsen. In solchen Parks ist die Pflege sehr wichtig, um den Park zu

Abb. 5.7 Kirschblüte in Bonn (Foto Pauline Schnurr)

sichern, aber auch um die ursprüngliche Parkgestaltung zu erhalten und weiterzuentwickeln. Über Parkpflegewerke werden die historischen Ziele untersucht und die Maßnahmen zum Erhalt definiert. Solche Parks sind wichtige Orte der Baukultur. Darüber hinaus bieten sie wertvollen Lebensraum für eine Vielzahl von Pflanzen und Tieren. Diese Vielfalt ist auch sehr interessant für klimaresiliente Arten. Im **Parkschadensbericht** 2022 wurden in 62 deutschen Parks 543 verschiedene Baumarten und Hybriden gezählt – bundesweit existieren lediglich 92 heimische Baumarten (SDG 2025). So können gut neue Baumarten beobachtet werden, welche mit dem Klimawandel besser zurecht kommen.

Friedhofsbäume und Baumgräber

Auch auf Friedhöfen stehen oft noch alte Bäume. Dennoch gab es eine Zeit, in der viele Friedhöfe aufgeräumt und von Bäumen befreit wurden. Das viele Laub störte viele Grabbesitzerinnen. Doch glücklicherweise gibt es ein Umdenken und der Wert des Schattens und des Schutzes durch Bäume wird wieder mehr geschätzt. Viele Kieswüsten auf Friedhöfen werden wieder zu grünen Orten umgestaltet. Der Trend zum **Baumbegräbnis** ist groß. Es gibt kaum noch Friedhöfe, welche dieses Angebot nicht anbieten. Dies auch, da es immer mehr Friedwälder gibt und die Menschen sich nicht mehr auf dem Friedhof be-

Abb. 5.8 Baumgräber auf dem Friedhof in Baienfurt, Planung Planstatt Senner GmbH (Foto Kaysers 2021)

graben lassen wollen. Doch der Erhalt der Friedhofskultur ist auch wichtig und im Vergleich zu Friedwäldern sind Friedhöfe meist barrierefrei und haben Toilettenanlagen. Für viele Menschen ist die Zugänglichkeit auf Friedhöfen somit deutlich besser (Abb. 5.8).

Insgesamt ist es zu begrüßen, dass sich Menschen bei der Bestattung immer mehr mit Natur und Bäumen beschäftigen. Daher ist es auch wichtig, dass Baumgräber keine Schäden an Bäumen verursachen oder das Grundwasser kontaminieren. So sollten kompostierbare Urnen möglichst nur an Standorten beigesetzt werden, deren pH-Wert 4–6,6 beträgt, es sollte ein Abstand von über einem Meter gewährleistet sein und der Boden sollte nicht schon Vorbelastungen haben, damit die Grenzwerte nicht überschritten werden (UBA 2019). Aktuell ist die Urnenbestattung die häufigste Grabart in Deutschland. Der große Vorteil ist der geringe Platzbedarf und die Möglichkeit pflegefreie Bestattungen zu ermöglichen. Dies ist oft gewünscht, wenn Verwandte oder die Hinterbliebenden weit weg wohnen und sich nicht um das Grab kümmern können. Neben den Baum-Urnengräbern lassen sich viele weitere Varianten umsetzen. Beispielsweise Urnen-Gemeinschaftsanlagen oder Urnen-Hochbeete. Letztere ermöglichen eine rückenfreundliche Pflege und mehr Nähe zum Grab (Abb. 5.9).

Um beim Thema Bestattung das Grundwasser oder die Bäume weniger zu belasten, gibt es in Deutschland mittlerweile auch die Möglichkeit einer „Reerdigung". Dabei wird der Körper in kurzer Zeit zu Boden umgewandelt. Noch gibt es diese Beerdigungsform nicht in allen Bundesländern, doch scheint es eine pflanzenfreundliche Alternative.

Glücklicherweise gibt es noch viele alte Friedhöfe im urbanen Raum, die einen alten Baumbestand haben und sehr grün sind. Dies sind wichtige städtische Oasen der Ruhe und auch paradoxerweise des Lebens. Denn der alte Baumbestand und die Vielfalt an Pflanzen

Abb. 5.9 Urnengemeinschaftsgräber als Hochbeete oder Urneninseln in Baienfurt, Planung Planstatt Senner GmbH (Foto Kaysers 2021)

bieten für viele Tierarten einen idealen Lebensraum. Bekannte Beispiele sind die größten deutschen Friedhöfe wie in Hamburg-Ohlsdorf, der Waldfriedhof in München, der Südfriedhof in Leipzig oder der Hauptfriedhof in Frankfurt. Der Ohlsdorfer Friedhof ist sogar der größte Parkfriedhof der Welt. Dort gibt es 450 verschiedene Baumarten und Füchse, Rehe oder Feldhamster leben dort. Auf dem Frankfurt Hauptfriedhof werden Vogelführungen und Honig angeboten. Friedhöfe sollten nicht nur Trauer ermöglichen, sondern auch Orte mit Aufenthaltsqualität sein. Das Leben geht immer weiter und Orte mit einer hohen Artenvielfalt sind auch Orte der Hoffnung. Viel Grün und Leben um einen herum hilft auch beim Trauern.

Grün für Alters- und Pflegeheime sowie soziale Einrichtungen

Der Wunsch nach mehr Grün ist auch bei vielen Alters- und Pflegeheimen spürbar. Gerade für die älteren Menschen ist Schatten wichtig. Auch da ist der natürliche Schatten am wirksamsten. Über das Förderprogramm **„Klimaanpassung in sozialen Einrichtungen“** werden gezielt grüne Maßnahmen gefördert. Immer mehr Studien zeigen auch, dass die Integration von Therapiegärten und Natur demenzkranken Menschen hilft. Da gerade die älteren Menschen nicht mehr so mobil sind, ist es wichtig, die Natur in die Einrichtungen zu bringen. Auch bei sozialen Einrichtungen z. B. für behinderte Menschen ist Grün wichtig. Hier können die Bewohnerinnen zur Ruhe kommen und bei sich selbst sein. Gerade in solchen Einrichtungen sind vielfältige Pflanzungen wichtig, da jede Behinderung verschiedene Bedürfnisse hat. So sollte es beispielsweise auch für Autisten Grünräume geben, in denen es keine zu große Reizüberflutung gibt, beispielsweise durch vielfältige

Blüten mit vielen schwirrenden Insekten. Oftmals sollte es dort Grünräume geben, die ruhig und nur grün wirken. Für andere dagegen wäre eine biodiverse Staudenfläche mit vielen Insekten eine willkommene Ablenkung. Die Pflanzungen sollten also vielfältig und an die Bewohnerinnen und Nutzerinnen angepasst sein.

Krankenhausgrün

Nicht nur in Pflegeeinrichtungen ist grün wichtig und hilft den Bewohnerinnen, sondern gerade auch in Krankenhäusern. Schon lange ist bekannt, dass Patienten weniger Schmerzmittel brauchen, wenn sie vom Krankenbett ins Grüne schauen. Auch Naturerlebnisse können akute körperliche Schmerzen lindern (Nature Communication 2025). Bei mehrgeschossigen Krankenhäusern, sind dabei vor allem große Bäume wirksam, da sie grüne Aussichten bis in die oberen Geschosse ermöglichen. Darüber hinaus können begrünte Tröge eingesetzt werden, wie am Triemli Spital in Zürich (Abb. 5.29). Auch Therapiegärten helfen den Patienten. Mit Bedacht sollte darauf geachtet werden, nicht zu allergene oder zu giftige Pflanzen zu verwenden, da dies Patienten im Krankenhaus selbst betreffen könnte. Doch allgemein gilt, je grüner die Umgebung, desto besser für die Gesundheit. Begrünte Krankenhäuser in einer grünen Umgebung könnten in grüne **Heil- oder Gesundheitshäuser** umbenannt werden.

Kita-, Kindergarten- und Schulbäume

Grüne Spielbereiche bei Kitas, Kindergärten und Schulen sind sehr wichtig. Denn je früher die Kinder Kontakt mit der Natur haben, desto besser. Überall werden Schulgärten oder Kräuterbeete angelegt und gewünscht. Ein grüner Schulhof kann zur Beruhigung und vor allem zur Erholung in den Pausen dienen. Ein grünes Umfeld signalisiert den Kindern und Jugendlichen die Wichtigkeit von Grün. Oftmals werden Schulhöfe intensiv genutzt, sodass Pflanzflächen oftmals zertreten werden. Zumindest braucht es dann größere Bäume, die Schatten und Geborgenheit spenden. Mehr Grün kann dann auch außerhalb der intensiv genutzten Bereiche integriert werden. In jeder Kita, in jedem Kindergarten oder in jeder Schule sollte Spielen und Lernen im Grünen möglich sein (Abb. 5.10).

In pädagogischen Einrichtungen sind bei der Pflanzenauswahl neben der Klimaresilienz und dem Beitrag zur Artenvielfalt auch die Giftigkeit von Pflanzenteilen zu berücksichtigen. Generell können viele Blätter und Rinden giftig für den Menschen sein, wenn sie in Übermengen verzehrt werden. Doch es ist nicht wahrscheinlich, dass Kinder sich an Pflanzenteilen satt essen. Leider gilt bei diesem Thema nicht der gesunde Menschenverstand. Oft sind es eher Ängste der Eltern und ungeklärte Verantwortungen, welche vor Pflanzen warnen, die nur leicht giftig sind. Es gibt viele vorhandene Spielplätze, auf denen Eiben oder Efeu wachsen. Die Kerne der Eibe sind sehr giftig und beim Efeu alle Pflanzenteile. Wer jedoch schon mal Efeublätter gegessen hat weiß, dass sie sehr bitter schmecken und man kaum ein einziges Blatt hinunterschlucken kann. Um sich aber zu vergiften, sind eine Menge Blätter notwendig. Daher passiert meist nichts. Stattdessen kann mit Pflanzenkenntnissen aufgeklärt werden, um Vergiftungen zu vermeiden. Um jedoch auf der sicheren Seite zu sein, gibt es entsprechende Listen von Unfallversicherungen mit Pflanzen, die

Abb. 5.10 Große Bäume und Spielen gehören zusammen. Kita in Bad Saulgau. Planung Außenanlagen Planstatt Senner GmbH (Foto Kaysers 2023)

bei pädagogischen Einrichtungen nicht verwendet werden dürfen. Gut ist, dass es genügend Pflanzen gibt, die vollkommen unbedenklich für Kinder sind. Dazu gehören beispielsweise Weiden, Linden oder Hainbuchen. Letztere sind auch ideale Kletterbäume. Die Pflanzen sollten robust sein und die Aspekte der verschiedenen Jahreszeiten aufnehmen. So können Blütenbäume wie Zierkirschen oder Zieräpfel, Nussbäume wie die Kastanie oder Duftbäume wie der Kuchenbaum gepflanzt werden. Auch Ahornbäume eignen sich hervorragend, da ihre Flügelfrüchte wie Propeller durch die Lüfte fliegen.

5.2 Neues Grün: Vom Gebäude-, Energie- und Ernährungsgrün

Grünflächen, Parks oder Alleen sind die traditionellen Grünbereiche in der Stadt. Um mehr Grün in den Städten zu integrieren, gibt es noch viele weitere Möglichkeiten. Da eine Stadt hauptsächlich aus Gebäuden besteht, kann genau dort auch Grün integriert werden. Aus dem natürlichen Blick heraus sind Gebäude wie Felswände, also ideal für Mauerpfeffer, Hauswurz oder das Felsen-Hungerblümchen. Auch einige Vögel leben gerne an Felswänden. So kann Lebensraum für Schwalben, Spatzen und Mauersegler geschaffen werden. Der grüne Lebensraum kann auf dem Dach, an der Fassade, im Gebäude oder natürlich um Gebäude umgesetzt werden. An erster Stelle steht das Gründach, da es sich mittlerweile als Standartbauweise etabliert hat.

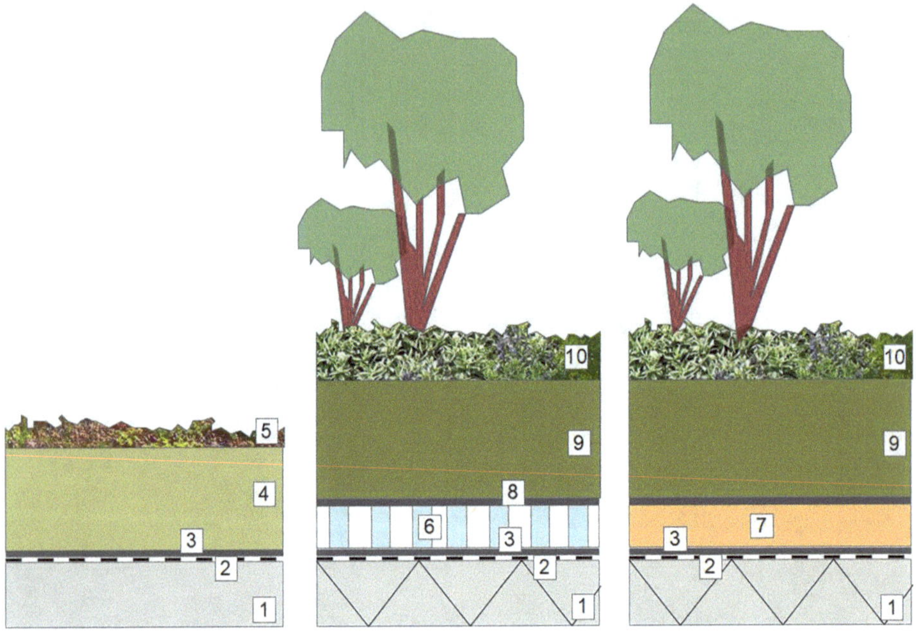

Abb. 5.11 Schematische Darstellung von extensiven und intensiven Dachbegrünungen (Graphik BUGG 2024, geändert Kaysers 2025)

Gründächer

Eine der erfolgreichsten und besten Möglichkeiten ist Grün auf dem Dach unterzubringen. Dies wird auch schon seit Jahrhunderten praktiziert. Beispielsweise im kalten Klima durch die Grassodenhäuser in Island oder im heißen Klima in Tansania (Minke 2000). Heute erlebt die Dachbegrünung eine Renaissance. Es gibt viele neue Möglichkeiten. Am häufigsten werden Flachdächer begrünt. In Deutschland waren es 2023 ca. 16,8 % der neuen Flachdächer (BUGG 2024). Dies ist noch viel zu wenig. Genau genommen sind dies auch neu versiegelte Flächen, jedoch immerhin extensiv begrünt. Als Begrünungsfläche sind dies 10.100.000 m^2, also 1000 ha im Jahr 2023. Im Jahr 2019 betrug dieser Wert noch ca. 700 ha (BUGG 2021) (Abb. 5.11).

1. Geeignete Dachkonstruktion: Ausreichende Tragfähigkeit, ggf. geeignete Wärmedämmung
2. Dachabdichtung bzw. Wurzelschutzbahn: Wurzelfest nach FLL bzw. DIN EN 13948 Schutz vor Wasser und Wurzeln. Unbedingt biozidfrei!
3. Schutzlage aus Vliesen zum Schutz der Dachabdichtung vor mechanischer Beschädigung
4. Einschichtsubstrat: Vegetationstragschicht und Dränschicht, spezielles, technisch hergestelltes Substrat nach den Kennwerten der FLL-Dachbegrünungsrichtlinie für Einschichtbauweise.
5. Extensive Vegetation

6. Drainage: Speicherung von Niederschlagswasser und Ableitung des Überschusswassers zu den Entwässerungseinrichtungen aus recycelten Kunststoffen. Bei Retentionsdächern mit einem Dauereinstau ist die Drainage höher (ca. 8 cm) und durch zusätzliche Kapillarelemente kann die Wasserzufuhr zu den Pflanzen verbessert werden.
7. Nachhaltigere Drainage: Wie 6, jedoch aus Schüttgütern wie Lava (je nach örtlicher Verfügbarkeit)
8. Filtervlies: Vliese, welche die Dränage von der Vegetationstragschicht trennen und das Einschlämmen von Feinanteilen in die Dränage verhindern.
9. Ein- oder Mehrschichtsubstrat: Vegetationstragschicht, spezielles, technisch hergestelltes Substrat nach den Kennwerten der FLL-Dachbegrünungsrichtlinie für Ein/ oder Mehrschichtbauweise. Bei extensiven Begrünungen liegt die Substrathöhe im Mittel bei ca. 10 cm. Bei intensiven Gründächern, ab ca. 30 cm Höhe, ist eine Mehrschichtbauweise notwendig.
10. Extensive oder intensive Vegetation

Ob eine extensive (Abb. 5.12) oder intensive Dachbegrünung (Abb. 5.13) umgesetzt werden kann, hängt vor allem von der maximalen Belastung des Daches ab oder etwa, ob die extensive Begrünung explizit gewünscht ist oder ob sie eventuell notwendig ist, z. B. bei einer Kombination mit Photovoltaik.

Die wesentlichen Unterschiede zwischen einer Extensiv- und einer Intensivbegrünung sind in Tabelle 5.1 aufgeführt.

Viele Gründächer können einen sehr guten Beitrag für mehr Biodiversität leisten. Denn die Flächen sind für scheue Vögel vor Katzen geschützt und auch der Mensch kann sich nur auf den dafür angelegten Wegen aufhalten. Ein freies Rumlaufen ist aus Sicherheitsgründen und auch aus Gründen der Begehbarkeit von den Pflanzflächen nicht möglich. Nur zu Pflege-

Abb. 5.12 Extensivdachbegrünung (Foto Kaysers 2024)

Abb. 5.13 Intensivdachbegrünung, Wohnbebauung Q5 der Baugenossenschaft Überlingen in Überlingen. Bepflanzung Planstatt Senner GmbH, Architektur m67 Architekten (Foto Kaysers 2023)

Tab. 5.1 Hauptunterschiede der Dachbegrünungsarten (BUGG 2024, geändert Kaysers 2025)

Extensivbegrünung	Intensivbegrünung
Naturnah, mager	Naturnah oder formale Pflanzungen von Rasen, Wiese, Stauden, Gehölze oder kleine Bäume
Pflegeleicht	Höherer Pflegeaufwand (je nach Bepflanzung)
Trockenheitsresistente Pflanzen, die sich weitestgehend selbst erhalten und weiterentwickeln	Höhere Ansprüche an den Schichtaufbau und die regelmäßige Wasser- und Nährstoffversorgung.
Geringe Aufbauhöhe von ca. 6–15 cm, ideal 8–10 cm Höhe	Höhe des Gesamtaufbaus beträgt ca. 30–100 cm
Geringes Gewicht von ca. 60–180 kg/m^2	Höheres Gewicht von ca. 320–1200 kg/m^2

zwecken müssen alle Bereiche erreichbar sein. Doch so bilden die Gründächer gute Rückzugsorte für viele Arten. So können bewusst auch sogenannte Biodiversitätsdächer umgesetzt werden (Abb. 5.14). Dabei wird versucht, unterschiedliche und vielfältige Strukturen zu schaffen. So sollte es unterschiedliche Substratstärken geben, das Dach also leicht modelliert werden. Es eignen sich Höhen von 10–30 cm. Auch die Substrate selbst sollten unterschiedliche Mischungen haben, damit unterschiedliches Bodenleben ermöglicht wird und unterschiedliche Pflanzen wachsen können. Denn wichtig ist es, vielfältige Pflanzungen zu etablieren, was wieder vielfältige Tiere anlockt. Wichtig ist auch, Totholz zu integrieren. Wie

Abb. 5.14 Mini-Biodiversitätsgründach auf einem Carport in Owingen, Umsetzung Kaysers (Foto Kaysers 2025)

im Naturwald sind das die Orte mit der höchsten Artenvielfalt, etwa an Raupen, Käfern, Larven und Pilzen. Weitere Elemente sind Sandlinsen. Diese bestehen aus feinem, ungewaschenem Sand mit geringem Schluff- und Lehmanteil.

Die Flächen sollten sonnenexponiert und mindestens 25 cm tief sein, damit die bodenbrütenden Insekten genügend Raum zum Nisten haben. Damit der Sandhaufen trocken bleibt, braucht es eine kapillar brechende Schicht aus Vlies oder grobkörnigem Material. Dann sollte es kleine Steinhaufen geben, welche Versteck- und Aufenthaltsbereiche bieten. Was nicht fehlen darf, ist Wasser. Dies können mit Lehm abgedichtete Wasserpfützen sein oder kleine Wasserschalen aus Ton. Das Ganze kann mit Insektenhotels und Nisthilfen ergänzt werden. Wichtig dabei ist das „Frühstück", also genügend Nahrungsangebot zur Verfügung zu stellen und die Vernetzung in der Umgebung. Die Kombination der verschiedenen Elemente steigert die Biotop-Funktion des Gründachs.

Spielt die Statik nahezu keine Rolle, sind keine Grenzen gesetzt. So entstand kürzlich in Hamburg ein richtig „intensives Intensivdach" auf einem ehemaligen Bunker, dem nun „grünen Bunker". Auf diesem wachsen nun 23.000 Pflanzen und geben dem massiven Bauwerk eine grüne Krone.

Neben den klassischen Flach-Gründächern gibt es auch Schräg- oder Tonnendächer. So können Dachschrägen mit Schubsystemen bis 45° begrünt werden. Je nach Budget lassen sich alle Dächer begrünen. In den 80er-Jahren entstanden viele begrünte Schrägdächer beispielsweise in Unterbach – Düsseldorf, eine Ökosiedlung mit begrünten Schrägdächern. Damals wurden sie als „Öko-Spinner" belächelt, heute ist das Dorf Inspiration für Klimaanpassung und Gemeinsinn. Auch in Hannover entstand damals eine der größten Grasdachsiedlungen, die Laher Wiesen mit 80 Häusern (Abb. 5.15).

Abb. 5.15 Satteldachbegrünung schon in den 80er-Jahren von Helmut Rentrop und Hermann Boockhof (Foto Helmut Rentrop)

Abb. 5.16 Bodengebundene Dachbegrünung in Finale, Italien – die einfachste Dach- und Fassadenbegrünung (Foto Kaysers 2025)

Die einfachste Dachbegrünungsform bei niedrigen Gebäuden sind bodengebundene Gründächer. Dabei wachsen die Kletterpflanzen im Substrat an der Fassade und ranken entweder mit Kletterhilfen oder ohne bis über und auf das Dach. Dort sorgen sie für Schatten und schützen die Abdichtung. So braucht das Dach keine Substratschüttung oder zusätzliche Maßnahmen für eine Begrünung. Diese Gebäudebegrünung ist bestens geeignet beispielsweise für eingeschossige Gebäude, Carports, Garagen, Pergolen, Gartenhäuser oder Stadtmobiliar (Abb. 5.16).

Dachbegrünungen haben sich etabliert und immer mehr wandert das Grün auch an die vertikalen Flächen. Neben dem Gründach bieten vor allem Mauern, urbane Infrastrukturen und die Fassaden an Gebäuden viel Platz für Grün. Hier können vielfältige Fels- und Kletterpflanzen zum Einsatz kommen.

Mauer- und Infrastrukturgrün

Mauern sind ideale Flächen für selbstklimmende Pflanzen, da sie dort mit ihren Haftwurzeln und Trieben kaum Schaden am Mauerwerk anrichten können. Es gibt alte Stadtmauern, an denen schon seit Jahrhunderten Efeu und Wilder Wein wächst, ohne die Mauern zu schädigen (Abb. 5.17). Meist sind dies lebendige Wände, in denen Vögel nisten und sich Insekten tummeln. Auch auf Friedhöfen sind solche Lebensmauern zu finden.

Abb. 5.17 Efeu-Stadtmauer in Überlingen (Foto Kaysers 2025)

Mauern oder Steilhänge können auch intensiv begrünt werden (Abb. 5.18). Durch die vertikale Exposition zur Sonne entsteht ein spezielles Mikroklima, welches die Vielfalt am Boden in die Vertikale bringt. Diese Flächen sind insbesondere für wärmeliebende Pflanzen ideal, da sich die Flächen besser aufwärmen und auch Wärme abstrahlen.

In den letzten Jahren erlebt die Fassadenbegrünung eine Renaissance und viele begrünte Gebäude werden umgesetzt. Die Fassade ist ideal für eine Begrünung, denn sie hat dort viel Platz. Im Prinzip ist es bei vier Fassadenseiten eines Gebäudes eine Vervierfachung der Fläche.

Fassadenbegrünung

Für Fassadengrün gibt es viele Lösungen. Grundsätzlich wird dabei zwischen bodengebundenen und wandgebundenen Begrünungen unterschieden. Bei den bodengebundenen Lösungen sind die einfachste Variante selbstklimmende Kletterpflanzen wie Efeu und Wilder Wein, die bis zu einer Höhe von 20 m das Gebäude begrünen können. Allerdings muss sich dafür die Wand eignen. Eine bessere Kontrolle hat man mit Gerüstkletterpflanzen, die an Kletterhilfen an dem Gebäude oder an Wänden hochwachsen. Ist kein Bodenanschluss möglich, können wandgebundene Systeme verbaut werden. Hier wird zwischen troggebundenen und wandgebundenen Systemen unterschieden.

Bei allen Systemen ist es wichtig, dass sie gut gepflegt werden können (s. Abschn. 4.5). Die Flächen müssen gut erreichbar sein, um die Pflegekosten zu reduzieren und den

Abb. 5.18 Böschungsmauerbepflanzung, Trauttmansdorff in Meran (Foto Kaysers 2018)

Wuchserfolg sicherzustellen. Nichts ist schlimmer als eine ungepflegte Grünfassade, die braun ist und nicht funktioniert. Schnell kommen dann die Kritiker, die meinen, dass Grün am Gebäude nicht passt und sich nicht umsetzen lässt. Denn bei der Fassadenbegrünung ist noch viel Luft nach oben. Im Jahr 2023 wurden in Deutschland 130.400 m^2 Fassadenfläche begrünt, dies sind 13 ha (BUGG 2024). Hier gibt es keinen Vergleich zu unbegrünten Fassaden, doch vergleicht man diese Zahl mit dem Flächenverbrauch von 37 ha pro Tag für Gebäude im Bereich Wohnungsbau, Industrie, Gewerbe und öffentliche Einrichtungen (BMUV 2024), dann relativiert sich diese Zahl schnell.

Vereinfacht gibt es folgende Fassadenbegrünungssysteme (Abb. 5.19 f.):

Kurzbeschreibung bodengebundene Begrünungssysteme:

1. Pflanzquartier
2. Unterpflanzung/Begrünung des Pflanzquartiers
3. Spalier- oder Fassadenbaum
4. Selbstklimmende Kletterpflanzen
5. Klettergerüst, teilweise freistehende Konstruktion

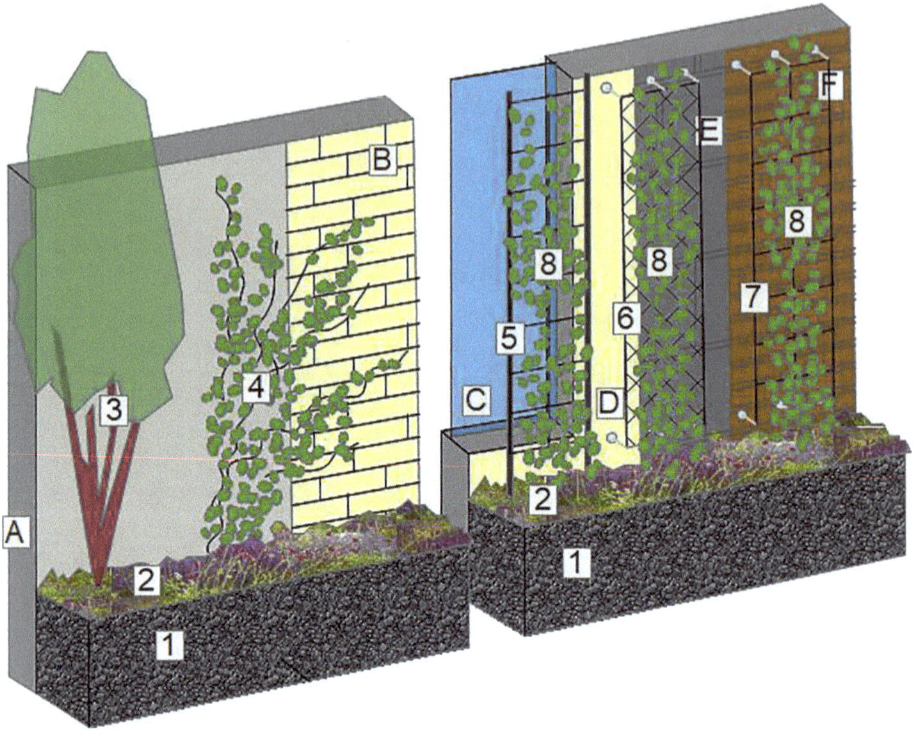

Abb. 5.19 Bodengebunde Begrünungssysteme. Links selbstklimmende Kletterpflanzen und rechts Gerüstkletterpflanzen (Graphik Kaysers 2025)

6. Kletternetz mit Ankerpunkten
7. Klettergitter mit Ankerpunkten
8. Gerüstkletterpflanzen

A. Geeignete Wand z. B. Betonwand mit einer glatten oder strukturierten Oberfläche
B. Sichtmauerwerk oder Klinker mit geschlossenen Fugen
C. Fensterflächen
D. Verputze Wände, auch mit Wärmedämmsystem
E. Vorfassade aus Platten, Glas, Naturstein etc.
F. Vorfassade aus Holz (Abb. 5.19)

Kurzbeschreibung wandgebundene Begrünungssysteme:

8. Siehe bodengebundenes System
9. Seile oder andere Gerüstkonstruktionen
10. Trog- oder wandgebundene Trog-Leisten eines Systemherstellers
11. Überlauf/Wasserrinne (im Kreislauf)
12. Bewässerung

Abb. 5.20 Wandgebunde Begrünungssysteme. Links troggebundene Kletterpflanzen und rechts wandgebundene Systeme (Graphik Kaysers 2025)

13. Unterkonstruktion, hinterlüftet
14. Modulares Begrünungssystem
15. Flächiges Begrünungssystem mit Substrattaschen

G. Jeder Wandtyp möglich
H. Jeder Wandtyp möglich, insbesondere unverputzte/unbehandelte Wände

Bei den bodengebundenen Systemen ist das Pflanzquartier sehr wichtig. Pro Kletterpflanze sollte mindestens 1 m^3 Pflanzsubstrat zur Verfügung stehen. Wenn die Pflanzquartiere direkt im Gehweg liegen, kann der Wurzelraum außerhalb des Pflanzquartiers unter dem Gehweg mit verdichtbarem Substrat vergrößert werden. Wie bei den Bäumen sollten den Kletterpflanzen genügend Wurzelraum zu Verfügung stehen.

Die Kletterpflanzen sollten möglichst zusammen mit einer Unterpflanzung umgesetzt werden. Hier können, wie bei Bäumen, positive Wechselwirkungen untereinander erreicht werden. Zum einen schützt die Unterpflanzung den Boden und fördert das Bodenleben, welches wiederum der Kletterpflanze zugutekommt. Ebenso können gezielt Pflanzen verwendet werden, die Nützlinge wie Schlupfwespen, Raubwanzen und Marienkäfer anziehen und so einen biologischen Pflanzenschutz ermöglichen (s. Abschn. 7.6). Sollte keine Unterpflanzung möglich sein, sollte die Pflanzfläche mit Mulch oder regionalem Splitt abgedeckt werden, um die Bodenfeuchte besser zu halten und die Aufheizung des Bodens zu verringern.

Für eine bodengebundene Fassadenbegrünung sind selbstklimmende Kletterpflanzen eine einfache und effektive Fassadenbegrünungsform. Hierbei sollte jedoch die Wandart berücksichtigt werden (siehe Punkt A, Abb. 5.19). Die Wände dürfen keine offenen Fugen, Risse oder Öffnungen haben.

Ebenso ist die Pflege dann besonders wichtig, da die meisten selbstklimmenden Pflanzen wie Efeu oder Wilder Wein sehr stark wachsen und schnell Fensterläden oder Dachrinnen überwachsen. Die Pflanzen sollten auch regelmäßig zurück-geschnitten/verjüngt werden, sodass sich kein Totholz bildet. Gerade bei Efeu kann dies passieren. Von außen sieht die begrünte Wand schön grün und dicht aus, doch unter der Oberfläche ist alles kahl, trocken und verholzt. Dies kann eine Brandlast darstellen (Abb. 5.21 und 5.22).

Abb. 5.21 Wilder Wein an einer Fassade in München. Ergänzt mit Fassadenbemalung (Foto Kaysers 2025)

Abb. 5.22 Wird der Efeu gut gepflegt, stellt er eine sehr gute Begrünungsform dar. Allerdings ist auch hier auf den ständigen Rückschnitt zu achten, sodass sich kein Totholz im Innern bildet (Foto Kaysers 2022)

Um mögliche Schäden an der Fassade auszuschließen, sollten besser Gerüstkletterpflanzen bzw. ein Klettergerüst eingeplant und umgesetzt werden. Gerüstkletterpflanzen haben verschiedene Klettermethoden und werden unterschieden in Ranker, Spreizklimmer, Winder- und Schlingpflanzen (Abb. 5.23).

Geeignete Pflanzen werden in der Abb. 7.4, 7.5 und 7.7 im Abschn. 7.5 vorgeschlagen. Je nach Klettermethode muss die Kletterhilfe ausgebildet sein. Bei Schlinger und Winder eignen sich Seile oder Stäbe mit vorwiegend senkrechter Ausbildung. Bei Ranken sind gitter- oder netzförmige Konstruktionen gut. Bei Spreizklimmer sollte man Konstruktionen mit vorwiegend waagerechter Ausrichtung oder gitter-/netzförmige Gerüste verwenden. Die Art der Verankerung richtet sich nach dem Gewicht und der Windlast, die von einem Statiker berechnet werden muss. Lässt sich die Kletterhilfe nur an wenigen Stellen in der

Abb. 5.23 Gerüstkletterpflanzen an einer Bestandsfassade in Tübingen (Foto Kaysers 2025)

Wand verankern oder müssen Fenster ausgespart bzw. überspannt werden, eignen sich Gerüste mit senkrechten Stabverankerungen im Boden, um das Gewicht aufzufangen und größere Abstände zu ermöglichen.

Kletternetze können auch gut gleichzeitig als Absturzsicherung verwendet werden. Dies ersetzt teure Geländer an Balkonen und die Kletterpflanzen haben eine große Fläche, an der sie wachsen können.

Abb. 5.24 Schlingpflanzen an Seilen. Green City Hotel, Freiburg, Barkow Leibinger Gesellschaft von Architekten mbH (Foto Kaysers 2022)

Auch Seile eignen sich gut als Kletterhilfe. Hier können sich Schlingpflanzen wie Geißblätter oder Blauregen emporhangeln. Wichtig dabei ist, dass die Seile nachgespannt und angepasst werden können (Abb. 5.24). Denn die Pflanzen wachsen schnell und können Seile dann zum Reißen bringen.

Anstatt Kletterpflanzen können auch bodengebundene Bäume als Fassadenbegrünung eingesetzt werden. Dies ist die natürlichste und nachhaltigste Form. Bekannt sind dabei die **Spalierbäume,** welche man direkt an die Fassade pflanzt (Abb. 5.25).

Bei Spalierbäumen eignen sich viele Obstsorten. Durch die Wärme abstrahlenden Fassaden reift das Obst früher und kann direkt am Fenster gepflückt werden. Beim Spalierbaum braucht es eine Führungskonstruktion zum Beispiel aus Holz oder Metall (Abb. 5.20). Gute Spalierbäume sind Apfel (Malus domestica), Birne (Pyrus communis), Pflaume (Prunus domestica). Mirabelle (Prunus syriaca), Kirsche (Prunus avium), Elsbeere (Sorbus torminalis), die wärmeliebende Aprikose (Prunus armeniaca). Pfirsich (Prunus persica), Quitte (Cydonia oblonga), Feige (Ficus carica) oder Mandel (Prunus dulcis). Anstelle dieser bewährten Obstgehölze können auch viele blühende Sträucher und Kleinbäume an der Hauswand gezogen und als Spaliergehölz ausgebildet werden (Amber 2024).

Abb. 5.25 Spalierobst in der Nähe von Baiersbronn – eine der einfachsten Fassadenbegrünungen (Foto Kaysers 2022)

Eine weitere einfache und effektive Begrünung von Fassaden kann über sogenannte **Fassadenbäume** erfolgen. Dies sind Bäume, welche wenige Meter vor der Fassade gepflanzt werden. Der Baum kann dann etwas natürlicher wachsen, denn beim Spalierobst werden die Bäume oftmals sehr stark in einer künstlichen Form gehalten. Der Fassadenbaum profitiert ebenfalls von dem wärmeren Mikroklima. In Baumschulen werden mittlerweile Halbkronen geschult, die sich nah an der Fassade pflanzen lassen. Der Fassadenbaum ist die natürlichste und einfachste Art der Fassadenbegrünung (Abb. 5.26). Gut als Fassadenbäume eignen sich Arten, die erst spät belauben, sodass im späten Frühjahr noch genügend Licht in die Zimmer kommt. Dies könnten beispielsweise Walnüsse (Juglans regia) oder Esskastanien (Castanea sativa) sein, die oftmals erst im Mai die vollen Blätter entwickeln und jedoch dann in der heißen Zeit mit ihren großen Blättern für guten Schatten sorgen. Gleichzeitig bereichern die Nüsse und Maronen den Speiseplan im Herbst. Ein weiterer Vorteil von solchen Baumfassaden ist die deutlich höhere mikroklimatische Wirkung. Durch die höhere Transpirationsleistung der Bäume konnten Temperaturreduktionen der Außenluft von bis zu 3,5° C bei einem umgesetzten Projekt in Bamberg nachgewiesen werden (G + L 1, 2025). Bei Kletterpflanzen sind dies nur um die 1,4° C (Tab. 3.2).

Obwohl bodengebundene Systeme zu empfehlen sind, gibt es Situationen, bei denen kein Bodenanschluss möglich ist. Hier kommen **wandgebundene Systeme** zum Einsatz. Dies kann entweder in Trögen (Abb. 5.26, 5.27 und 5.28) und Rinnen sein oder aus modularen oder flächigen Pflanzmodulen bestehen.

Bei Trögen sollte der Mindestquerschnitt von 60 × 60 cm nicht unterschritten werden, da die Pflanzen genügend Pflanzsubstrat benötigen (Abb. 5.29 und 5.30).

Abb. 5.26 Fassadenbäume in Lugano, Schweiz (Foto Kaysers 2022)

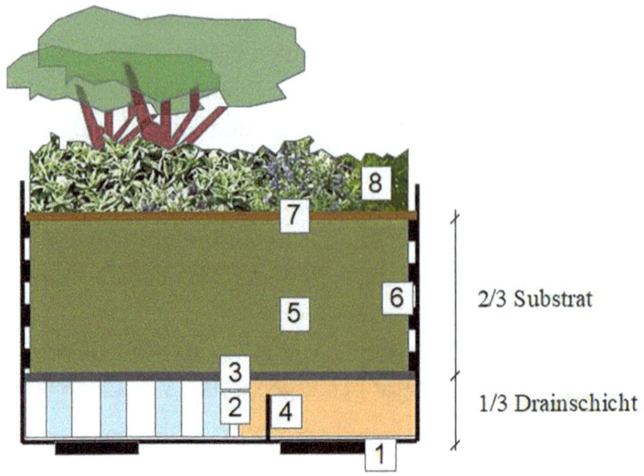

Abb. 5.27 Prinzip Pflanztrog (Graphik Kaysers 2025)

1. Geeigneter Pflanztrog z. B. aus Metall oder Steinzeug
2. Drainage z. B. aus recycelten Kunststoffen oder Schüttgüter
3. Filtervlies
4. Überlaufrohr zur Ableitung des Überschusswassers
5. Pflanzsubstrat
6. Dämmung (gegen Kälte und Hitze)
7. Abdeckung aus Mulch oder Spiltt
8. Geeignete Bepflanzung

Abb. 5.28 Troggebundene Begrünung in Mannheim, Schmucker + Partner planungsgesellschaft mbh (Foto Kaysers 2025)

Abb. 5.29 Pflanztröge mit Bäumen. Der weltweit bekannt gewordene Bosco Verticale (von Stefano Boeri Architekten) in Mailand. Solche Lösungen sind teuer und kostenintensiv. Direkt neben den bekannten Türmen eine deutlich kostengünstigere Variante durch bodengebundene Begrünung. (Foto Kaysers 2022)

Abb. 5.30 Trog-Begrünung am bestehenden Triemli Spital in Zürich, ATP architekten ingenieure Zürich AG. Vor allem Bestandsbauten sollten mehr begrünt werden (Foto Kaysers 2025)

Sind die Tröge schmäler, kann das fehlende Volumen zur Not durch tiefere Tröge ausgeglichen werden. Doch zu schmal sollten die Tröge nicht sein, denn dann besteht beispielsweise die Gefahr der Überhitzung und des Nährstoffmangels, sodass die Pflanzen nicht richtig wachsen.

Oftmals sind die Tröge sehr schwer und die Statik des Gebäudes lässt keine hohen Lasten zu. Dann kann auf ein sogenanntes **hydroponisches System** zurückgegriffen werden (Abb. 5.31). Dabei wachsen die Pflanzen nicht in Substrat, sondern hängen in einer Nährlösung in einem Gemisch aus Wasser und Nährstoffen. Da dadurch die Tröge viel Luft enthalten, sind sie sehr leicht, jedoch auch teuer. Die Mehrkosten können aber auch durch weniger Stahl im Tragwerk gut gerechtfertigt werden.

Ein weiterer Vorteil der hydroponischen Töpfe sind die Pflege der Wurzeln. Denn ein großer Nachteil von Substrattöpfen ist, dass mit der Zeit den Wurzeln der Platz ausgeht und sie sich regelrecht selbst erdrücken. Viele ältere Gebäudebegrünungen müssen daher komplett ausgetauscht werden, welches zu hohen Kosten führt und auch die Akzeptanz von Gebäudebegrünungen mindert. Daher scheuen viele Investoren nach wie vor grüne Gebäude. Bei einem hydroponischen System können die Pflanzen aus dem Behälter genommen und die Wurzeln beschnitten werden. So erneuern sie sich und können langfristig grün bleiben.

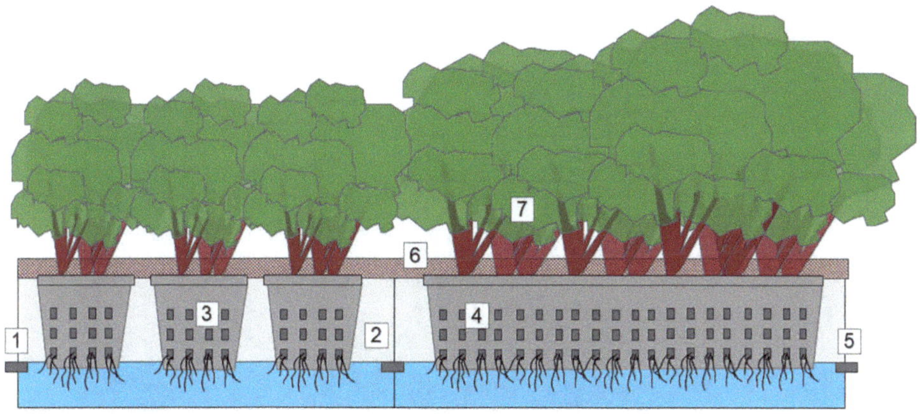

Abb. 5.31 Hydroponisches System, nach GKR Hydro GmbH, geändert Kaysers (Kaysers 2025).

1. Zulauf
2. Pflanzbehälter
3. Kulturtopf mit seitlichen Öffnungen
4. Kulturkorb mit seitlichen Öffnungen
5. Ablauf
6. Abdeckung Splitt
7. Geeignete Bepflanzung

Auch bepflanzte Gabionen können eingesetzt werden. Diese wurden vom japanischen Landschaftsarchitekten Michio Tase entwickelt (Tase 2019). Diese **„Gobaimidori“** sind an allen sichtbaren Seiten Grün, also auch an den Ansichts- und Stirnseiten. Dies vervielfacht die Begrünungsfläche.

Anstatt Tröge und Gabionen können auch flächige Wandbegrünungen umgesetzt werden. Hier gibt es weltweit viele bekannte Beispiele. Einer der bekanntesten Grünwandspezialisten dabei ist der französische Künstler Patrick Blanc. Er hat die bekannten Wände am Musée du quai Branly in Paris oder am Caixa Forum in Madrid gestaltet. Letztere Wand gibt es bereits seit 2007 und wurde mit 15.000 Pflanzen und ca. 300 verschiedenen Pflanzenarten bepflanzt (Caixa 2007). Diese Art der Begrünung kann mittlerweile weltweit beobachtet werden (Abb. 5.32).

Bei **wandgebundenen Systemen** gibt es sehr viele Gestaltungsmöglichkeiten. Vor allem lässt sich auf wenigen Quadratmetern eine hohe Vielfalt unterbringen. Daher eignen sich solche Flächen gerade für repräsentative Fassaden. Sie eignen sich auch, wenn es am Boden oder für Tröge keinen Platz gibt. Ebenso können sie in sehr großen Höhen umgesetzt werden (Abb. 5.33).

Wichtig ist bei den verschiedenen Systemen auch, dass die einzelnen Materialien später gut wiederverwendet oder ausgebaut werden können – sie sollten gut recyclingfähig sein.

Abb. 5.32 Wandgebunde Begrünung in Quito, Südamerika (Foto Kaysers 2024)

Bei allen Systemen ist eine **Bewässerung** notwendig. Die Bewässerung erfolgt meist technisch über Pumpen, die über eine Steuerung automatisiert oder händisch reguliert werden können. Diese pumpen das Wasser bei Bedarf zu den Pflanzen, wo es entweder in Vliesen oder über Tröpfchenleitungen verteilt wird. Das Überschusswasser sollte entweder in weitere Tröge unterhalb entwässern oder bei modularen und flächigen Systemen in eine Rinne am Tiefpunkt geleitet werden, um von dort wieder in den Beregnungskreislauf gepumpt zu werden. Im Idealfall wird das Bewässerungswasser aus einer Regenwasser- oder Grauwasserzisterne gespeist, um die wertvolle Ressource zu sparen. Einen praktischen Leitfaden zur Grauwasernutzung für die Bewässerung hat die Deutsche Bundesstiftung Umwelt herausgegeben (DBU 2025). Noch besser ist eine Schwerkraftbewässerung. Dabei wird das Regenwasser auf dem Dach flächig in Retentionsmatten

Abb. 5.33 Begrünte Paneele am Gebäude der Sparkasse Rhein Neckar Nord in Mannheim, HT Architekten/Raumfreiheit mit Planstatt Senner GmbH und Fornatec (Foto M. Delker)

gespeichert. Vor dort wird das Wasser in Leitungen zu den grünen Wänden an der Fassade geführt. Durch das Gefälle entsteht genügend Wasserdruck, der das Wasser in die Wände oder Tröge drückt. So sind keine oder nur kleinere Pumpen notwendig. Stefan Brandhorst, ein Pionier der Gebäudebegrünung in Deutschland und mein Kollege im Büro, proklamiert: „Low Tech ist das neue High Tech".

Bei den wandgebundenen Begrünungen muss die Unterkonstruktion hinterlüftet und die Statik der Wand sowie des Pflanzsystems berechnet sein. Diese wandgebundenen Systeme gibt es meist als modulares Begrünungssystem, welches als bereits fertig bepflanzte Module auf die Unterkonstruktion montiert wird. Es gibt auch flächige Begrünungssysteme mit Substrattaschen, in denen die Pflanzen eingesetzt werden und wachsen.

Bei wandgebundenen Systemen eignen sich alle Wände, solange sie natürlich statisch die Lasten tragen können. Doch der große Vorteil ist, dass sie die dahinter liegende Fassade verdecken. Es eignen sich unverputzte/unbehandelte Wände. Somit können die Kosten einer Vorfassade eingespart und in das Begrünungssystem investiert werden. Ebenso wirken die flächigen Begrünungen als Dämmung gegen Hitze und Kälte und bieten durch die vielfältigen Pflanzen vielen Insekten Nahrung an, siehe Abschn. 3.1.

Ein wichtiges Thema ist der **Brandschutz** bei Fassadenbegrünungen. Dort gibt es nach wie vor viele Unsicherheiten und viele Fragen. Dazu empfiehlt es sich, die Ergebnisse aus dem Schlussbericht der Technischen Universität München und der Hochschule Weihenstephan-Triesdorf heranzuziehen (FireSafeGreen 2025). Dort wurde das Brandverhalten von Kletterpflanzen an mehrgeschossigen Gebäuden untersucht. Die Brandversuche ergaben, dass die Pflanzenart selbst keinen wesentlichen Einfluss auf das Brandverhalten hatte. Ebenso gab es nur in begrenzten Umfang eine horizontale Brandausbreitung. Die Brände an den bepflanzten Wänden waren **selbstverlöschend**. Der einzige kritische Faktor sind ausgetrocknete Pflanzenteile sowie ungepflegte Pflanzen. Daher wird die Pflege als Schlüssel für eine brandsichere Grünfassade empfohlen. Ebenso sollten bestimmte Abstände zu brennenden Materialien eingehalten und keine brennbaren Kletterhilfen verwendet werden. Diese Erkenntnisse wurden nun auch in die deutschlandweit gültigen AGBF-Empfehlungen von 2025 übernommen, dem Fachausschuss Vorbeugender Brand- und Gefahrenschutz der deutschen Feuerwehren. Fazit ist, dass gut gepflegte Grünfassaden ein geringes Brandrisiko darstellen.

Tierfreundliches Grün

Grüne Gebäude sind nicht nur gut für den Menschen, sondern auch für Tiere. Diese gehören zur Stadtbegrünung dazu. Denn ohne Tiere können sich viele Pflanzen nicht vermehren. Daher sei hier nochmals im Rahmen der Gebäudebegrünung darauf eingegangen. Einige Tiere finden im Gebäudegrün beides – ihren Lebensraum und Nahrung z. B. Insekten, die sich in der Sandlinse auf dem Dach eingraben und gleichzeitig Blüten vorfinden, die sie ernähren. Denn immer, wenn Tiere betrachtet werden, muss beides vorhanden sein – Wohn- und Nahrungsmöglichkeiten. Niemand geht gerne in ein Hotel ohne Frühstück oder niemand wohnt gerne weit weg von der nächsten Einkaufsmöglichkeit für Nahrung. Wenn Tiere zwar Blütenangebot in der Gebäudebegrünung finden, aber keine Lebensmöglichkeit, dann sollte nachgeholfen werden. Beispielsweise durch **Animal Aided Design,** also eine Gestaltung am Gebäude, die auch gezielt nicht nur Nahrung, sondern auch Nist- und Lebensmöglichkeiten anbietet. Ein Beispielentwurf (Abb. 5.34) eines tierfreundlichen Gebäudes wurde von Thomas E. Hauck vom Fachgebiet Freiraumplanung an der Universität Kassel und von Wolfgang W. Weisser vom Lehrstuhl für Terrestrische Ökologie an der Technischen Universität München wissenschaftlich begleitet (TUM 2019).

Abb. 5.34 Beispielentwurf Fassadengestaltung mit Nistplätzen, Terrassen, Sitzgelegenheiten, Entwurf Rupert Schelle (2014).

Baubotanik

Eine uralte und gleichzeitig innovative Begrünungsform ist die Baubotanik. Sie gibt es schon seit vielen Jahrhunderten in Form von Bauwerken aus Luftwurzeln von Gummibäumen, beispielsweise in Indien. In Deutschland wird sie seit einigen Jahren von Professor Ferdinand Ludwig an der Technischen Universität in München wieder aufgegriffen und weiterentwickelt. Im Fokus stehen die Wachstumsprozesse lebendiger Pflanzen für architektonische Konstruktionen und Bauten. Dabei werden lebende und nicht-lebende Konstruktionselemente so miteinander verbunden, dass sie zu einer pflanzlich-technischen Verbundstruktur verwachsen. Mit den Jahren entstanden zahlreiche Bauten (Abb. 5.35.), die auch in einer grünen Stadt integriert werden können. Das Gebäude verschmilzt mit der Natur und die Natur wird zum tragenden Gerüst für die Bauten.

Technisches Grün

Immer wieder werden neue Produkte und Ideen entwickelt, auch im Grünbereich. Nicht immer bewähren sie sich, jedoch sollten neue Ideen immer gefördert werden. Der Markt wird die Nachfrage dann regeln. Oftmals sind es technische Lösungen zusammen mit Grün. Etwa bepflanzte und mobile Container, die an jedem Ort in der Stadt aufgestellt werden können oder mobile Kletternetze, deren Biomasse geerntet werden kann (Abb. 5.36). Kann aus Platzmangel kein Baum gepflanzt werden, kann der Ecotrii helfen (Ecotrii 2025). Dies ist ein Sitzelement als grüner Klimaschirm, der flexibel im urbanen Raum aufgestellt werden kann. Der Vorteil ist die Mobilität, die oftmals in der Stadt benötigt wird. Auch ist die öffentliche Wirkung nicht zu unterschätzen. Auch mehr naturbasierte Lösungen sollten weiterentwickelt werden. Beispielsweise mit Samen bepflanzte Kletterseile, die zwischen Gebäude gespannt

Abb. 5.35 Baubotanik im Ruhestetter Ried, Galerie KunstKonvent (Foto Kaysers 2025)

werden können. Doch es sei betont, dass nach wie vor die beste Begrünung ein Baum ist – eine Erfindung, die sich seit Millionen von Jahren entwickelt und bewährt hat. Dafür sollten wir in den Städten mehr Platz schaffen.

Innenraumbegrünung

Bei Menschen ist vor allem das Innenleben von Gebäuden für Wohnzwecke wichtig. Das Grün ist meist außerhalb der Wohnung. Doch Gebäude lassen sich gut auch innen begrünen. Die Innenraumbegrünung gehört auch zum Gebäudegrün. Da diese jedoch kaum zur Förderung der Biodiversität und Klimaresilienz im Außenraum beiträgt, sei daher nur kurz darauf eingegangen. Die Innenraumbegrünung spielt aber trotzdem eine wichtige Rolle, da

Abb. 5.36 Begrünungssystem VERD° SPACE auf dem Hof der Bundeskunsthalle in Bonn (Foto Office for Micro Climate Cultivation 2025)

fast jeder bei sich in der Wohnung oder im Haus mindestens eine Pflanze hat und so zumindest etwas „Lebendiges“ pflegen und schätzen darf. Letztendlich ist jede Pflanze wichtig. Die „Drinnenpflanzen“ haben auch den Vorteil, dass sie oft besser gepflegt, bei Schädlingsbefall gleich behandelt werden und nicht den Wetterextremen ausgesetzt sind. Parallel zur Intensivierung der Stadtbegrünung mit wandgebundenen Wänden hielten diese grünen Bilder auch Einzug in den Gebäuden. Der große Vorteil drinnen ist, dass dort auch tropische Pflanzen verwendet werden können, welche eine enorme Vielfalt an Möglichkeiten bieten. Denn in ihren Ursprungsländern wachsen sie in dichten Regenwäldern an Bäumen, an Felsen, neben einem Wasserfall in großer Vielfalt. Viele Grünwandgestalter, wie Patrick Blanc, ließen sich davon für ihre grünen Innen- und Außenwände inspirieren (Abb. 5.37).

Energiegewinnung und Grün

Ein sehr wichtiges Thema ist der Ausbau von erneuerbaren Energien. Um nicht in Konkurrenz mit dem Stadtgrün zu stehen oder dieses dabei sogar zu verdrängen, sollten Kombinationsmöglichkeiten gefunden und weiter ausgebaut werden. Denn erneuerbare Energien, die Grün und Biodiversität behindern, sind nur eine einseitige Lösung. Der große Vorteil von erneuerbaren Energien ist, dass sie dezentral umgesetzt werden können. Wie Stadtgrün lassen sie sich auf kleinem Raum als Balkonkraftwerk, Giebelwindrad oder Biomassegarten dezentral umsetzen. Ergänzt wird alles über dezentrale Mikro-Netze, wie in der Natur.

Abb. 5.37 Wandgebundene Innenraumbegrünung im Kulturkaufhaus Dussmann in Berlin, Planung Patrick Blanc (Foto Kaysers 2024)

Die Kombination von Energie und Grün ist wichtig. Nahezu alle Formen von erneuerbaren Energien lassen sich daher mit dem Stadtgrün kombinieren.

Eine gute Kombination liefert die grüne Biomasse. Im Prinzip liefern alle Grünanlagen biogenes Grüngut, die zum Beispiel für eine Biogasanlage zur Wärmegewinnung verwendet werden könnten. 2010 erhielt das Dycker Feld in Jüchen den Green Good Design Award für die vorbildliche Verwendung von Miscanthus in Verbindung mit Energiegewinnung. Ab 2025 soll das angrenzende Schloss klimaneutral sein und mit dem Schnittgut aus dem Miscanthus Feld geheizt werden. Die Stadt Nürtingen setzt auf Bienenstrom, es gibt viele urbane Biomasse-Energieanlagen oder auch Algen-Energie an Fassaden, wie auf der Internationalen Bauausstellung IBA 2013 in Hamburg im Algenhaus zu sehen war (Abb. 5.39).

Über die Grünpflege fällt viel **Biomasse** an. Es sollte zukünftig um eine ganzheitliche Betrachtung gehen, bei der die grüne Stadt zusammen mit der Pflege auch das Thema Energie integriert. Um schnell Biomasse zu generieren, können auch schnellwachsende Umtriebshecken oder der Rasenschnitt mit betrachtet werden. Die Bio- und Reststoffe jedenfalls sollten Teil einer **kreislaufgerechten Stadt** sein.

In Dublin wurden Windräder in den Father-Collins-Park integriert, um das Wassersystem anzutreiben. Natürlich soll aus einem Stadtpark kein Windpark werden, doch die Integration solcher Anlagen vermittelt die Wichtigkeit von erneuerbaren Energien. Auch in Hamburg wurde auf dem Energieberg das dortige Windrad inszeniert und aus dem ehemaligen Müllberg ein Stadtpark gestaltet. Neue vertikale Windkraftanlagen sind deutlich kleiner und weniger gefährlich für Vögel. Eine Option also, um das Thema weiter voranzutreiben.

Auch die Integration von Photovoltaik könnte weiter entwickelt werden beispielsweise durch Pergolas mit PV-Paneelen oder vertikalen Solarzäunen. Ein Erfolgsmodell sind Solargründächer, bei denen Energiegewinnung und Grün kombiniert werden. Die PV-Paneele sind effektiver, da sie durch das Grün gekühlt werden und das Grün selbst leistet einen Beitrag zur Ökologie und zur Schwammstadt. Die Paneele benötigen ausreichend Abstand untereinander für die Pflege und das Wachstum der Pflanzen. Die oftmals trockneren Bereiche direkt unter den Paneelen sind aus ökologischer Sicht interessante Magerstandorte für spezielle Pflanzen und Tiere. Noch besser sind der Einbau von **bifazialen Paneelen** (Abb. 5.38), die senkrecht installiert werden und gleichzeitig allen Grünflächen genügend Licht und Wasser ermöglichen. Dazu ist die Grünpflege einfacher, die Paneele reinigen sich selbst und im Winter bleibt kein Schnee drauf liegen (Abb. 5.39).

Beim Thema Energie gibt es noch eine positive Synergie für mehr Grün. Denn für die Energiewende müssen neue Leitungen verlegt werden z. B. für Nahwärme. Dazu müssen ganze Straßen aufgerissen werden. Wenn die Leitung dann verlegt ist, müssen auch die Oberflächen wieder hergestellt werden. Oftmals fehlt dann das Geld, weil dieses bereits im Boden verbaut wurde. Ein guter Moment, um mehr Grünflächen zu schaffen, die dann auch noch das Regenwasser aufnehmen können und zusätzliche Kosten für weniger Leitungen einsparen.

Ernährungsgrün

Um die Stadtbevölkerung zu ernähren, können Grünflächen in der Stadt auf verschiedenste Weise einen Beitrag leisten. Auch wenn nicht die gesamte Bevölkerung ausschließlich durch das urbane Grün ernährt werden kann, sollte die urbane Landwirtschaft nicht unterschätzt werden. Diese ist vor allem kleinteilig, was wiederum die Bodenfruchtbarkeit und Biodiversität erhöht. In Seoul werden so durch eine einzige Genossenschaft von Kleinbauern nahezu 2 Mio. Stadtbewohner ernährt (Hansalim 2021). Dieses Konzept ist vielleicht nicht genauso in Europa übertragbar, doch zeigt es die Möglichkeiten auf. Es sollte zumindest ein Teil den Bedarf in der Stadt abdecken und somit Transportwege einsparen und die umliegende Landwirtschaft entlasten. Darüber hinaus liegt es auch an uns, wie viel Platz und Zeit wir zukünftig für die eigene Ernährung ausgeben wollen. Es ist auch heute in einer technischen Zeit noch möglich, sich selbst zu versorgen.

Abb. 5.38 Bifaziale Paneele haben viele Vorteile (Foto Bundesverband GebäudeGrün)

Abb. 5.39 Algenhaus BIQ in Hamburg, Konzept Splitterwerk, Arup Architekten (Foto Kaysers 2013)

Mit der Aussage **„Gärten für alle“** (Kam, Lerch, von Schwerin 2024) forderte Leberecht Migge Anfang des 20. Jahrhunderts, dass jeder Stadtbewohner sich selbstversorgen könne und solle. Damals stand sicherlich der eigene Garten im Vordergrund und mündete in der Gartenstadtbewegung. Dieses Konzept lässt sich heutzutage im urbanen Raum wegen des Platzmangels und einer pluralistischen Gesellschaft nicht umsetzen. Doch lieferte es eine Blaupause für das urbane Gärtnern einer nachhaltigen Stadtgesellschaft. Die Umsetzung lässt sich heute aber anders durchführen. Zum einen gärtnern Teile der Stadtbevölkerung aus eigenem Antrieb und zum anderen gibt es heute neue technische Optionen und Kombinationsmöglichkeiten für urbanes Ernährungsgrün. Die traditionelle Form wären die Gärten vor der Stadtmauer der historischen Stadt (Abb. 5.40) oder Schrebergärten.

Um eine Familie mit Obst und Gemüse über den Sommer zu versorgen, reichen ungefähr 40 m^2. Genau diese Größe haben beispielsweise die Sommergärten in Überlingen. Dort werden am Stadtrand vom Hofgut Rengoldshausen kleine Parzellen für die Bevölkerung vermietet, die dann selbst bewirtschaftet und geerntet werden. Ein ähnliches Prinzip verfolgen die Ackerhelden, die deutschlandweit Mietgärten anbieten, auf denen biozertifiziertes Gemüse selbst angebaut werden kann (Abb. 5.41).

Bekannt wurde das Gemeinschaftsgärtnern im urbanen Raum über die Prinzessinnen Gärten in Berlin. Mittlerweile gibt es Gemeinschaftsgärten in verschiedenen Formaten in allen Städten. Dieses reicht vom Urban Gardening bis hin zum bewachsenen Hochbeet. In Berlin gibt es auch eine „essbare Straße“. Dort stehen in Berlin Wedding Hochbeete im Straßenraum. Es gibt Gemeinschaftsbeete, Gruppenbeete und Privatbeete. Neben den Beeten werden auch gemeinsame Veranstaltungen unternommen, alles sehr lebendig. Ideal für eine grüne und gesunde Stadt (Abb. 5.42).

Abb. 5.40 Gärtnern an der Stadtmauer in Dinkelsbühl (Foto Kaysers 2025)

Abb. 5.41 Mietgärten der Ackerhelden auf dem Alnatura Campus in Darmstadt (Foto Kaysers 2025)

Abb. 5.42 Hochbeete zum Mieten und Kaufen in Karlsruhe von refarm (Foto Kaysers 2022).

In den Städten wird immer mehr gegärtnert. Im bereits genannten Projekt **GartenLeistungen** wurde ermittelt, wie hoch die Gemüseernte bereits in untersuchten Städten ist. In Leipzig werden jährlich 9600 t Gemüse, Kartoffeln, Kräuter im Wert von rund 32 Mio. Euro geerntet. Dies deckt den Jahresbedarf von 50.000 Personen. Dies sind zwar erst 8 %

der Leipziger Bevölkerung, doch beträgt die Anbaufläche auch nur 4,2 %. Daher bräuchte es also einiges mehr an Fläche, um die ganze Bevölkerung zu ernähren. Doch es gibt neue Lösungen, beispielsweise der Anbau an Fassaden. Im Park am Gleisdreieck in Berlin wurde in einem mobilen Reallabor Duschwasser aufbereitet und damit Salate in einer vertikalen Farm bewässert. Dieses System benötigt 36-mal weniger Fläche als der klassische Feldanbau (GartenLeistungen 2022).

Auch der kulturelle und gesellschaftliche Mehrwert ist enorm (s. a. Abschn. 3.1). Viele der Gartenprojekte orientieren sich an der Gemeinwohlökonomie. In Stuttgart bietet der Agenda-Garten, ein multikultureller, generationenübergreifenden Garten mit Obstbäumen, Berrensträuchern und Beeten Raum für Begegnungen und Naturerfahrung. Im Gemeinschaftsgarten Chloroplast schaffen Gewächshäuser und weitläufige Außenflächen Platz für gärtnerische Tätigkeiten und Austausch. Veranstaltungen zu Nachhaltigkeitsthemen bieten ein abwechslungsreiches Programm. Es gibt viele solche Beispiele. Die Stiftung Anstiftung fördert und forscht dazu bundesweit und hat zu dem Thema schon einige Studien veröffentlicht (Anstiftung 2025).

Es gibt auch ganze Städte, die sich dem Thema essbare Stadt gewidmet haben. Beispielsweise werden in der Stadt Andernach seit 2010 Grünflächen mit Gemüse, Obst- und Getreidepflanzen begrünt, die von der Bevölkerung unter dem Motto „Pflücken erlaubt" frei geerntet werden können. Weitere Städte wie Kassel, Krefeld oder Minden haben sich diesem Trend angeschlossen.

Wer sich mit essbaren Pflanzen beschäftigt, kann auch in den urbanen Wäldern sogenanntes Speiselaub verzehren. Neben vielen Wildkräutern sind so etwa Buchen-, Pappel- oder Lindenblätter im Frühjahr sehr schmackhaft. Auch Ahornblätter sind in geringen Mengen sehr gesund. Die Natur enthält mehr essbare Pflanzen, als den meisten bekannt ist.

In einigen Städten entstehen auch urbane Waldgärten. So wächst seit Ende 2021 in Berlin ein Waldgarten auf einer 2,8 ha großen Fläche. Besonders ist die Nutzungsvielfalt mit Gemeinschaftsgärten, Umweltbildungsflächen, einem Freilandlabor, Kleingartenparzellen und öffentlich zugänglichem Rahmengrün. Der Essbare Garten wird zu einem kühlen Kleingartenpark (G + L 2, 2025).

Urbane Land- und Forstwirtschaft

Die urbane Land- und Forstwirtschaft ergänzt das **Urban Gardening**. So können beispielsweise Gewächshäuser auf Dächern umgesetzt werden. Seit 2019 werden im Altmarktgarten auf dem Dach des Jobcenters Oberhausen Obst und Gemüse angebaut – als **gebäudeintegrierte Landwirtschaft**. Auf 1100 Quadratmetern wachsen Kräuter, Salate und Erdbeeren. Das Dach besteht aus Glasflächen, die genügend Licht reinlassen und die Pflanzen vor extremen Witterungseinflüssen schützen. Der Nachteil ist, dass es ein sehr technischer und teurer Ansatz ist.

Noch weiter gehen einige asiatische Städte. Japan beherbergt die größte vertikale Farm. In der Stadt Kameoka werden auf 16 Ebenen täglich 21.000 Salatköpfe produziert. Der Flächenbedarf entspricht rund 25 ha Anbaufläche. Auch in Singapur gibt es einige Vertikalfarmen, in einer Stadt mit extremen Flächenmangel. Dort jedoch waren viele solcher urbanen Farmen unwirtschaftlich. Besser haben sich die dezentralen und kleineren Bewegungen wie die „Corridor Farmers" behauptet. Sie setzen auf Kleinfarmen und bieten zusätzlich Bildungsarbeit, Workshops und Führungen an. In Europa wird an der Universität Wageningen in den Niederlanden zum Thema urbane Landwirtschaft intensiv geforscht. Ziel ist es, mehr zu produzieren, auf weniger Fläche, mit weniger Pestiziden, weniger Wasser, weniger Energie und weniger Arbeit. In Berlin gibt es das Forschungsprojekt „CUBES circle", welches sich mit nachhaltiger, urbaner Lebensmittelproduktion in geschlossenen Kreislaufsystemen beschäftigt. Die urbane Landwirtschaft hat viel Entwicklungspotenzial. Zudem wird so die flächenintensive Landwirtschaft außerhalb der Stadt entlastet. Diese Flächen außerhalb der Stadt können dann wieder renaturiert werden.

Ein neues Feld stellt die **urbane Forstwirtschaft** dar. Diese befasst sich mit den städtischen Bäumen in Kombination mit den Wohlfahrtswirkungen für die Menschen. Die wirtschaftlichen Interessen und gleichzeitig die Bedürfnisse der erholungssuchenden Bevölkerung sowie die Interessen des Naturschutzes werden abgeglichen.

5.3 Mikro- und Alternativgrün: Vom Garten zum Blumentopf

Ein riesiges Potenzial für mehr Grün im Siedlungsraum stellen die **Privatgärten** dar. Natürlich sind diese, bis auf die Schottergärten, schon grün. Aber es gibt große Unterschiede. Viele Gärten sind monoton, haben eine einfache Rasenfläche und sind nur mit einer Thuja-Hecke oder Kirschlorbeerhecke eingefasst. Vielfältiges Grün ist das nicht. Dabei gibt es viele Möglichkeiten auch auf kleiner Fläche verschiedenste Grünelemente umzusetzen. Viele wünschen sich auch, dass sie den Garten wenig pflegen müssen. Eine Rasenfläche oder eine geschnittene Hecke sind jedenfalls sehr pflegeintensiv und daher keine gute Option für wenig Pflege. Eigentlich ist genau das die große Chance für mehr naturnahe Gärten, die mit weniger Pflege auskommen. Der Vorteil ist, dass somit auch mehr Vielfalt und Natürlichkeit entsteht.

Mit kleinen Mikrohabitaten (Kleinstlebensräume) wird der eigene Garten zum Lebensraum für Pflanzen und Tiere (Abb. 5.43). In solchen **Naturgärten** sollten Reisighaufen, Totholzstämme, Wasserflächen und bemooste Steine und Bauwerke nicht fehlen. Die Pflaster- und Mauerfugen oder Gartenschuppen dürfen auch bemoost werden. Siehe hierzu auch das Prinzip Wabi Sabi im Abschn. 4.5

Ein Garten kann auch auf kleinstem Raum umgesetzt werden. Jeder Quadratmeter zählt. Dann ist es vielleicht kein Garten, aber zumindest eine grünes **Trittsteinbiotop** zum nächsten Garten. Dabei reicht schon ein minimaler Pflanzstreifen am Gehweg, der sofort die Aufenthaltsqualität erhöht (Abb. 5.44).

Haus- und Gartenbäume

Früher gab es auf den Höfen immer einen Hausbaum. Oftmals wird auch ein Baum zum Hausbau oder Einzug gepflanzt, eben zu besonderen Anlässen. Er symbolisiert Langlebigkeit, Sicherheit, Bodenständigkeit, Schutz und Geborgenheit. Der Baum spendet Schatten, eignet sich nach einigen Jahren zum Aufhängen einer Schaukel oder für Nistkästen. Wenn der Baum blüht, erfreut er die Herzen im Frühling, er gibt Kraft und sein Duft bezaubert. Wer einen

Abb. 5.43 Naturgarten mit einem Pflegeaufwand von 2 h/Jahr. Eigene Angaben des Autors (Foto Kaysers 2020).

Abb. 5.44 Ein schmaler Pflanzstreifen reicht, um Farbe und Aufenthaltsqualität auf engstem Raum zu schaffen, KO/OK Architekten Doppelscheune in Tübingen (Foto Kaysers 2025)

Nuss- oder Obstbaum pflanzt, erhält im Herbst zudem noch eine eigene Ernte. Wer noch keinen Baum im Garten hat, sollte spätestens jetzt überzeugt sein. Zu jedem Gebäude gehört mindestens ein Baum. Und wer keinen Garten hat, aber ein Balkon, kann auch dort kleine Bäume pflanzen. Als Bäume für den Garten eignen sich beispielsweise Eberesche, Mispel, Feldahorn, Wildapfel, Felsenbirne oder Baumhasel. Es sollte immer bedacht werden, dass die Bäume klimaresilient sind und einen Nutzen für die Ökologie haben. Siehe auch Kap. 7 Pflanzenauswahl. Steht der Baum nah am Haus, sollte dieser auf der windgeschützten Seite gepflanzt werden, damit der Baum nicht mit dem Wind auf das Haus drückt. Auch die Verschattung ist mit einzubeziehen, siehe hierzu auch Fassadenbäume in Abschn. 5.2.

Ganz wichtig ist auch der Pflanzort im Bezug zum Nachbargrundstück. Hier gelten oftmals sehr oder auch zu große Abstandsregelungen von bis zu 8 Metern. Diese Regeln im Nachbarrechtsgesetz sollten dringend überarbeitet werden, da sie im Gegensatz zur grünen Stadt stehen. Am besten wird der Nachbar bei der Planung und Umsetzung mit eingebunden und es werden individuelle Absprachen getätigt. So können die Grenzbäume groß werden, ohne dass jemand benachteiligt wird (Abb. 5.45).

Balkonbäume

Auch Balkone eignen sich gut zur Bepflanzung (Abb. 5.46). Als Gehölze eignen sich wärmeliebende Pflanzen, sofern sie an der Sonnenseite ausgerichtet sind.

Wer keine Bäume auf dem Balkon pflanzen möchte, kann dies natürlich auch mit vielen anderen Pflanzen tun, s. Abschn. 5.3.

Gartensträucher

Neben einem Hausbaum oder Balkonbaum sollten weitere Elemente im Garten nicht fehlen. Das nächste Strukturelement sind Sträucher, die dann auch gut in kleinere Gärten gepflanzt werden können. Diese Sträucher können als Formhecken oder besser noch als Wildhecken gepflegt werden. Formhecken bleiben zwar durch den ständigen Schnitt jung, doch ist durch das ständige Schneiden ein hoher Energieaufwand notwendig und einige Hecken kahlen auch innerlich, da sie immer nur von außen geschnitten werden. Formhecken kommen aus der Zeit des Absolutismus und sind daher historisch gesehen noch erhaltenswert, aber sie sind weder besonders klimaresilient noch biodivers und tragen durch die viele Pflege nicht zum Klimaschutz bei. Sie sind also nicht mehr zeitgemäß. Zu empfehlen ist eine gemischte Wildhecke mit einheimischen Sträuchern. Anders als bei Bäumen gibt es noch genügend Auswahl mit heimischen Sträuchern, die sowohl klimaresilient als auch biodivers sind. Mögliche Heckenpflanzen s. Abschn. 7.6 Der Naturgarten.

Wenn die Gärten eintönig bepflanzt werden, liegt das oft auch an mangelnder Kenntnis über Pflanzen oder an der mangelhaften Beratung. Wie bei einem Arzt sollte man sich dabei verschiedene Meinungen einholen. Dabei ist anzuraten, sich an ausgebildete Gärtner oder Landschaftsarchitekten zu wenden. Die standortgerechte Pflanzenauswahl ist sehr wichtig.

Abb. 5.45 Jedes Gebäude sollte einen Hausbaum haben. Haus Rengold, Überlingen (Foto Kaysers, 2025)

Abb. 5.46 Grüner Balkon in Genf, Schweiz. Vielleicht etwas ungepflegt, aber das Balkongrünpotenzial ist voll ausgeschöpft (Foto Kaysers 2024)

Essbare Gärten

In jedem Garten dürfen essbare Pflanzen nicht fehlen. Neben der Erholungsfunktion sind essbare Pflanzen der Dank der Natur an uns Menschen. Alle Gartenbesitzerinnen bestätigen, dass die selbst gezogene Tomate oder der eigene Apfel am besten schmeckt. Dies ist natürlich zum Teil die Wertschätzung, die man dann der Ernährung gibt, aber meist ist das eigene Gemüse mit viel Handarbeit gepflegt, vollkommen biologisch gewachsen und wird frisch verzehrt. Es gibt kaum eine bessere Ernährung. Um das Geschmackserlebnis abzurunden, darf das Gewürz- und Kräuterbeet natürlich auch nicht im eignen Garten fehlen. Neben essbaren Kräutern können dort auch Heilkräuter wachsen.

Wer keinen eigenen Garten hat, kann sich einen Garten in einer Kleingartenanlage oder wie bereits beschrieben Gemeinschaftsgärten suchen. Siehe Abschn. 5.2 Ernährungsgrün.

Mobiles Grün

Mit sogenanntem mobilem Grün als Wanderbaumallee (Abb. 5.47) macht der Verein Green City e. V. seit 1992 Werbung für eine dauerhafte Begrünung der Stadt München. Auch in Berlin versucht mobiles Grün für mehr Begrünung zu sorgen. Am Scharounplatz und Kulturforum wurden dicht bepflanzte Töpfe aufgestellt, um der baumlosen Fläche einen grünen Akzent zu geben (Abb. 5.48). Der Scharounplatz wurde 2019 fertiggestellt, jedoch mit einer Planung, die über 20 Jahre alt war. Der Platz ist zwar jetzt autofrei, aber es fehlen mehr Bäume.

Neben dem Werbeeffekt für mehr Grün, kann mobiles Grün aber auch allgemein nützlich sein. Es kann überall dort gut zum Einsatz kommen, wo durch Versiegelung und unter-

Abb. 5.47 Wanderallee in München (Foto Green City e. V./Su Gin Ong)

Abb. 5.48 Mobiles Grün am Scharounplatz in Berlin (Foto Kaysers 2024)

irdische Leitungen kein Lebensraum für bodengebundene Pflanzen gefunden werden kann. So werden zusätzliche Flächen für Stadtgrün geschaffen, die für Verdunstung sorgen, für Schatten oder auch für Gemüse. So kann flexibel dort gekühlt werden, wo es gebraucht wird.

Alternativen zu Bäumen

Wenn keine Bäume gepflanzt oder auch keine Baumtöpfe aufgestellt werden können, dann gibt es noch andere pflanzliche Lösungen, die schnell grün werden und mit wenig Boden auskommen. Siehe hierzu auch bodengebundene Dachbegrünung und technisches Grün zuvor. So sind begrünte Pergolen oder Laubengänge schon lange wichtige Gestaltungselemente, die im urbanen Raum mit wenig Bodenaufbau Architektur und Grün kombinieren. So lassen sich auch Kletterpflanzenbäume umsetzen, die auf Gründächern oder in Bereichen stehen, in denen keine Bäume gepflanzt werden können. An Kletterstrukturen können die Ranken und Schlinger hochklettern und benötigen dabei nur minimalen Wurzelraum (Abb. 5.49). Siehe dazu auch bodengebundene Begrünungsformen Abschn. 5.2.

Ganz im Sinne von Wabi Sabi sollte auch dem kleinsten Mikrogrün in der Stadt Aufmerksamkeit gewidmet werden. Das sind die Überlebenskünstler in den Pflasterfugen (Abb. 5.50). Sie trotzen jeder Befahrung, dem Salz und jeder Hitze.

Abb. 5.49 Kletterpflanzenbäume kommen mit wenig Bodenaufbau aus und stellen dann eine Alternative dar, wenn Baumpflanzungen nicht möglich sind (Foto Kaysers 2025).

Es gibt viele kleine Möglichkeiten, mehr Grün in der Stadt zu integrieren. Die einfachste dabei ist die des Blumentopfes, der auf jeder Fensterbank stehen kann. Diese Begrünungsmöglichkeit haben alle Stadtmenschen. Bis die Straße begrünt wird oder das Gebäude eine Grünwand erhält, ist dies der erste Schritt für mehr Grün und ein Zeichen, dass man für Grün einsteht. Jeder Quadratzentimeter Begrünung kann etwas bewirken. Oftmals siedeln sich die Pflanzen von selbst an und breiten sich im Topf aus. Diese Pflanzen benötigen kaum Pflege, da sie natürlich wachsen. Eine gute Möglichkeit für Menschen, die von sich sagen, keinen „grünen Daumen" zu haben. So entstehen Mikrohabitate mit geringster räumlicher Ausdehnung. Jeder Grashorst, jeder Flechtenrasen oder ein einziges

Abb. 5.50 Pflasterfugengrün trotzt jeder Widrigkeit (Foto Kaysers 2025)

Blatt kann ein eigener Lebensraum für spezielle Insekten sein. So lässt sich die Natur auf kleinstem Raum beobachten und integrieren (Abb. 5.51).

Das Gegenteil vom Blumentopf ist natürliches Grün, welches in der Stadt nicht fehlen darf.

5.4 Natürliches Grün: Von der Renaturierung zum urbanen Urwald

Renaturierungen

Eine sehr gute Art, Natur in den urbanen Raum zu integrieren, ist die Offenlegung und Renaturierung von Gewässern. Hierbei werden verdolte Bäche und Flüsse wieder geöffnet und an die Oberfläche geholt oder aus ihrem befestigten und geradlinigen Verlauf befreit. Dies bietet gleichzeitig die Chance die Randbereiche zu begrünen, sofern es dafür Platz gibt. Eines der bekanntesten Renaturierungsprojekte in Deutschland ist die Renaturierung der Isar in München. Hier profitiert vor allem auch der Mensch, der mitten in der Stadt einen Naturbezug und eine Naherholungsmöglichkeit bekommt. Doch natürlich profitieren vor allem die Tiere am und im Wasser. Für Fische entstehen Flachwasserzonen zum

Abb. 5.51 Mikrogrün im Blumentopf (Foto Kaysers 2025)

Laichen, interessantere Strömungen durch Störsteine, Versteckmöglichkeiten unter Wurzeln und Tiefenwasserrinnen zur besseren Durchgängigkeit auch bei Niedrigwasser.

Auch kleine Flüsse und Bäche können renaturiert werden. Wenn es kaum Platz gibt, können die steilen Ufer über Vegetationsmatten oder ingenieurbiologische Maßnahmen wie Weidenstecklinge geschützt und begrünt werden. Diese neuen grünen Bänder sind wichtige Vernetzungskorridore durch die Stadt. Sie verbinden die städtischen Grünflächen, die sonst wie Inseln isoliert wären. Andererseits ergänzen diese Inseln das Flussbiotop und stellen wichtige, punktuelle Biotope dar.

Tiny Forests

Eine mögliche Art von dichten Grüninseln sind Miniwälder wie Tiny Forests (Abb. 5.52). Diese Pflanzart wurde in Japan von Akira Miyawaki entwickelt. Dort stehen auf kleinem Raum mit einer großen Dichte vielfältige Pflanzen. Zu Beginn werden 2–7 Bäume auf den Quadratmeter gepflanzt. Nach der Stabilisierung sollen es durchschnittlich 0,5–2,5 Bäume auf den Quadratmeter sein. Durch die hohe Dichte an Pflanzen steigt der Konkurrenzdruck, sodass die Pflanzen schneller wachsen. Ein natürlicher Wald soll so statt in 200 Jahren bereits in 25–30 Jahren entwickelt werden. Dies ermöglicht eine schnelle Begrünung in der Stadt. Diese Miniwälder können auch in gemeinsamen Aktionen sehr öffentlichkeitswirksam umgesetzt werden.

Abb. 5.52 Tiny Forest auf dem Alnatura Campus in Darmstadt (Foto Kaysers 2025)

Problematisch am „Tiny Forest-Konzept“ ist, dass sich oftmals nur wenige Arten langfristig durchsetzen und die zuvor gepflanzte Artenvielfalt verloren geht. Doch durch die Prämisse, unsere Städte schnellstmöglich zu begrünen, ist dies eine sehr effiziente Möglichkeit in kurzer Zeit viel Grün umzusetzen.

Brachflächen und Wildnis

Um natürliches Grün in der Stadt zu erhalten und zu entwickeln sind städtische Brachflächen wichtige Inseln. Sie stehen im Spannungsfeld zwischen einer möglichen Bebauung und dem Belassen als Naturfläche. Solche Brachflächen beherbergen oft eine hohe Vielfalt an Tier- und Pflanzenarten. Denn das Merkmal von Stadtbrachen ist, dass die ursprüngliche Nutzung aufgegeben und die Fläche sich selbst überlassen wurde. Dadurch entwickelt sich eine natürliche Sukzession. Zuerst siedeln sich Pilze, Bakterien und kleine Pflanzen an. Danach etablieren sich schnell wachsende und lichthungrige Pionierarten wie Weide und Birke, die danach von Folgearten der natürlich vorkommenden Vegetation abgelöst werden, bis die Fläche ihre „Klimaxvegetation“ erreicht hat. Da meist die Nachfrage an Innenentwicklung groß ist, werden diese Flächen oftmals wieder bebaut, bevor sich ein Wald entwickelt hat. Ist dies nicht zu verhindern, sollte die Bebauung jedoch mit der Verbesserung der Qualität und Nutzbarkeit der Grünelemente auf der Fläche verbunden werden. Doch grundsätzlich sollte es auch städtische Brachflächen geben. Sie sind wichtige Biotope mit Pflanzengesellschaften, die durch die natürliche Entwicklung sehr robust, trockenheitsresistent und vielfältig sind. Genau die Art von Bepflanzung, die wir in Zeiten des Klimawandels benötigen. In der **Naturbewusstseinsstudie** (BMUV & BfN 2023) (Link BMUV 2024) im Jahr 2023 sprechen sich gut drei Viertel der erwachsenen Bevölkerung dafür aus, mehr Freilandlabore und Wildnisgebiete für Klimafolgeanpassung auszuweisen (Abb. 5.53). Zwei Drittel sprechen sich dafür aus, den Anteil an Wildnisflächen zu erhöhen.

In der gleichen Studie aus dem Jahr 2015 (BfN 2017) sprechen sich zwei von drei Deutschen dafür aus, dass es auch im urbanen Raum Orte geben sollte, auf denen sich die Natur spontan entwickeln kann.

Wenn es keine größeren Brachflächen gibt, können auch künstlich geschaffene Wildnisflächen integriert oder geschaffen werden. Sogar in Manhatten ist dies möglich, in einer der am dichtesten besiedelten urbanen Gebiete der Welt. Dort wurden im Rahmen des High-Line-Projekts bereits entwickelte Brachbereiche belassen und dürfen sich selbst weiterentwickeln (Abb. 5.54).

Urbane Wälder

Neben städtischen Brachflächen, die sich selbst überlassen bleiben – ohne den Eingriff des Menschen – gibt es auch immer mehr urbane Urwälder. Dies sind Wälder, in denen alles Totholz belassen wird, die kaum zugänglich sind und in denen sich die Natur frei entwickeln kann. Genau wie der Mensch brauchen andere Arten auch Rückzugsräume, in denen sie nicht gestört werden. Ein Beispiel ist der Sihlwald in Zürich. Dort wurde ein stadtnahes

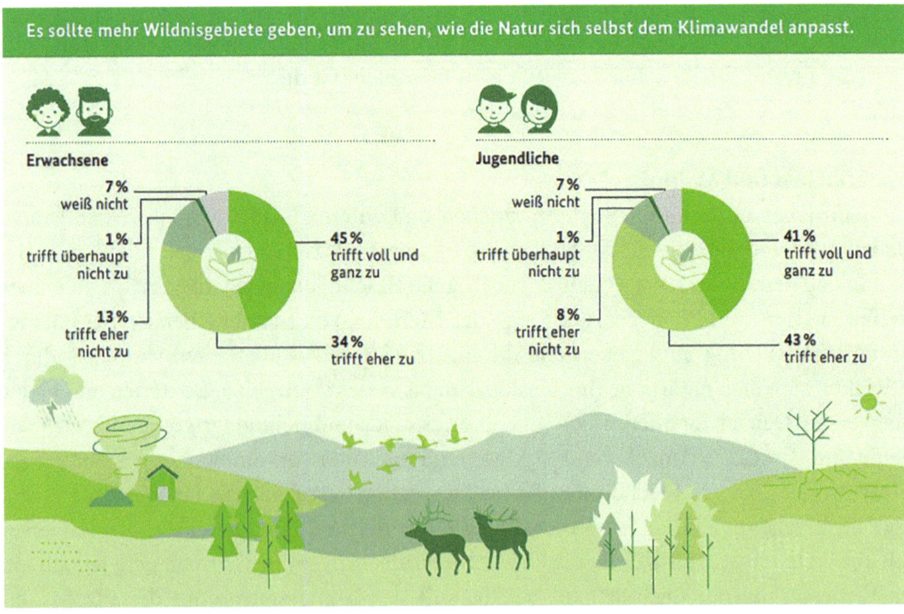

Abb. 5.53 Ergebnis der Naturbewusstseinsstudie 2023 zu mehr Wildnis (Graphik BMUV & BfN 2023) Hier Link BMUV 2024

Abb. 5.54 Brachfläche mitten in Manhatten (Foto Marian Zvara)

Waldstück im Jahre 2000 aus der Nutzung genommen und in ein Naturwaldreservat umgewandelt. Über die Jahre überlies man die Natur sich selbst und mittlerweile leben dort Arten wie Pilze, die sonst nur in Urwäldern zu finden sind. Im Sihlwald gibt es eine Kernzone, die nicht zugänglich ist. Doch die Ränder sind bewusst zugänglich gemacht worden, denn das Erleben der Natur und die Umweltbildung gehören dazu. Der urbane „Urwald" ist vom Hauptbahnhof in Zürich in nur 20 min erreichbar. Ein gutes Beispiel, wie Natur und Mensch sich Lebensräume teilen können.

In Leipzig wachsen seit 2009 auf drei Brachflächen urbane Urwälder. Auslöser war ein gefördertes Vorhaben, um eine Toolbox für die Anlage urbaner Wälder zu entwickeln. Dabei werden Tipps gegeben, die bei der Flächenauswahl, bei der Gestaltung, der Baumauswahl und der Umsetzung helfen (TU Dresden 2019).

5.5 Varianten, Vielfalt und Vernetzung

Die in diesem Kapitel genannten verschiedenen Gestaltungsmöglichkeiten lassen sich alle auch kombinieren und in Varianten ausführen. Die Variationsmöglichkeit ist vielfältig und soll es auch sein. Denn in der Natur gibt es kaum eindeutige und scharfe Grenze zwischen den Ökosystemen. Im Gegenteil sind stark abgegrenzte Grünflächen artenarm und somit ist deren Wirkung auf die Lebensqualität reduziert. Je vielfältiger und vernetzter die Flächen, desto höher die Wirkung für alle Lebewesen. Die scharfe Trennung ist zwar oft ästhetisch, doch nicht natürlich (Abb. 5.55).

So können Stadtbäume mit Alleen kombiniert und vernetzt werden. Kleine Gewässer können mit Bächen und Flüssen verbunden werden. Ein Garten kann über eine begrünte Fassade mit dem Dach eine durchgehende Grünfläche schaffen oder Gründächer wirken als Trittsteinbiotope zur Vernetzung des Grüns. Je mehr Vernetzung, desto größer der Le-

Abb. 5.55 Stark getrennte Flächen: Intensivgrünwand und pflanzenlose Balkone, Berlin. Die Vernetzung von urbanem Grün ist wichtig. (Foto Kaysers 2025)

bensraum und umso größer die Vielfalt und Klimawirkung. Dann ist eine Stadt ein urbanes Ökosystem, welches den Strukturen einer natürlichen Landschaft ähnelt (Abb.5.56).

Ökosysteme können sich nur erhalten und weiterentwickeln, wenn sie vernetzt sind. Einzelne Biotope, die voneinander getrennt sind, haben es schwieriger, die darin lebenden Arten zu erhalten, als vernetzte Flächen. Die Zunahme verschiedener Tier- und Pflanzenarten im urbanen Raum erfolgte in den letzten Jahrhunderten nach deren Öffnung und Verzahnung mit dem Umland. Wie gut sich die Arten im urbanen Raum entwickeln können, hängt mit den Austauschmöglichkeiten mit dem Umland oder auch mit der Vernetzung mit anderen Städten zusammen. Daher darf die Stadtnatur nicht isoliert, sondern muss in ihren Wechselwirkungen mit dem Umland betrachtet werden (Reichholf, 2023).

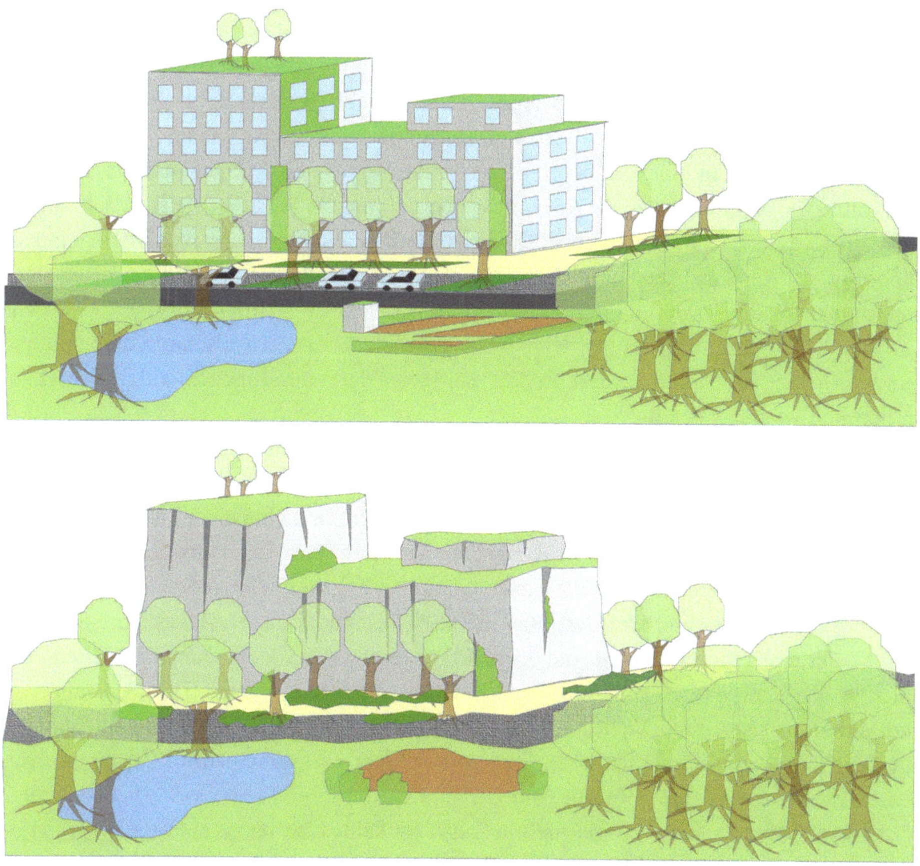

Abb. 5.56 Urbanes Ökosystem – Menschliche Siedlungsräume bieten eine Vielzahl an verschiedenen Strukturen, die natürlichen Wildtierhabitaten ähneln: Gebäude bieten fels- und höhlenartige Strukturen, waldartige Strukturen finden sich in Parks und Gärten mit alten Baumbeständen, ruderale Lebensräume finden sich auf Parkplätzen und Schotterflächen, offene Rohböden in Gärten und auf Baustellen, städtische Gewässer und Gartenteiche bieten Lebensraumstrukturen, die natürlichen Wasserlebensräumen ähneln (Graphik Kaysers, in Anlehnung an BUWAL, 1995)

Planerisch erfolgt die Vernetzung über Biotopvernetzungskonzepte. Diese werden bisher hauptsächlich für den ländlichen Raum umgesetzt, jedoch sollten diese zukünftig auch den urbanen Raum umfassen. Zuerst werden die entsprechenden Grünflächen identifiziert, kartiert und analysiert. Danach wird geschaut, wie diese mit anderen Flächen zusammenhängen und vernetzt werden können. Oftmals gibt es Barrieren wie Verkehrswege, Gebäude oder technische Infrastrukturen. Doch auch dadurch entstandene Einzelflächen können als sogenannte Trittsteinbiotope dienen und dann mit den anderen Flächen vernetzt werden. Für jedes Projekt in einer Stadt sollte daher ein Biodiversitätskonzept erstellt werden. Dieses betrachtet nicht nur das Projekt selbst, sondern auch die Vernetzung mit der Umgebung.

Die Zuwanderung der meisten Arten im urbanen Raum erfolgte und erfolgt über die Landschaft in der Umgebung. Auch daher ist die Stadt-Umlandbeziehung wichtig. Allerdings gibt es häufig schon mehr Artenvielfalt in der Stadt als auf dem Land, da die angrenzende Landschaft durch die industrielle Landwirtschaft sehr artenarm ist (BMU 2019). Es fehlt an Strukturvielfalt und die Überdüngung und die Pestizide machen allen Tieren zu schaffen. Die größte Zerstörung der Artenvielfalt wird durch die industriellen Monokulturen verursacht. Daher sei an dieser Stelle betont, dass der effektivste Beitrag zum Artenschwund in einer geänderten Landwirtschaft erzielt werden kann. Es ist daher ein Armutszeugnis, dass es mehr Arten in vielen Städten als in der freien Landschaft gibt. Doch die strukturreiche, ökologische Landwirtschaft ist ein umfangreiches Thema und sei daher nur am Rand hier benannt. Hier geht es um die grüne Stadt. Sie kann neuer Ausgangspunkt für die Förderung der Artenvielfalt sein. Sie kann Impulsgeber für eine neue Zeit sein. Diese Impulse strahlen dann auch in die umgebende Landschaft aus. Stadt und Land vernetzen sich und die Landschaft wird von der vielfältigen Stadtlandschaft inspiriert und wieder lebendig.

Ein weiterer wichtiger Aspekt sind die Ränder der jeweiligen Grünflächen, also der Übergang in das nächste Biotop oder in die nächste Fläche, der sogenannte **„Randeffekt“**. Gerade dort, ist die Artenvielfalt hoch. Dies unter anderem, da bei einer Überlagerung die Strukturvielfalt höher ist und es in Randbereichen nicht nur Arten aus beiden Biotopen gibt, sondern auch Spezialisten, die nur in den Übergangsbereichen vorkommen. Je kleiner die Siedlung, desto größer der „Randeffekt“ (Reichholf 2023). Eine kleine Siedlung oder Stadt hat bei kleiner Fläche, die davon eingenommen wird, eine lange Randlinie. Bei einer großen Stadt ist der Außenrand im Verhältnis zur Fläche kleiner. Das „Umfang-Fläche-Verhältnis“ ist jedoch wichtig für die ökologische Situation. Daher wird eine Stadt mit zunehmender Größe immer mehr zur Stadt mit weniger wirksamen Grün. Um dies zu verbessern, sollte die Verzahnung mit dem Umland vielfältig und aufgelockert sein. Zudem sollte der Übergang fließend und nicht abgegrenzt sein. Überhaupt sind die Übergangsbereiche von Stadt zu Land für die Transformation zur grünen Stadt sehr interessant und wichtig. Dort gibt es im Vergleich zum Stadtzentrum mehr Grün, welches die Stadt versorgen und positiv auf die Stadt wirken kann.

Ein noch zu wenig betrachtetes Thema bei der Wanderung und Vernetzung von Grün in Bezug zur Artenvielfalt sind die potenziellen Tierfallen in der Stadt. Über insektenfeindliche Beleuchtung wurde schon geschrieben. Doch es gibt noch viele weitere Fallen. Vor allem spiegelnde Glasflächen sind ein Problem. Laut dem Naturschutzbund Deutschland (NABU 2024) sterben jedes Jahr 100 Mio. Vögel durch Kollisionen an Glasscheiben. Zum einen sollten bis über die Kronenhöhe der angrenzenden Bepflanzung Glas mit Vogelschutzmarkierungen eingesetzt und aber auch zukünftig der Anteil an Glasflächen reduziert werden. Der Trend aus energetischen und klimatischen Gründen mehr massive Gebäude mit kleineren Fensterflächen zu bauen ist dabei eine positive Entwicklung. Weitere Tierfallen sind ungesicherte Gullys oder Lichtschächte. Hier sollten entweder engstrebige Schachtabdeckungen gewählt oder Aufstiegshilfen integriert werden. Auch zu hohe Bordsteine sind ein Hindernis für Amphibien oder Reptilien wie beispielsweise Blindschleichen. Daher sollten Rampen und Absenkungen eingeplant werden, um den Tieren das Verlassen der Straße zu ermöglichen. Weitere Informationen sind über verschiedene Infobroschüren (z. B. Tierfallen im Siedlungsbereich 2023) zum Thema zu finden.

Setzen wir die grüne Stadt konsequent um, müssen wir jedenfalls nicht nur die Flora, sondern auch die dazu gehörende Fauna mit betrachten.

Fazit für die Praxis: Die Gestaltungsmöglichkeiten von Stadtgrün sind vielfältig. Fast alle Orte und Flächen lassen sich begrünen. Zu bevorzugen sind natürliche Lösungen wie Bäume oder bodengebundene Bepflanzungen. Jedoch gibt es in Einzelfällen auch technische Lösungen, um Grün auch an Orten zu ermöglichen, die bisher unbegrünt geblieben sind. Wichtig ist, dass Stadtgrün vernetzt gedacht wird, um die positiven Leistungen zu erhöhen und einen besseren Beitrag zur Biodiversität zu leisten. Genauso wichtig ist es, dass wir durch das Stadtgrün wieder mehr Bezug zur Natur erhalten. Nur so können wir ein neues Verständnis von den Zusammenhängen der Erde erhalten und das schützen und pflegen, was uns am Leben erhält – wenn das Stadtgrün dazu einen Beitrag leistet, dann gestaltet Stadtgrün eine neue Welt.

Literatur

Amber, Conrad (2024) Aufbäumen – Stadtbegrünung für eine lebenswerte Zukunft, Braumüller Verlag, Wien, Seite 237

Anstiftung (2025): https://anstiftung.de/praxis/urbane-gaerten Zuletzt geprüft am 21.09.2025

BfN Bundesamt für Naturschutz (2017): https://www.bfn.de/publikationen/broschuere/naturbewusstsein-2015-wissenschaftlicher-vertiefungsbericht Zuletzt geprüft am 19.06.2025

BMU Bundesministerium für Umwelt, Naturschutz und nukleare Sicherheit (2019): https://www.bmuv.de/fileadmin/Daten_BMU/Download_PDF/Naturschutz/masterplan_stadtnatur_bf.pdf Zuletzt geprüft am 25.05.2025

BMUV Bundesministerium für Umwelt, Naturschutz, nukleare Sicherheit und Verbraucherschutz & Bundesamt für Naturschutz (2024), Naturbewusstseinsstudie: https://bfn.bsz-bw.de/frontdoor/deliver/index/docId/1861/file/brs248.pdf Zuletzt geprüft am 02.05.2026

BMUV Bundesministerium für Umwelt, Naturschutz, nukleare Sicherheit und Verbraucherschutz (2023): https://www.bmuv.de/themen/nachhaltigkeit/strategie-und-umsetzung/reduzierung-des-flaechenverbrauchs Zuletzt geprüft am 02.05.2026

Böll, S. (2021) https://www.ilu-ev.de/portfolio-items/alleen-im-klimawandel-2/ Zuletzt geprüft am 30.01.2025

BUGG Bundesverband Gebäudegrün e. V. (2021) Marktreport Gebäudegrün 2020 https://www.gebaeudegruen.info/fileadmin/website/downloads/bugg-fachinfos/Marktreport/BuGG-Marktreport_Gebaeudegruen_2020_high_.pdf Zuletzt geprüft am 21.01.2025

BUGG Bundesverband Gebäudegrün e. V. (2024) Marktreport Gebäudegrün 2024 https://www.gebaeudegruen.info/fileadmin/website/downloads/bugg-fachinfos/Marktreport/BuGG_Marktreport_2024.pdf Zuletzt geprüft am 21.01.2025
BUWAL (1995) Wildtiere in der Stadt: https://www.wildtierportal-bw.de/de/p/wildtiere-in-baden-wurttemberg/wildtiere-der-stadt-1145.html Zuletzt geprüft am 28.12.2025
Caixa Forum (2007): https://www.greenroofs.com/projects/caixa-forum-museum-vertical-garden/ Zuletzt geprüft am 22.01.2025
DBU Deutsche Bundesstiftung Umwelt (2025): https://zenodo.org/records/15600952 Zuletzt geprüft am 14.09.2025
Ecotrii: https://www.ecotrii.de/ Zuletzt geprüft am 19.10.2025 (2025): https://mediatum.ub.tum.de/1759976 Zuletzt geprüft am 17.06.2025
FireSafeGreen Schlussbericht der Technischen Universität München und der Hoschschule Weihenstephan-Triesdorf
G+L 1, Garten und Landschaft Magazin 11/25 (2025), Seite 50–51, Georg Media München
G+L 2, Garten und Landschaft Magazin 11/25 (2025), Seite 40–41, Georg Media München
GartenLeistungen (2022): https://www.gartenleistungen.de/publikationen/infografiken-und-factsheets/ Zuletzt geprüft am 17.05.2025
Hansalim (2021): https://www.profil.bayern/08–2021/topthema/erfolgreich-mit-blumen-salz-und-musik/ Zuletzt geprüft am 21.09.2025
Kam S., Lerch G., von Schwerin S. (2024), Überall Gärten! Für alle!, Birkhäuser Verlag, Basel, Seite 98
LWG Bayerische Landesanstalt für Weinbau und Gartenbau (2021): Stadtgrün 2021, https://www.lwg.bayern.de/landespflege/urbanes_gruen/085113/index.php Zuletzt geprüft am 30.01.2025
Minke, Gernot (2000) Dächer begrünen – einfach und wirkungsvoll, Ökobuch Verlag, Staufen bei Freiburg im Breisgau, Seite 7
Nature Communication (2025). Maximilian O. Steininger, Mathew P. White, Lukas Lengersdorff, Lei Zhang, Alexander J. Smally, Simon Kühn und Claus Lamm: Nature exposure induces analgesic effects by acting on nociception-related neural processing:https://www.nature.com/articles/s41467-025-56870-2 Zuletzt geprüft am 15.06.2025
Naturschutzbund Deutschland NABU (2024): https://www.nabu.de/imperia/md/content/nabude/vogelschutz/250113-flyer-vogelfalle-glas.pdf Zuletzt geprüft am 19.07.2025
Neue Landschaft (2024): https://neuelandschaft.de/artikel/gruene-waende-fuer-lebendige-staedte-12109 Zuletzt geprüft am 28.05.2025
Planstatt Senner (2025); https://www.klima-umwelt-planstatt.de/portfolio-item/klimaadaptive-auswertung-o/ Zuletzt geprüft am 17.05.2025
Reichholf, Josef H. (2023), Stadtnatur, eine neue Heimat für Tiere und Pflanzen, OekomVerlag München, Seite 32–33
SDG (2025) Artikel „Klimawandel in Städten und Kommunen: Prognosen – Herausforderungen – Chancen und Maßnahmen" im Buch Zukunft Stadt: Die globale und lokale Bedeutung von SDG 11, Seite 75, Springer Gabler Verlag, Berlin
Tase 2019: https://www.lebalto-leblog.eu/tag/gobaimidori/ Zuletzt geprüft am 25.05.2025
Tierfallen im Siedlungsbereich (2023): https://www.lrasbk.de/media/custom/2961_3444_1.PDF?1599821299 Zuletzt geprüft am 19.06.2025
TU Dresden Technische Universität Dresden (2019) https://www.urbane-waelder.de/ Zuletzt geprüft am 01.02.2025
TUM (2019) https://www.lss.ls.tum.de/toek/forschung/aktuelle-projekte/animal-aided-design/ Zuletzt geprüft am 01.02.2025
TUM Technische Universität München (2013) https://mundraub.org/sites/default/files/inline-files/Studie_Schadstoffbelastung.pdf Zuletzt geprüft am 01.02.2025
UBA Umweltbundesamt (2019) https://www.umweltbundesamt.de/themen/biologisch-abbaubare-urnen-meist-unbedenklich Zuletzt geprüft am 01.02.2025

Ohne Boden und Wasser kein Grün

6

Abgesehen vom Sonnenlicht können die meisten Pflanzen nur gedeihen, wenn sie einen guten Boden und ausreichend Wasser zur Verfügung haben. Es gibt Ausnahmen oder auch beispielsweise die Aquakultur, die ganz ohne Substrat auskommt. Doch am besten für gutes Pflanzenwachstum sind ein gesunder Boden und eine gute Wasserversorgung. Damit ist eine gute Nährstoffversorgung gewährleistet. Ein gesunder Boden und sauberes Wasser sind jedoch weltweit in Gefahr. Die Versiegelung nimmt zu, aber auch immer größere Flächen von degradiertem Boden. Beim Wasser sieht es nicht anders aus. Es gibt 54 km^2 Wasseroberfläche als Trinkwasser auf der Erde. Dies entspricht der Fläche des Ruhrgebietes! Gleichzeitig verwenden wir nur 3 L zum Trinken, spülen aber das Zehnfache an Wasser (33 l) unsere Toiletten herunter. Australien war eines der ersten Länder, welche die **wassersensible Stadtgestaltung** begonnen haben. Der Umgang mit Dürre ist gleichzeitig Hochwasserschutz – der Schwamm als Prinzip. 90 % der Katastrophen haben mit Wasser zu tun (DW 2023), entweder zu viel oder zu wenig. Daher sollten diese Themen mehr beachtet werden.

6.1 Die Stadt als Schwamm: Regenwassermanagement und grünes Wasser

Um die Städte langfristig zu begrünen, braucht es einen ganz neuen Umgang mit dem Thema Regenwasser und Boden in der Stadt, denn ohne gesunden Boden und Wasser kann keine Pflanze nachhaltig überleben.

Wie bereits erwähnt, sind gesunde Bodenfunktionen für das Pflanzenwachstum wichtig. Der **„Boden“** besteht aber nicht nur aus Humus, sondern hauptsächlich aus Mineralien, Luft und Wasser. Nur ein geringer Teil von etwa 7 % ist organische Substanz (Abb. 6.1).

T. Kaysers, *Stadtbegrünung*, https://doi.org/10.1007/978-3-658-51457-0_6

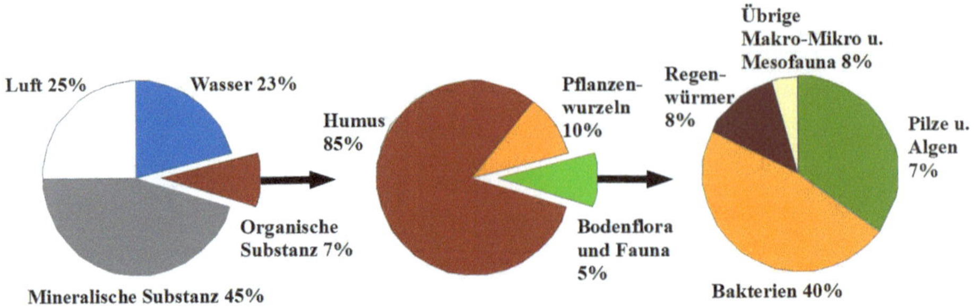

Abb. 6.1 Zusammensetzung des Bodens (Schroeder D. 1992, verändert Kaysers 2025)

Die Zusammensetzung variiert von Boden zu Boden, jedoch ist es für das grundsätzliche Verständnis essentiell, dass Luft und Wasser eine sehr wichtige Rolle spielen. Ebenso ist es wichtig zu berücksichtigen, dass Bakterien, Pilze, Algen, Milben, Springschwänze, Fadenwürmer, Maulwürfe und auch Regenwürmer sowie viele weitere Lebewesen im Boden leben und leben sollten.

Allein die Leistungen der Regenwürmer sind enorm. Sie sind auch in unseren Städten häufig, wenn der Boden nicht versiegelt wird. Sie ziehen Blätter in ihre Röhren, verdauen diese und scheiden fruchtbaren Boden vermischt mit Pilzen und Bakterien wieder aus. Die Biologin Veronika Straaß formuliert es schön: „Wenn es ein Ranking der weltweit wertvollsten Halbfertigprodukte gäbe, würde Regenwurmkot ganz weit oben stehen" (Straaß 2025). Dieses Gemisch ist wichtig für den Humusaufbau und somit für das Pflanzenwachstum und damit für die Stadtbegrünung. Ein positiver Nebeneffekt ist auch, dass sie dadurch den Boden durchlüften und mehr Porenraum für die Wasseraufnahme schaffen. Damit kann Regenwasser besser im Boden versickern. Allein in Deutschland gibt es 45 Arten von Regenwürmern, weltweit sogar etwa 3000. Dieses natürliche „Kanalsystem" kann pro Stunde bis zu 150 L Wasser aufnehmen, filtern und sauber ins Grundwasser abgeben (Fischer, Oberhansberg 2021). Ein Großteil des Wassers wird aber so auch in die Luftporen verteilt, wo es gespeichert werden kann und den Pflanzen für längere Zeit zur Verfügung steht. Die Pflanzen wiederum verdunsten das Wasser, sodass sich Wolken bilden können, die dann wieder abregnen und das Regenwasser in den Boden fließt. Ein Kreislauf schließt sich und die Regenwürmer tragen dazu einen wichtigen Teil bei. Damit zeigt sich wieder die Wichtigkeit von Artenvielfalt und funktionierenden Ökosystemen.

In diesem Zusammenhang sei auch auf die Pilze eingegangen. Streng genommen gehören sie weder zu den Pflanzen noch zu den Tieren. Sie bilden ein eigenes Reich. Bislang sind etwa 100.000 Pilzarten beschrieben. Weltweit soll es bis zu fünf Millionen Pilzarten geben. Somit sind Pilze nach den Insekten die artenreichste Organismengruppe. Warum ist dies wichtig für die Stadtbegrünung? Die Pflanzen versorgen sich mit ihren Wurzeln aus dem Boden mit Wasser und Nährstoffen. Sie können jedoch nur Nährstoffe gewinnen, wo ihre Wurzeln vordringen. Manche Nährstoffe sind für die Wurzeln nicht erreichbar, da sie zu tief im Boden liegen oder nicht am Standort vorkommen. Da kommen die **Mykorrhizapilze** ins Spiel. Eine Mykorrhiza ist eine Verbindung zwischen Baum und Pilz. Der Mykorrhizapilz umwächst die Wurzel und dringt in sie ein. Dabei findet im großen Stil ein

Abb. 6.2 Unterirdisches Pilznetzwerk. Die Pilze liefern den Pflanzen Mineralien und die Pflanzen den Pilzen Kohlenhydrate (Foto Kaysers 2025)

Stoffaustausch statt. Die Bäume liefern Kohlenhydrate in Form von Zucker und die Pilze liefern Wasser und Nährstoffe wie Phosphat und Stickstoff (Abb. 6.2). Dies machen die Pilze, da sie selbst keine Photosynthese betreiben können. Dafür können sie mit ihren Myzelen (das unterirdische Netzwerk der Pilze) große Flächen bewachsen. Man schätzt, dass im Oberboden natürlicher Wälder auf einer Fläche von einem Quadratmeter rund eine Milliarde Myzelien oder Sporen vorkommen (NABU 1, 2025). Der Pilzbefall ist nicht etwa eine Krankheit, die Mykorrhiza dient vielmehr beiden, also den Pflanzen und den Pilzen.

Mehr als tausend Mykorrhiza-Pilze gibt es in Mitteleuropa, darunter so bekannte Arten wie die Pfifferlinge, die Steinpilze und auch die Trüffel (NABU 2, 2025). Die Stadtbegrünung, zusammen mit den Pilzen, kann also auch der Ernährung der Menschen dienen. Allerdings sollten die Pilze dabei beispielsweise nur im Stadtwald oder anderen großen Grünflächen in kleinen Mengen gesammelt werden, da sie oft entlang Straßen mit zu vielen Schadstoffen belastet sind. In diesem Zusammenhang sei auch genannt, dass es in einigen Städten bereits unterirdische Pilzfarmen gibt. Eine Art der unterirdischen Stadtbegrünung. In Brüssel beispielsweise werden in einem Gewölbekeller Edelpilze auf den Abfallprodukten lokaler Brauereien gezüchtet. Auch wenn dies wegen der benötigten Energie von der Klimabilanz her schlechter ist als ein Pilz aus dem Wald, kann damit wegen der kurzen Wege CO_2 eingespart werden. Normalerweise werden Edelpilze oft aus asiatischen Ländern importiert (Utopia 2019).

Zurück zu den Pflanzen. Der Boden besteht also zu großen Teilen aus Luft und Wasser. Dass Pflanzen sich mit den Wurzeln das Wasser aus dem Boden holen, ist klar. Doch genauso wichtig ist, dass die Wurzeln zur Energiegewinnung atmen können. Nicht nur die Blätter nehmen Sauerstoff auf, sondern dies passiert auch unterirdisch. Diese Wurzelatmung beträgt zwischen 20–40 Prozent. Werden Wurzelbereiche versiegelt, wachsen die Wurzeln nach oben, um wieder an die Luft zu kommen. Damit heben sie jeglichen Belag, auch Asphalt. Eigentlich ist es ein natürlicher Prozess, denn somit werden beispielsweise im Gebirge Gesteinsschichten aufgesprengt und verwittert. Dies löst wiederum Mineralien, die mit den Flüssen wieder ins Tal gebracht werden, um die Pflanzen zu versorgen. Wurzeln arbeiten so im Prinzip wie Regenwürmer, sie lockern und belüften den Boden und lösen Mineralien. Auch dieser Kreis schließt sich wieder. Wer sich vertieft mit Wurzeln beschäftigen möchte, dem ist das Praxishandbuch „Wurzelraumansprache“ zu empfehlen. Wurzeln sind wichtig und das Fundament der Bäume.

Daher ist es wichtig, dass jeder Baum genügend unversiegelten Wurzelraum hat. Gleichzeitig müssen versiegelte Bereiche entsiegelt werden und die weitere urbane Versiegelung gestoppt werden. Eine große Stellschraube ist dabei die Mobilitätswende (s. Abschn. 6.2).

Ein weiteres Problem stellt das Befahren von Böden durch Fahrzeuge dar. Denn so werden die Böden zusammengedrückt und die Luft entweicht. Dadurch gibt es kaum mehr Poren im Boden. Zwar kann ein verdichteter Boden durch Sauerstoffzufuhr wieder belüftet werden, doch ist dies sehr umständlich und teuer. Daher ist es wichtig, dass Wege gut geplant sind und Grünflächen nicht mit schwerem Gerät befahren werden. Insbesondere während Baumaßnahmen ist ein besonderer Schutz der Wurzelbereiche von Bestandsbäumen wichtig. Ist der Boden einmal verdichtet, speichert der Boden weniger Luft und Wasser und verkürzt somit die Lebenserwartung von Bäumen oder anderen Pflanzen in der Stadt (s. Abschn. 4.3). Da die Schäden an den Bäumen oftmals erst viele Jahren nach der Verdichtung sichtbar sind, kann der Verursacher nicht bestimmt werden und der Schaden am Baum ist nur schwer behebbar. Deshalb ist eine ständige Kontrolle der Baustelle und ein guter Baumschutz unerlässlich.

Neben Luft, Wasser und Pilzen sind die weiteren Bodenorganismen für die Pflanzengesundheit wichtig. Laut einer Schweizer Studie beherbergt der Boden knapp 59 % aller bekannten Spezies – von der Mikrobe über Wirbellose und Pflanzen bis zum Säugetier und ist damit der artenreichste Lebensraum der Erde. Dieses Leben, allen voran die Mikroorganismen, bauen Pflanzenreste ab und wandeln sie zu Kohlenstoff um. Allerdings setzt der mikrobielle Abbau wieder CO_2 frei (NATUR 2023), jedoch bleibt ein Großteil im Boden gespeichert. Der Boden ist somit der größte terrestrische CO_2-Speicher der Erde (MPI 2011). Ein wichtiger Faktor, damit mehr CO_2 im Boden verbleibt, ist die Temperatur des Bodens. Diese ist beispielsweise unter Bäumen geringer und in Rasen oder baumlosen Flächen höher (Geoscience 2009). Somit können heiße Böden zu CO_2-Quellen werden. Umgekehrt helfen Bäume und andere Gehölze dabei, die Bodentemperatur kühl zu halten. Dazu kommt, dass ein zu heißer Boden seine Bodenstruktur verliert und so weniger Wasser aufnehmen kann. Es hat also auch Auswirkungen auf die Evapotranspiration. Daher

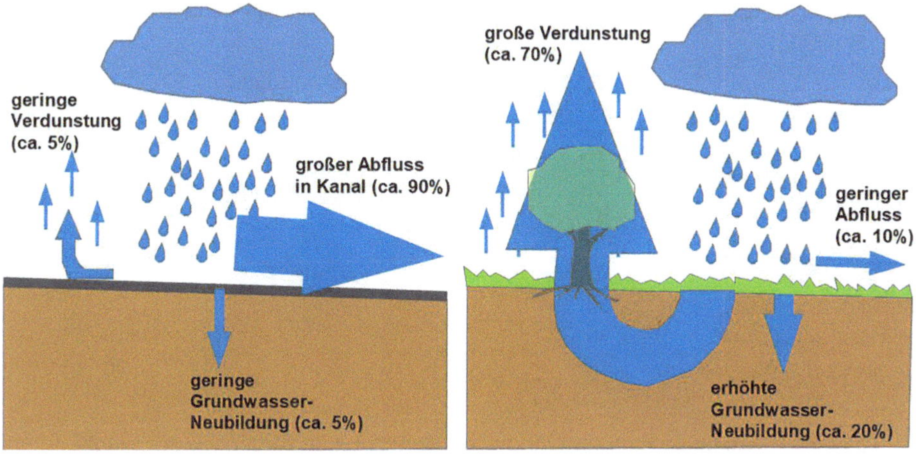

Abb. 6.3 Wasserhaushalt im urbanen, versiegelten Raum (links) und rechts in der natürlichen Landschaft z. B. Wald (Graphik Kaysers 2025)

sind Bäume im Stadtgrün wichtig, zumal das lokale Klima dort heißer als in der freien Landschaft ist. Siehe hierzu auch Abschn. 2.2.

Ein begrünter und lebendiger Boden ist also die beste Art, Wasser aufzunehmen, zu filtern und den Pflanzen zur Verfügung zu stellen. In der Stadt- und Freiraumplanung hat sich der Begriff **„Schwammstadt"** etabliert. Der Boden oder andere Elemente nehmen das Wasser wie ein Schwamm auf und geben es verzögert wieder ab. Dieser natürliche Kreislauf hat sich seit Millionen von Jahren bewährt und alle Lebensprozesse sind darauf eingerichtet. Ziel sollte es daher sein, sich dem natürlichen Wasserhaushalt wieder anzunähern und langfristig diesen wieder herzustellen.

Der urbane Raum ist in der Regel stark versiegelt (s. Abschn. 2.1). Dabei ist der oberflächliche Abfluss sehr hoch, teilweise 90 % (Abb. 6.3). In einer natürlichen Landschaft z. B. einem Wald wird das meiste Regenwasser über die Pflanzen wieder verdunstet. Dort liegt die Verdunstung beispielsweise bei ca. 70 %. Etwa 20 % versickert und nur ein geringer Teil von ca. 10 % fließt ab. Hierbei ist zu beachten, dass die natürliche Wasserhaushaltsbilanz je nach Boden und je nach Region und genauem Ort stark variiert (s. Tab. 6.1). Auch die Oberfläche macht einen großen Unterschied.

Im urbanen Bereich von Berlin gibt es beispielsweise eher sandige Böden, dort ist die Grundwasserneubildung hoch. Dagegen ist die natürliche Wasserhaushaltsbilanz nur wenige Kilometer außerhalb im Grunewald ganz anders, da der Vegetationsanteil deutlich höher ist und so fast alles Regenwasser verdunstet. In der Stadt Deggendorf gibt es kaum Grundwasserneubildung durch Versickerung. Bei der Sickerfähigkeit eines Bodens ist demnach der **Durchlässigkeitsbeiwert** wichtig, auch kf-Wert oder Filterkoeffizient genannt. Dieser sollte in jedem Bodengutachten ermittelt werden, um damit das Regenwasserkonzept zu entwickeln. Er variiert sehr stark. Daher sind Regenwasserkonzepte der Schwammstadt differenziert zu betrachten. Das Ziel jedenfalls ist es, die naturnahe und regionale Wasserhaushaltsbilanz wieder herzustellen.

Tab. 6.1 Wasserhaushaltsbilanz (gerundet) in verschiedenen deutschen Stadtgebieten (Werte aus NatUrWB 2025)

Stadt	Verdunstung %	Grundwasserneubildung %	Abfluss %
Berlin Innenstadt	55	35	10
Berlin Grunewald	80	15	5
München Innenstadt	55	35	10
München Englischer Garten	60	35	5
Frankfurt Innenstadt	40	40	20
Stadtwald Frankfurt	73	25	2
Stuttgart Innenstadt	50	30	20
Stuttgart Rotwildpark	70	20	10
Deggendorf (Niederbayern)	50	0	50

Generell ist jedoch an erster Stelle die **Verdunstung** zu fördern. Das Leitbild könnte hier sein, dass das Wasser den Berg rauf bzw. in den Pflanzen aufwärts fließen (verdunsten) soll. Pflanzen setzen dies perfekt um. Das Regenwasser sollte also immer der Vegetation und dem Boden zur Verfügung gestellt werden. Man nennt dieses Wasser auch **„Grünes Wasser"**. Den Begriff hat die schwedische Hydrologin Malin Falkenmark geprägt. Das ist das Wasser, welches im Boden gespeichert wird. Dabei ist auch die jeweilige nutzbare Feldkapazität des Bodens zu berücksichtigen. Sie ist das Maß für die Pflanzenverfügbarkeit des Wassers, welches im Boden entgegen der Schwerkraft verbleibt. Bei sandigen Böden kann die Feldkapazität verbessert werden, indem der Humusanteil im Boden erhöht wird. So wurden im Rahmen der Klimaanpassung im Volkspark Berliner Hasenheide neue Bäume gepflanzt. Der Boden der Pflanzung wurde mit Pflanzenkohle angereichert, um die Feldkapazität und Wasseraufnahme zu verbessern (s. Kap. 8).

Außerhalb von Parkflächen müssen bei Baumstandorten noch weitere Kriterien betrachtet werden, wenn versucht wird, das Regenwasser zu den Bäumen zu leiten. Hier sind oft mangelnder Platz und der Eintrag durch Abrieb vom Verkehr und Salzeintrag durch den Winterdienst zu berücksichtigen. In der Praxis wird seit einigen Jahren von sogenannten Baumrigolen gesprochen. Hier werden Entwässerung und Baumstandort kombiniert. Die Wasserzufuhr zu optimieren, ist im Prinzip ein richtiger Ansatz. Richtigerweise sollte aber nicht von Rigolen gesprochen werden, denn dies sind streng genommen Entwässerungsanlagen, die zum einen das Wasser anstauen und dann versickern lassen. Zudem werden dort im Boden die Schadstoffe eingeleitet. Alles Vorgänge, die nicht ideal für die Bäume sind und der DIN18915 für Baumpflanzungen widersprechen (GALK 2024). Daher wird empfohlen, das verschmutzte Regenwasser zwar den Bäumen zur Verfügung zu stellen, dieses jedoch erst beispielsweise über eine separate Mulde zu filtern (Abb. 6.4).

Dies sind dann nicht Baumrigolen, sondern optimierte Baumstandorte oder **Baummulden**. Es gibt viele Lösungen dazu, doch natürliche Varianten sind dabei zu bevorzugen. Eine Variante ist eine Baummulde mit Vorfilterung in einem bepflanzten Beet (Abb. 6.4). Das meistverschmutzte Oberflächenwasser wird in ein bepflanztes Beet geleitet. Dort wird es durch die belebte und mit Stauden bepflanzte Oberbodenschicht gefiltert und gereinigt. Das Wasser versickert dann und wird in einem unterirdischen Wasserreservoir gesammelt

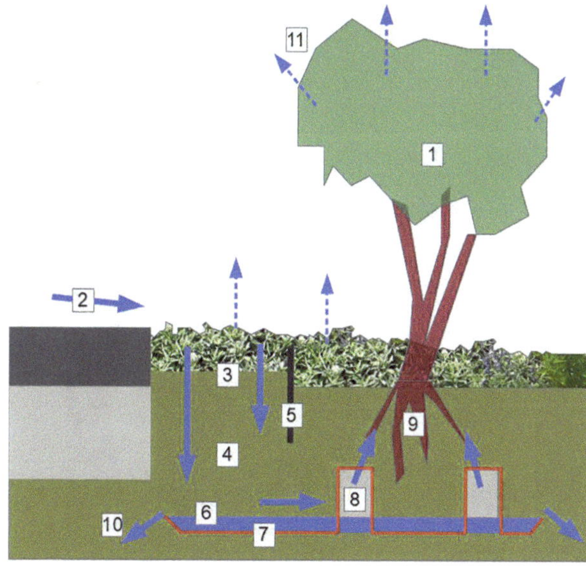

Abb. 6.4 Baummulde mit natürlicher Vorfilterung. 1. Baum, der einen wechselfeuchten Standort aushält. 2. Regenwasser aus den Belagsflächen. 3. Bepflanztes Beet zur Vorfilterung. 4. Pflanzsubstrat. 5. Trennung von belastetem Oberflächenwasser. 6. Wasserreservoir auf z.B. einer Lehmschicht. 7. Wurzelschutzfolie. 8. Kapillarsäulen (nach Planstatt Senner GmbH). 9. Wurzeln. 10. Überlauf. 11. Verdunstung (Graphik Kaysers 2025)

und angestaut. Überschüssiges Wasser kann seitlich überlaufen. Über Kapillarsäulen aus einem Boden-Steingemisch wird das Wasser zu den Wurzeln geleitet. Diese wiederum werden über eine Wurzelschutzfolie vom stehenden Wasser im Wasserreservoir getrennt, damit kein „Blumentopfeffekt" eintritt, der die Wurzeln im stehenden Wasser absterben lassen kann. Kritisch bei dieser Variante ist jedoch, dass die Wurzeln nicht durch die Sperrschicht gelangen und das kapillare Aufsteigen von Feuchtigkeit aus tieferen Bodenschichten verhindert wird. Diese Bauart eignet sich daher eher auf Flächen, die nach unten wenig Wurzelraum haben. Weitere optimierte Baumstandorte siehe Kap. 8.

Bekannt ist auch das **„Stockholmer System"** (Abb. 6.5). Dabei wird der Baum auf eine Art „Skeletterde" gepflanzt, die genügend tragfähig ist, jedoch auch zusätzlichen Wurzelraum bietet. Die Skeletterde besteht aus Schotter, in den Kompost und **Pflanzenkohle** eingeschlemmt werden. So können die Wurzeln auch unter Belägen weiter wachsen, ohne zu ersticken oder zu verdursten. Das Prinzip wurde in Stockholm entwickelt und mittlerweile nicht nur dort, sondern auch weltweit eingebaut. Die Skeletterde ist demnach eine Art Schwamm, der Unterbau für Beläge und gleichzeitig Wurzelraum ist. Gut bei dieser Bauweise ist auch, dass sich so die Wurzelbereiche von den Stadtbäumen besser unterirdisch verbinden lassen und so ein großer Wurzelschwamm und Retentionsraum geschaffen wird. Die Pflanzenkohle steigert nicht nur die Speicherfähigkeit im Boden, sondern sie filtert auch effektiv Schadstoffe aus dem Wasser. Ein Handbuch dazu gibt es mittlerweile auf Deutsch (Carbuna 2024). Die Deutsche Bundesstiftung Umwelt hat die Anwendung in Deutschland untersucht und weiterentwickelt (DBU 2025). Dabei wurden beispielsweise rechtliche, technische, klimatische Fragestellungen und die Filterleistung untersucht. Das Fazit der Stiftung ist sehr positiv, sodass damit zu rechnen ist, dass das Stockholmer System auch in Deutschland immer mehr angewendet und weiterentwickelt wird.

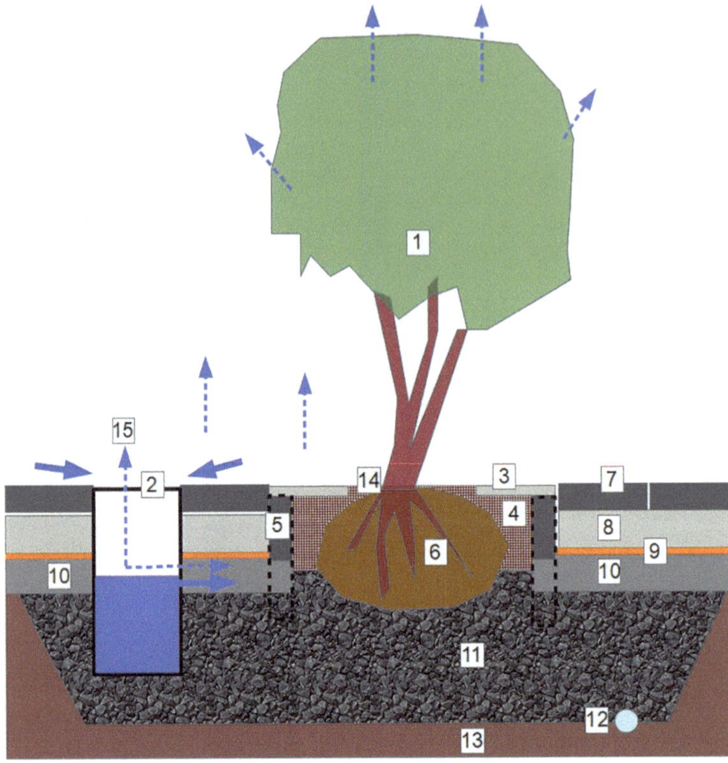

Abb. 6.5 Baumpflanzung nach dem „Stockholmer System" (Graphik Kaysers)

1. Dem Standort nach geeigneter Baum
2. Ablauf mit Belüftungsfunktion: Einlass Oberflächenabfluss/Belüftung
3. Baumrost
4. Splitt 2/6 mm + 25 % Pflanzenkohle und Kompost (50/50)
5. Pflanzloch-Einfassung. Trennung von Substrat zu Tragschicht, jedoch auch durch verzahntem Aufbau Verbindung von Belüftungsschicht zu Substrat des Baumes
6. Wurzelballen auf Stockholmer Skeletterde
7. Belagsfläche
8. Tragschicht
9. Geotextil
10. Belüftungsschicht, 15 cm Schotter 32/63
11. Skeletterde (60 cm Schroppen 90/150 mit Substrat-Pflanzenkohle, die in die Hohlräume geschlämmt wird
12. Bei dichtem Boden Drainage einbauen
13. Anstehender Boden
14. Wurzelhals auf dem selben Baumniveau wie in der Baumschule
15. Sauerstoff-/Koheldioxid-Austausch

In dem Bericht der DBU wird auch auf das große Potenzial der CO_2-Speicherung durch Pflanzenkohle eingegangen. Durch den Einbau der Pflanzenkohle im Boden baut sich das gespeicherte CO_2 nur sehr langsam ab und wird so für lange Zeit der Atmosphäre entzogen. Pflanzenkohle ist so nicht nur nützlich für die Pflanzen, die Speicherfähigkeit und Wasserreinigung, sondern auch gut für den Klimaschutz.

Bei allen Systemen sei darauf hingewiesen, dass sie regional angepasst werden sollten. Nicht überall gibt es die entsprechenden Materialien und die Böden sind sehr unterschiedlich. Es sollten verschiedene Methoden geplant und umgesetzt werden. Jedenfalls sollte der Fokus mehr auf das Baumquartier gelegt werden, gerade bezüglich der Klimaresilienz und Langlebigkeit von Bäumen.

Wenn das Regenwasser nicht verschmutzt ist, dürfen Bäume auch in Mulden direkt stehen. Dies fördert die multifunktionale Nutzung von Flächen und reduziert den Bewässerungsaufwand (Berliner Wasserbetriebe 2025). Ein guter Leitfaden für „Multifunktionale Versickerungsmulden" wurde vom Bayrischen Landesamt für Umwelt im September 2024 herausgegeben.

Um speziell die Verdunstung zu fördern, können auch größere **Verdunstungsbeete** (Abb. 6.6) angelegt werden, die mit wechselfeuchten Pflanzen bestückt sind. Mittlerweile gibt es dazu ausgewählte „Tiefbeet Mischungen".

Sollte eine Vorfilterung nicht möglich sein oder kann die Stadtverwaltung auf das Salzen nicht verzichten, können verstellbare **Schwammstadt-Abläufe** eingesetzt werden. Im

Abb. 6.6 Auf dem Turbinenplatz in Zürich wachsen schon seit 2023 wechselfeuchte Stauden in einem Verdunstungsbeet, bepflanzt von der ZHAW Zürcher Hochschule für Angewandte Wissenschaften (Foto Kaysers 2025)

Abb. 6.7 Grüne Gullys in Berlin (Foto Ahnen&Enkel/Silke Reents 2025)

Sommer werden diese geschlossen, sodass das Regenwasser in die Grünflächen fließt. Im Winter können die Abläufe geöffnet werden, sodass das salzige Wasser in einer Leitung abgeleitet wird. Noch einfacher ist das zweistufige Entwässerungsmodell. Dabei wird der Zulauf in eine Grünfläche so gebaut, etwa durch einen entsprechenden Bordstein, dass dass Regenwasser nur bei einem stärkeren Regenereignis in die Grünfläche gelangt. Dann ist die Wassermenge von der verunreinigten Straße genügend verdünnt und richtet weniger Schaden an.

Eine kostengünstige Lösung, um Regenwasser in der Stadt zu versickern oder zu verdunsten, sind **„grüne Gullys"** oder grüne Straßenabläufe. Dies ist eine Versickerungsfläche um einen bestehenden Straßenablauf (Abb. 6.7). In Berlin-Mitte wurden beispielsweise in der Singerstraße für fünf grüne Gullys nur 5 % der Straßenfläche aufgebrochen. Die Fläche wurde dann mit durchlässigen Boden ersetzt und mit trockenresistenten Gewächsen wie gelb blühender Fünffingerstrauch bepflanzt. Es wurde festgestellt, dass damit 80 % des Regenwassers in den Boden und nicht in die Kanalisation gelangen (Berliner Regenwasseragentur 2025).

Neben der Verfügbarmachung des Regenwassers für die Vegetation, sind Entsiegelung, Gebäudebegrünung, Versickerung, Rückhalt, Sammlung und Säuberung Prinzipien der Schwammstadt. Alles Maßnahmen, die den Pflanzen, den Bodenlebewesen und der Grundwasserneubildung zugutekommen. Für die Entsiegelung braucht es die Verbesserung der Mobilität (s. Abschn. 6.2), um versiegelte Bereiche zu entsiegeln, also den Belag aufzubrechen und beispielsweise in offenporige Beläge oder Beläge mit breiten Fugen umzuwandeln. Noch besser ist es, die versiegelten Bereiche als Grünflächen umzugestalten. Die Gebäudebegrünung hilft ebenfalls das Regenwasser zurückzuhalten und zu nutzen. Dazu ist es aber wichtig, dass Wasser zu sammeln, zu filtern und dann für die Bewässerung zu nutzen. Dies ist ideal für stark verdichtete Stadträume, in denen es kein Platz mehr für Grünflächen gibt. Das Regenwasser wird zunächst direkt in bepflanzte Dächer geleitet und überschüssiges Regenwasser kann in Zisternen gesammelt werden, wo es dann in Trockenzeiten der Bewässerung der Gebäudebegrünung dient (s. Kap. 8). In allen Fällen braucht es dezentrale und gut verteilte Lösungen. Das schnelle Ableiten und das Sammeln in teuren Regenrückhaltebecken gehört der Vergangenheit an.

Zur **natürlichen Reinigung** des Regenwassers muss die belebte Oberbodenschicht eine Mindestdicke von 30 cm haben (LfU 2024). Damit ist gewährleistet, dass eventuelle Schadstoffe gefiltert und zurückgehalten werden. Sollte dies aus Platzgründen nicht möglich sein, gibt es auch technische Wasseraufbereitungen (Ultrafiltration) zur Grauwassernutzung oder Substratfilterschächte und Substratrinnen. Diese müssen allerdings regelmäßig gewartet und das Material ausgetauscht werden. Daher sind natürliche Lösungen zu bevorzugen.

Auch Schmutzwasser ließe sich durch natur-basierte Lösungen reinigen. Hierzu gibt es schon seit vielen Jahren Erfahrungswerte mit sogenannten Pflanzenkläranlagen. Schon Friedensreich Hundertwasser propagierte dies vor 100 Jahren und zeigte auf, wie diese sich umsetzen lassen. Mittlerweile gibt es auch intensive Dachbegrünungen, die Schmutzwasser reinigen und gleichzeitig so bewässert werden. Auch Fassaden werden zur Reinigung des Abwassers getestet. In einer Prototyp-Anlage in Weimar sind begrünte Module an einer Fassade installiert worden, die mit Pflanzenkohle das Schmutzwasser reinigen und die Umgebung kühlen. Zusätzlich sind PV-Module integriert, um auch einen Beitrag zum Klimaschutz zu leisten (Vertikka 2021). Ein weiteres Projekt sind die Grauwassernutzungswände GRETA. Die begrünten Wände werden mit aufbereitetem Grauwasser nachhaltig bewässert.

Eine weitere Anwendungsmöglichkeit sind substratlose Dachbegrünungen, die ebenfalls das Wasser reinigen können. Der Vorteil dieser Variante ist, dass sie ca. 30 % leichter als Dachbegrünungen mit Substrat sind.

Eine sehr effektive Maßnahme für Schwammstädte sind die Renaturierung und Offenlegung von verdolten Gewässern im urbanen Raum. Siehe auch Abschn. 5.4. Viele dieser Gewässer wurden in enge Abflusskanäle gezwängt oder in Leitungen verdolt. Damals galt das Prinzip der schnellen Ableitung, was aber nur zu einer Verlagerung der Hochwassersituation führt. Heutzutage wird wieder versucht, den Gewässern mehr Platz zu geben, sie in ihrem Lauf zu verlängern (durch Mäander) und den Stadtbewohnern zugänglich zu machen. Am Stadtrand können dann auch wieder die Feucht- und Überschwemmungsgebiete aktiviert werden. Dieser natürliche Hochwasserschutz, durch die Schaffung von vielfältigen Auenlandschaften, kommt auch dem Artenschutz zugute. Im Notfall dienen sie sogar zur Verteidigung der Stadt, so wie es 2022 in Kiew geschehen ist. Dort erschwerten die geschützten Auenlandschaften im Norden und Süden der Stadt, das Vordringen der russischen Streitkräfte.

Abb. 6.8 Offene Wasserfläche im „Inneren Garten" des SRF in Zürich, Mavo Landschaften (Foto Kaysers 2025)

Zur grünen Stadt gehört jedenfalls viel Wasser in allen Formen – auch offene Wasserflächen (Abb. 6.8). Diese ziehen viel Leben an und erhöhen die Verdunstungskühlung. Grün und Wasser bedeuten Leben und somit eine lebenswerte Stadt.

Die Umwandlung der Städte zu Schwammstädten ist in den meisten Städten Konsens. Siehe hierzu auch Abschn. 3.2. Nationale und internationale Zielrichtungen. Praktische Planungshilfen hat das Projekt BlueGreenStreets entwickelt. Diese sind eine wassersensible Planung, Umwidmung von Flächen für blaugrüne Infrastruktur, verwaltungsinterne Zusammenarbeit, Messprinzipien und Typologien von Baumstandorten mit Regenwasserbewirtschaftung, Umgang mit Tausalz und Pflanzenverwendung für die wechseltrockenen und wechselfeuchten Standorte (BlueGreenStreets 2024).

6.2 Flächen schaffen: Mobilität und dreifache Innenentwicklung

Neben der zunehmenden Bebauung ist die Versiegelungen durch Straßen ein Hauptproblem. Daher spielt die **Mobilitätswende** eine wichtige Rolle, um zum einen Schäden durch Wurzeln an Belägen zu minimieren und zum anderen mehr Grün in die Städte zu integrieren. Das Thema Mobilität ist sehr umfangreich und Gegenstand vieler anderer

Publikationen. Ein Hebel zur Verbesserung der Probleme ist ein besseres Angebot des öffentlichen Nahverkehrs und mehr dezentrale Mikromobilität (Hildebrandt 2022), smarte Verkehrskonzepte und einfach mehr fußgängerfreundliche Städte. Dies ermöglicht mehr Platz für Grün und gleichzeitig hilft Grün, um das Zu-Fuß-Gehen attraktiver zu machen. Auch flexible Stellplatzverordnungen sind wichtig. Die Angst der Geschäftstreibenden in der Innenstadt, dass durch das Verdrängen des Autoverkehrs wirtschaftliche Einbußen die Folge sind, kann nicht bestätigt werden. Im Gegenteil: Dort, wo sich Menschen aufhalten können, profitiert auch der Einzelhandel (Difu 2025). Sind die Hindernisse im Viertel zu groß, könnten temporäre Lösungen auch ein Ansatz sein. Dabei kann beobachtet werden, ob ein Platz oder eine Straße mit mehr Aufenthaltsqualität und weniger Autos funktioniert. So wurde der Walchenseeplatz in München zum Reallabor, indem zeitlich begrenzte Räume für mehr Aufenthalt, für das Gärtnern oder zum Spielen geschaffen wurden. In einem intensiven Beteiligungskonzept konnten dann alle Beteiligten mitgenommen werden (aqt 2023). Wird dann immer noch keine Lösung gefunden, könnte die letzte Lösung eine Wechselnutzung sein, indem der öffentliche Raum im Sommer den Bürgerinnen als Aufenthaltsraum dient und im Winter wieder geräumt wird.

Für die neuen Mobilitätsformen im Stadtraum ist das Radfahren ein wichtiger Baustein. Hier sollte die Aufwertung der Fahrradinfrastruktur in Kombination mit Grünanlagen (Abb. 6.9) gedacht werden. Ein weiterer wichtiger Baustein ist die Stadt der kurzen Wege. Eine Lösung ist das Konzept der **15-Minuten-Stadt**. Im Prinzip ist in Deutschland die 15-Minuten-Stadt schon Realität. In einer Studie des Bundesinstitutes für Bau,- Stadt,- und Raumforschung (BBSR 2025) sind bereits jetzt rund drei Viertel der Einrichtungen für den täglichen Bedarf innerhalb von 15 Min. mit dem Rad oder zu Fuß erreichbar. Bisher scheinen jedoch die Menschen diese kurzen Verbindungen nicht zu Fuß oder mit dem Rad zurückzulegen, da über 40 % der Menschen unter Bewegungsmangel leiden (AOK 2022). Die 15-Minuten-Stadt muss daher auf jeden Fall mit der Reduzierung des Autoverkehrs zusammen gedacht werden. Denn ein Kritikpunkt ist, das die 15-Minuten-Stadt die Bewegung nicht genügend herausfordert, vor allem, wenn nach wie vor das Auto dafür verwendet wird. Entscheidend ist doch auch die Attraktivität der Mobilität. Wenn es Fahrradallee-Schnellstraßen gibt, können problemlos auch größere Strecken überwunden werden. Ist man mit dem E-Bike erstmal in Schwung und spürt den Fahrtwind, möchte man gar nicht zum Halten kommen. Zumindest geht es mir so aus eigener Erfahrung. Durch die höheren Geschwindigkeiten der E-Bikes lassen sich auch das Fahrradfahren und der motorisierte Verkehr besser kombinieren. Bei mittleren Geschwindigkeiten von 25 km/h können die Radfahrer problemlos bei Tempo 30 im Mischverkehr mitfahren. Diese Doppelnutzung ist flächeneffizienter als überall eigene Fahrspuren zu bauen. Die neuen Richtlinien für den Verkehr z. B. die Empfehlungen für Anlagen des ruhenden Verkehrs (EAR) und ein Ad-hoc-Arbeitspapier der Richtlinie für die Anlagen von Stadtstraßen (RASt) räumen dem Fuß- und Fahrradverkehr eine immer größere Gewichtung ein. Die EAR empfiehlt gezielt öffentlichen Parkraum zu reduzieren und Aufenthaltsflächen sowie Begrünung zu berücksichtigen. Die **E-Klima 2022** gibt dazu

Abb. 6.9 Kombination von Grün und Fahrrad: Baumfahrradplatz, Kopenhagen (Foto Kaysers 2025)

konkrete Empfehlungen wie der Ausbau des Fuß- und Radverkehrs innerhalb bestehender Regelwerke umgesetzt werden kann.

Jedenfalls wird die Mobilität in Zukunft anders aussehen. Schon jetzt sind selbstfahrende Autos und Busse in verschiedenen Städten im Einsatz. Mobilität wird geteilt. Nicht jeder besitzt sein eigenes Auto. Dies ist die Zukunft. Vielleicht ist dies heute noch unvorstellbar. Doch genau wie sich vor 20 Jahren niemand vorstellen konnte, dass es bald keine Platten- oder CD-Sammlungen mehr geben wird – ausgenommen sind natürlich passionierte Sammler –, hat heute kaum jemand mehr eigene Musikträger im Wohnzimmer. Denn durch das heutige Streaming-Angebot ist der Besitz von eigener Musik nur eine Nische. Musik wird ganz normal geteilt. So sollte es auch mit der Mobilität sein. Siehe auch Abschn. 3.1.

Es gibt viele Bereiche in der Stadt, die nicht begrünt werden können. Beispielsweise Feuerwehr- und Rettungsbereiche oder eben große Veranstaltungsplätze. Doch wichtig sind dabei offenporige Beläge und die Entwässerung in Grünflächen. Jedenfalls gilt zukünftig bei der Stadtentwicklung eine dreifache Betrachtung, die der **dreifachen Innenentwicklung,** bei der nicht nur die Gebäudeentwicklung betrachtet wird, sondern eben auch das Grün und die Mobilität.

Zur fuß- und fahrradfreundlichen Stadt gehört auch das Thema Barrierefreiheit. Dabei sind die Bedürfnisse von geh- und sichtbeeinträchtigten Menschen zu berücksichtigen. Dafür braucht es kontrastreiche Beläge mit taktil spürbaren Oberflächen. Gerade der Kontrast zwischen einem grauen befestigten Belag und einer Grünfläche ist die ideale Kombinationen, die einen starken Farbkontrast ermöglicht. In diesem Zusammenhang sei auch nochmal auf schwellenlose Freiräume für Tiere hingewiesen, s. Abschn. 5.5 im Zusammenhang mit Regenwasser. Dazu gehört dann auch, dass in diesen Bereichen nicht nur der Kontrast gegeben ist, sondern bei Hochwasser das Wasser auf der Fläche zurückgehalten werden kann. Das Zauberwort sind **multicodierte Freiräume,** in denen Grün, Blau sowie Fauna und Mensch sich frei bewegen können. All das sind positive Synergieeffekte einer mobilitätsfreundlichen und grünen Stadt.

Fazit für die Praxis: Wer Stadtbegrünung erhalten und weitere Begrünung umsetzen will, muss vor allem den Boden und das Wasser betrachten. Generell braucht es mehr Platz für Baumwurzeln, und Regenwasser sollte an erster Stelle den Pflanzen zur Verfügung gestellt werden. Um Platz für Grün in der Stadt zu schaffen, ist eine enge Zusammenarbeit mit der Entwicklung neuer Mobilitätsformen wichtig. Grün macht die Fußweg- und Fahrrad-Stadt attraktiv. Gleichzeitig ermöglicht der Wandel vom motorisierten Individualverkehr mit PKWs zur nachhaltigen Mikromobilität erst die weitere Begrünung in der Stadt. Es liegt also im Interesse aller, wenn die Mobilitätswende konsequent in die Tat umgesetzt werden kann. Im besten Fall ist man selbst Vorbild, indem man den ÖPNV nutzt und nur zu Fuß oder mit dem Fahrrad unterwegs ist.

Literatur

AOK Gesundheitsmagazin (2022): https://www.aok.de/pk/magazin/sport/fitness/bewegungsmangel-und-seine-gesundheitlichen-folgen/ Zuletzt geprüft am 14.09.2025

aqt (2023): https://mcube-cluster.de/projekt/aqt/ Zuletzt geprüft am 07.09.2025

BBSR Bundesinstitut für Bau,. Stadt – und Raumforschung (2025): https://www.bbsr.bund.de/BBSR/DE/presse/presseinformationen/2025/stadt-der-viertelstunde.html Zuletzt geprüft am 14.09.2025

Berliner Regenwasseragentur (2025): https://regenwasseragentur.berlin/magazin/gruene-gullys-in-mitte/ Zuletzt geprüft am 15.11.2025

Berliner Wasserbetriebe, 2025: https://www.bwb.de/paigls/docs/350-2024-05-01.pdf Zuletzt geprüft am 13.12.2025

BlueGreenStreets, Toolbox 2.0 (2024): https://www.hcu-hamburg.de/research/forschungsgruppen/reap/reap-projekte/bluegreenstreets/ Zuletzt geprüft am 07.09.2025

Carbuna Pflanzgruben in der Stadt Stockholm 2017, auf Deutsch 2024: https://cdn.shopify.com/s/files/1/0588/0152/0800/files/Pflanzgruben_in_der_Stadt_Stockholm_2017_2024__V0.1_20240325.pdf?v=1711441066 Zuletzt geprüft am 15.11.2025

DBU Deutsche Bundesstiftung Umwelt (2025): https://www.dbu.de/projektdatenbank/38453–01/ Zuletzt geprüft am 15.11.2025

Difu, Deutsches Institut für Urbanistik (2025), Policy Paper „Verkehrsberuhigung und Einzelhandel: Dann wird's laut": https://difu.de/publikationen/2025/verkehrsberuhigung-und-einzelhandel-dann-wirds-laut Zuletzt geprüft am 06.09.2025

DW, Deutsche Welle (2023), Katastrophen verhindern durch bessere globale Wetterdaten: https://www.dw.com/de/katastrophen-verhindern-durch-bessere-globale-wetterdaten/a-67077307 Zuletzt geprüft am 28.12.2025

Fischer F., Oberhansberg H. (2021): Was hat die Mücke je für uns getan? Seite 107–108, Oekom Verlag, München

GALK e. V., Deutsche Gartenamtsleiterkonferenz Arbeitskreis (2024), Positionspapier Wassersensible Straßenraumgestaltung: https://www.galk.de/arbeitskreise/stadtbaeume/themenuebersicht/versickerungsanlagen-vs-baumstandorte/ Zuletzt geprüft am 10.01.2025

Geoscience (2009): https://www.nature.com/articles/ngeo686 Zuletzt geprüft am 10.01.2025 Zuletzt geprüft am 13.01.2025

Hildebrandt A., Silber C. (2022): Zukunft Mikromobilität, Büchner Verlag, Marburg

LfU Bayerisches Landesamt für Umwelt (2024): https://www.lfu.bayern.de/publikationen/get_pdf.htm?art_nr=lfu_was_00356

Matthew J Tallis, Jorge Humberto Amorim, Carlo Calfapietra, Peter Freer-Smith, Simone Kotthaus, Piero Toscano, Fabiano Lemes de Oliveira, Ana Isabel Miranda and Sue Grimmond, 2025, Chapter 2 The impacts of green infrastructure on air quality and temperature: https://china.elgaronline.com/display/edcoll/9781783473991/9781783473991.00008.xml Zuletzt geprüft am 12.04.2025

MPI Max-Planck-Gesellschaft (2011): https://www.mpg.de/4705567/kohlenstoffspeicher-boden Zuletzt geprüft am 10.01.2025

NABU 1, Naturschutzbund Deutschland (2025): https://www.nabu.de/tiere-und-pflanzen/pilze-und-flechten/14131.html Zuletzt geprüft am 10.01.2025

NABU 2, Naturschutzbund Deutschland (2025): https://www.nabu.de/tiere-und-pflanzen/pilze-und-flechten/10155.html

NABU 3, Naturschutzbund Deutschland (2025): https://www.bund-naturschutz.de/pressemitteilungen/hitze-in-der-stadt-in-bayerns-staedten-werden-hunderttausende-baeume-gefaellt Zuletzt geprüft am 31.01.2025

NATUR.de (2023): https://www.wissenschaft.de/erde-umwelt/die-groesste-artenvielfalt-steckt-im-boden/ Zuletzt geprüft am 10.01.2025

NatUrWB (2025): https://www.naturwb.de/ Zuletzt geprüft am 28.12.2025

Straaß, Veronika und Lieckfeld, Claus Peter (2025), Drecksarbeit – Der Mikrokosmos unter unseren Füßen, Seite 99, Dölling und Galitz Verlag

Utopia (2019): https://utopia.de/ratgeber/shiitake-aus-bier-auf-pilzsuche-in-bruessels-untergrund_158742/ Zuletzt geprüft am 10.01.2025

Vertikka (2021): https://german-biochar.org/vertikka-vertikale-klima-klaer-anlage/ Zuletzt geprüft am 19.06.2025

Pflanzplanung und Pflanzlisten

7

Das urbane Grün ist vielfältig und besteht aus einer Vielzahl von verschiedenen Pflanzenarten unterschiedlicher Wuchsformen, Zusammensetzungen und Herkunft. Oftmals stehen Pflanzen im urbanen Raum unter Stress. Dies verschärft sich durch den Klimawandel. Eine große Chance bietet die neue urbane Biodiversität. Beides – der Klimawandel und die Artenkrise – sollten bei der Pflanzenauswahl berücksichtigt werden.

7.1 Standortfaktoren im urbanen Raum

Die Planung und Auswahl von Pflanzen in der Stadt unterliegen vielfältigen Faktoren. Pflanzen im urbanen Raum sind einem speziellen Lokalklima ausgesetzt. Zum einen wirkt der globale Klimawandel auf die Städte, jedoch bildet sich in jeder Stadt auch ein eigenes Stadtklima. Die meisten Städte wirken als Wärmeinseln und bremsen Frischluftzufuhr aus dem Umland ab. Jeder Standort in der Stadt hat verschiedene Mikro-Klimata mit verschiedenen Sonnenscheindauern, Windverhältnissen, verschiedenen Boden- und Wasserverhältnissen und Wechselwirkungen mit anderen Organismen. Dies gilt es alles zu berücksichtigen. Neben den klimatischen Standortfaktoren müssen Pflanzen auch soziale, ökologische und ökonomische Leistungen für die Stadtbevölkerung erbringen. Bei den sozialen Leistungen sind dies Kriterien der Gesundheitsvorsorge, Erholung, Therapie und Bildung. Bei den ökologischen Kriterien sind dies vor allem die Klimaregulation und die Förderung der urbanen Biodiversität. Ebenso können sie vor Lärm und Emissionen schützen und zur Wasserregulation beitragen. Die ökonomischen Leistungen sind beispielsweise die Produktion von Nutzpflanzen, die Aufwertung der Baukultur und die Erhöhung des monetären Wertes von Häusern im Bereich von Parkanlagen (s. Abschn. 3.1). Ebenso muss die Nutzungsintensität beachtet werden und natürlich auch die gewünschte Ästhetik. Pflanzen im städtischen Raum müssen demnach verschiedene Funktionen erfüllen.

T. Kaysers, *Stadtbegrünung*, https://doi.org/10.1007/978-3-658-51457-0_7

7.2 Heimische Pflanzen, Wiederkehrer und invasive Pflanzen

Grundsätzlich sind alle Pflanzen auf der Erde beheimatet. Seit ca. 450 Mio. Jahren besiedeln sie das Land. Es hat sich eine große Vielzahl von Landpflanzen entwickelt und sich stets dem Klima angepasst. So gab es in Europa auch schon tropisches Klima mit Regenwäldern oder Eiszeiten mit einem mächtigen Eisschild und einer Tundravegetation. Dabei verschoben sich die verschiedenen Pflanzengesellschaften mit dem Klima. Die heutige Temperatur pendelte sich nach der letzten Eiszeit vor ca. 11.700 Jahren in Europa ein. In Mitteleuropa dominierte ein Laubmischwald aus Eichen, Ulmen und Linden. In den höheren Lagen wuchs vorrangig die Fichte und in Auenwäldern die Erle und die Esche. Auf sandigen Böden die Waldkiefer. Später wurde die Dominanz der Eichen von der Rotbuche verdrängt. Bevor der Mensch stark in diese natürliche Vegetationsentwicklung eingegriffen hat, dominierte demnach die Rotbuche, mit einer Fläche von fast 70 % in Mitteleuropa. Dies kann in Karten der „potenziell natürlichen Vegetation“ eingesehen werden. Eine natürliche Vegetation hängt also vom Klima ab. Doch seitdem der Mensch sesshaft wurde, griff er maßgeblich in die natürliche Vegetation ein, insbesondere in Europa, wo es fast kein Gebiet mehr gibt, in welches der Mensch noch nicht eingegriffen hat.

Heutzutage wird in der Fachwelt zwischen heimischen und nicht-heimischen Pflanzen unterschieden. Die nicht-heimischen Pflanzen werden als „Neu-Pflanzen“ (Neophyten) bezeichnet. Dies sind Pflanzen, die nach der Entdeckung Amerikas durch Columbus 1492 neue Gebiete besiedelten oder bewusst angesiedelt wurden. Pflanzen, die davor Europa besiedelten, werden als Archäophyten bezeichnet. Ganz heimische oder indigene Arten sind Pflanzen, die sich in Europa seit der letzten Eiszeit vor ca. 11.700 Jahren ohne jedes menschliche Zutun entwickelt haben.

In Europa waren demnach schon fast alle Pflanzenarten vertreten. Die größten Einflussfaktoren waren das Klima und dann der Mensch. Im urbanen Raum unterscheiden sich genau diese beiden Faktoren von der natürlichen Landschaft. Demnach sollte sich in den Städten die Pflanzenauswahl nicht nur an der natürlichen Vegetation ausrichten (heimische Pflanzen), sondern auch am Klima (z. B. Klimabäume) und an den Menschen (Neophyten). Bei den Klimapflanzen sind dies eben auch Arten, die es früher in Mitteleuropa gab und die somit im Prinzip auch heimisch sind. Die Definition, dass es neue Pflanzen sind, ist eine vom Menschen erfundene Grenze. Entscheidend ist das Klima, nicht das Datum. Wenn sich das Klima nun erwärmt, würden sich neue Pflanzen von ganz allein wieder ansiedeln. Da sich das Klima aber durch den menschengemachten Klimawandel zu schnell erwärmt, kann gerade der Mensch mit neuen Pflanzen aushelfen, um die schnelle Veränderung abzumildern. Diese schnelle Klimaveränderung ist gerade im urbanen Raum zu erleben. Wichtig dabei ist es daher, die dazu gehörige Fauna mitzunehmen, denn diese leidet gerade an der zu schnellen Veränderung. Der Klimawandel ist eine der größten Gefahren für die Artenvielfalt. Dazu kommt, dass keiner exakt weiß, wie sich das Klima und damit die Flora und Fauna verhalten. Derzeit wird von einer Klimaerwärmung ausgegangen, doch treten die sogenannten Kipppunkte ein, könnte es auch zu einer Kaltzeit kommen. In einer Kaltzeit könnten plötzlich als invasiv eingestufte Arten wie die Kanadische Goldrute oder das Berufskraut „heimisch“ werden, weil sie extreme Winter besser aushalten und so die Funktionsfähigkeit eines Systems stabilisieren. Wird es dauerhaft heiß, prosperieren jetzt als invasiv eingestufte Arten wie Sommerflieder oder Hanfpalme. Daher braucht es eine gute Mischung, um auf alle möglichen Szenarien vorbereitet zu sein. Nur durch Vielfalt kann man sich auf alles vorbereiten. Somit können sich heimische Tierarten auch auf neue Pflanzenarten besser einstellen und diese mit der Zeit ebenfalls annehmen. Denn mit der Zeit gewöhnt sich die Fauna auch an neue Arten. In Europa gelten bereits über 700 Arten als Neophyten. Darunter sind auch Arten, die von Naturschützern empfohlen werden wie z. B. die Nachtkerze (Abb. 7.1) oder der Persische Ehrenpreis.

Dennoch sollten heimische Gehölze explizit gefördert werden, denn nach wie vor dominieren Arten, die mit ihnen zusammenleben. Sie brauchen Nahrung und Lebensraum. Hier sollten auch die Spezialisten beachtet werden. Dies sind Arten, die nur an einer oder ein paar wenigen Pflanzen leben (s. Abschn. 7.5).

Wer ganz gezielt die regionale Vielfalt unterstützen möchte, kann gebietsheimische Arten unterstützen und pflanzen. In der freien Natur ist das Pflanzen nicht-gebietsheimischer Pflanzen sogar genehmigungspflichtig. Gebietsheimisch sind die Pflanzen, die seit mehr als 100 Jahren in dem entsprechenden Naturraum vorkommen. Von diesen gebietsheimischen Pflanzen profitieren besonders viele Arten, da sie sich schon über viele Jahre aneinander angepasst haben.

Abb. 7.1 Die Nachtkerze, ein nützlicher Neophyt für Insekten, Raupen und Käfer mit einer Blühzeit von 4 Monaten bis in den September hinein. (Foto Kaysers 2025)

Doch gerade im urbanen Raum ist es möglich, dass neue Pflanzen ausprobiert werden. Die Grünflächen in der Stadt werden nicht als Natur im Sinne des Bundesnaturschutzgesetzes aufgefasst. Daher können im urbanen Raum auch gebietsfremde Arten angepflanzt werden. Dies ermöglicht es, die neuen Gehölze zu testen und gleichzeitig kann so auch ihre Invasivität untersucht werden. Dies ist ein wertvoller Beitrag für die Zukunftssicherung des Stadtgrüns.

Eine Herausforderung stellen die Neophyten dar, die sich invasiv ausbreiten. Sie können heimische Flora verdrängen oder verursachen starke Allergien. Allerdings trifft dies auf nur 10 % der zuvor genannten Neophyten zu. Von der Europäischen Union gibt es daher eine Liste mit invasiven Neophyten, dessen Besitz, Handel, Zucht, Transport und Freisetzung verboten ist (EU 2022). Bei den Pflanzen betrifft dies 41 Arten, wobei davon nur 22 Pflanzenarten hier in Deutschland vorkommen. Darunter befinden sich auch etablierte Arten wie der Götterbaum (Ailanthus altissima), der Riesenbärenklau (Heracleum mantegazzianum) oder das Drüsige Springkraut (Impatiens glandulifera). Die Liste wird über die Jahre ergänzt und angepasst. So ist nicht auszuschließen, dass z. B. das Drüsige Springkraut eines Tages zum „angepassten" Neophyt gezählt wird. Dies sobald sich die heimischen Arten daran angepasst haben und es genügend Fraßfeinde gibt, welche die Verbreitung auf natürliche Weise regulieren. Schon jetzt ist das Springkraut eine wichtige Trachtpflanze für Insekten im Herbst, da die Blühzeit bis in den Oktober reicht, während andere heimische Pflanzen nicht mehr blühen. Dennoch, nach aktueller Gesetzeslage ist auf die Listezu achten. Alle anderen Pflanzen sollten jedoch in einer großen Vielfalt berücksichtigt werden. Dabei gibt es außer der zuvor genannten Liste keine Einschränkungen im urbanen Raum – je vielfältiger, desto besser. Grundsätzlich sollte auch bedacht werden, dass die Diskussion um Neophyten nicht zu stark diskriminierend ist. Denn das Problem sind nicht unbedingt die Pflanzen selbst, sondern die Einbringung und die Veränderung der natürlichen Pflanzenlandschaft durch den Menschen. Dies sollte vielmehr problematisiert werden. Bei der Pflanzenauswahl ist es aber generell zu begrüßen, wenn vorrangig Arten gewählt werden, welche die Biodiversität erhöhen und die an den Klimawandel angepasst sind.

7.3 Biodiverse Klimabäume

Gerade die Anpassung an Hitze und Dürre für Pflanzen ist im urbanen Raum von Bedeutung. Denn je heißer und trockener es wird, desto geringer ist bei einigen Baumarten die Verdunstungsleistung. Daher sollten zukünftig Bäume in Deutschland gepflanzt werden, die Hitze und Dürre besser vertragen z. B. Baumarten aus Südeuropa (LWG 2021). Um die Biodiversität dabei zu berücksichtigen, sollte die Anzahl der auf den Bäumen lebenden Organismen wie Moose, Flechten, Wildbienen, Schmetterlinge, Käfer, Vögel und Säugetiere betrachtet werden. Nachfolgend (Tab. 7.1) eine nicht abschließende Auswahl von Gehölzen für den urbanen Raum, die beide Kriterien, die des Klimawandels und der Biodiversität, erfüllen. Die Zusammenstellung ist eine Auswahl aus verschiedenen Quellen wie der GALK-Straßenbaumliste (GALK 2025), der GALK-Zukunftsbaumliste, des

Biodiversitätsindex 2012 für Stadtbäume im Klimawandel der Stadt Zürich (SWILD 2021) und der Liste Projekt Stadtgrün 2021 der drei Versuchsstandorte Würzburg, Hof und Kempten (Stadtgrün 2021), die Klimabaumliste der Baumschule Lorenz von Ehren (LvE 2020) und die Klimabäume des Instituts für Stadtgrün und Landschaftsbau (LWG 2019). Zu den Angaben der Biodiversität wurden die Angaben aus der Liste der Stadt Zürich um die Angaben von der Plattform NaturaDB ergänzt (NaturaDB 2025). Dabei wurde jeweils der Höchstwert verwendet bzw. der Wert, der mindestens in einer der zuvor genannten Listen stand (Tab. 7.1).

Dies ist eine allgemeine Liste mit biodiversen und klimaresilienten Baumarten für die Stadt. Doch sollten bei jeder Neupflanzung auch das Mikroklima vor Ort, die externen Einflüsse wie Schadstoffe oder auch die jeweilige Nutzung berücksichtigt werden.

Die Bäume mit der höchsten Biodiversität und Klimaresilienz in der Liste sind die Eichen (Quercus cerris, frainetto, petraea und robur). Hervor stechen auch die Säulenpappel (Populus nigra „Italica“ Abb. 7.2) und die Winterlinde (Tilia cordata). Hierbei sei

Tab. 7.1 Biodiverse Klimabäume. (Quelle siehe zuvor, geändert Kaysers 2025)

Gattung Art	Zahl Moose/ Flechten	Zahl Insekten*	Zahl Vögel	Gesamt Arten	Höhe/ Breite (m)	Lichtbedarf
Acer buergerianum (Dreispitz-Ahorn)	9	32	1	42	8–10 (15)/ 4–6	Sonnig/ Halbschatten
Acer campestre (Feldahorn)	10	72	15	97	10–15 (20)/ 10–15	Sonnig/ Halbschatten
Acer monspessulanum (Französischer Ahorn)	8	47	3	48	5–8 (11)/ 4–7	Sonnig/ Halbschatten
Acer platanoides (Spitzahorn)	8	49	3	60	20–30/ 15–22	Sonnig/ Halbschatten
Acer rubrum (Rotahorn)	8**	32	1**	41	10–15 (20)/ 6–10 (14)	Sonnig/ Halbschatten
Acer x freemanii „Autumn Blaze“ (Ahorn)	8	8	1	17	15–20/ 12–15	Sonnig
Alnus x spaethii (Purpurerle)	6	4	2	12	12–15/ 8–10	Sonnig
Carpinus betulus „Frans Fontaine“ (Säulen-Hainbuche)	8	61	2	71	10–15/ 4–5	Sonnig/ Halbschatten
Cercis siliquastrum (Judasbaum)	6	4	1	11	4–6/4–6	Sonnig
Celtis australis (Europäischer Zürgelbaum)	7	2	2	11	10–20/ 10–15	Sonnig
Cornus mas (Kornelkirsche)	k.A.	17	15	32	5–6 (8)/ 3–5	Sonnig/ Halbschatten

(Fortsetzung)

Tab. 7.1 (Fortsetzung)

Gattung Art	Zahl Moose/ Flechten	Zahl Insekten*	Zahl Vögel	Gesamt Arten	Höhe/ Breite (m)	Lichtbedarf
Corylus colurna (Baumhasel)	6	5	3	14	15–18 (23)/ 8–12 (16)	Sonnig/ Halbschatten
Fraxinus americana „Autumn Purple“ (Weißesche)	9	3	2	14	15–18/ 12–15	Sonnig
Fraxinus ornus (Blumenesche)	8	6	2	16	8–12 (15)/6–8 (10)	Sonnig
Ginkgo biloba (Ginkgobaum)	4	3	2	9	15–30 (35)/10–15 (20)	Sonnig
Gleditsia triacanthos „Skyline“ (Dornenlose Gleditschie)	5	4	2	11	10–25 (20)/10–15	Sonnig
Liquidambar styraciflua (Amberbaum)	6	3	2	11	10–20 (30)/6–12	Sonnig
Liriodendron tulipifera (Tulpenbaum)	6	4	2	12	25–35/ 15–20	Sonnig
Magnolia kobus (Baummagnolie)	5	3	2	10	8–10/ 4–8	Sonnig/ Halbschatten
Malus tschonoskii (Wollapfel)	7	62	2	71	8–12/ 2–4	Sonnig/ Halbschatten
Metasequoia glyptostroboides (Urweltmammutbaum)	3	2	2	7	25–35 (40)/7–10	Sonnig
Ostrya carpinifolia (Hopfenbuche)	6	6	2	14	10–15 (20)/8–12	Sonnig/ Halbschatten
Parrotia persica (Persischer Eisenholzbaum)	4	2	2	8	6–10 (12)/5–10	Sonnig/ Halbschatten
Pinus sylvestris (Waldkiefer)	4	57	4	65	10–30/7–10	Sonnig
Populus nigra „Italica“ (Säulenpappel)	8	131	4	143	25–30 (40)/3–6	Sonnig/ Halbschatten
Quercus cerris (Zerreiche)	6	211	3	220	20–30/ 10–15 (25)	Sonnig
Quercus frainetto (Ungarische Eiche)	7***	155	3***	165	10–10 (25)/10–15	Sonnig/ Halbschatten

(Fortsetzung)

Tab. 7.1 (Fortsetzung)

Gattung Art	Zahl Moose/ Flechten	Zahl Insekten*	Zahl Vögel	Gesamt Arten	Höhe/ Breite (m)	Lichtbedarf
Quercus ilex (Steineiche)	k.A.	155	k.A.	155	10–20/ 5–8	Sonnig
Quercus petraea (Traubeneiche)	7	219	5	231	20–30 (40)– 15–20 (25)	Sonnig
Quercus robur (Stieleiche)	8	212	5	225	25–35 (40)/15–20 (25)	Sonnig
Quercus rubra (Roteiche)	7	14	3	24	20–25/ 12–18 (20)	Sonnig
Sophora japonica (Schnurbaum)	5****	4	2****	11	15–20 (25)/12–18 (20)	Sonnig
Sorbus aria (Mehlbeere)	6	42	3	51	6–12 (18)/4–7 (12)	Sonnig
Sorbus intermedia (Schwedische Mehlbeere)	6	49	4	59	10–15 (20)/5–7	Sonnig
Tilia americana „Nova" (Amerika-nische Linde)	8*****	68	3*****	79	25–30/ 15–20	Sonnig/ Halbschatten
Tilia cordata (Winterlinde)	9	91	5	105	18–20 (30)/12–15 (20)	Sonnig/ Halbschatten
Tilia tomentosa (Silberlinde)	8	68	4	80	25–30/ 15–20	Sonnig
Tilia x euchlora (Krim-Linde)	8	68	2	78	15–20 (25)/10–12	Sonnig
Tilia x flavescens „Glenleven" (Kegellinde)	8	10	3	21	15–20 (25)/12–15	Sonnig
Ulmus-Hybride „Columella" (Säulen-Ulme)	5	6	2	13	15–20/5–10	Sonnig/ Halbschatten
Ulmus-Hybride „New Horizon" (Schmalkronige Stadtulme)	7	5	2	14	20–25/5–6	Sonnig/ Halbschatten
Ulmus-Hybride „Rebona" (Rebona Ulme)	5	5	2	12	15–20/ 10–15	Sonnig/ Halbschatten
Ulmus x hollandica „Lobel" (Schmalkronige Stadtulme)	7	6	3	16	12–15/4–5	Sonnig

(Fortsetzung)

Tab. 7.1 (Fortsetzung)

Gattung Art	Zahl Moose/ Flechten	Zahl Insekten*	Zahl Vögel	Gesamt Arten	Höhe/ Breite (m)	Lichtbedarf
Zelkova serrata (Japanische Zelkove)	2	2	2	6	20–25/ 15–25	Sonnig/ Halbschatten
Zelkova serrata „Green Vase“ (Japanische Zelkove)	3	4	2	9	15–18/12	Sonnig/ Halbschatten

* Insekten und Raupen: Wildbienen, Käfer, Schmetterlinge, Libellen, Heuschrecken, Ameisen, Zikaden und Fliegen sowie Raupen, die den Schmetterlingen (Motten) zuzuordnen sind.
** Sorte „Scanlon“
*** Sorte „Trump“
**** Sorte „Regent“
***** Sorte „Redmond“

erwähnt, dass vor allem gemäß NaturaDB die Vielzahl an Raupen bei der Säulenpappel (95 Stück) und bei der Winterlinde (73 Stück) zu nennen sind, die den Baum als Futterpflanze verwenden.

Generell hängt die Einzelbaumbewertung zur Biodiversität vom Alter bzw. dem Kronenvolumen und der Vernetzung am Standort ab. Daher sind die oben genannten Werte als grobe Mittelwerte anzunehmen. Soll die Biodiversität erhöht werden, steht an erster Stelle der Erhalt vorhandener Bäume. Sollte der Baum nicht gehalten werden können, sollte vorrangig die Wildform einer einheimischen Art gepflanzt und bei Neophyten auf einen hohen Biodiversitätswert geachtet werden.

Als Neophyten, die trotzdem schon gut bei der heimischen Tierwelt angekommen sind, können der Acer buergerianum (Dreispitz-Ahorn), Acer rubrum (Rotahorn), Malus tschonoskii (Wollapfel), Tilia americana „Nova“ (Amerikanische Linde) und die Tilia x euchlora (Krim-Linde) genannt werden. Es gibt viele weitere neue Baumarten, die bezüglich der Klimaresilienz getestet werden. Beispielsweise die Samthaarige Stinkkirsche (Tetradium danielli) oder der Geweihbaum (Gymnocladus dioicus). Doch ist bei diesen Bäumen der Biodiversitätswert deutlich geringer, sodass es da vielleicht noch mehr Zeit braucht, bis die Fauna diese Bäume angenommen hat. Doch solange diese Bäume nicht invasiv sind, ist es gut Erfahrungen damit zu sammeln.

Mit der Waldkiefer (Pinus sylvestris) ist nur ein Nadelbaum enthalten. Es ist auch der einzige Baum, der nicht auf der GALK-Straßenbaumliste steht.

Ein spezieller Fokus gilt auch dem Thema Allergien. Einige neue Pflanzen verlängern durch frühere oder spätere Blühzeiten und höhere Pollenkonzentrationen die Beschwerden der Menschen mit Pollenallergien. So wird die Alnus x spaethii (Purpurerle) in der Frankfurter Baumliste als einziger von 184 Bäumen als hochallergen charakterisert.

Weitere Informationen zu Klimabäumen in der Stadt finden sich u. a., auch in der **Klima-Arten-Matrix** (KLAM 2008), in der Datenbank **Citree** (Citree 2015) oder dem **Netzwerk Zukunftsbäume** (UH 2023).

Abb. 7.2 Blick in die Kronen dreier mächtiger Säulenpappeln – sehr biodiverse Bäume. (Foto Kaysers 2025)

7.4 Klimaresiliente Staudenpflanzungen

Bei Stauden müssen im Gegensatz zu Bäumen nicht die nächsten 100 Jahre betrachtet werden, sondern für eine stabile Pflanzengemeinschaft reicht eine Betrachtung für Jahrzehnte aus. Daher wurden Mischpflanzungen empfohlen und entwickelt, die wenig Pflege benötigen und gegenüber Hitze stresstolerant sind (Abb. 7.3). Ebenso können Stauden wichtige Partner als Unterpflanzungen für Baumstandorte sein, da sie natürliche Gegenspieler von Baumschädlingen sein können.

Der Bund Deutscher Staudengärtner hat bewährte Staudenmischungen und verschiedenen Broschüren zusammengestellt (ZVG 2025). Auch von der Bayerischen Landesanstalt wurden weitere Staudenmischungen entwickelt (LWG 1993). Um für Deutschland klimaresiliente Stauden zu finden, wurde global nach ähnlichen Landschaftstypen gesucht. So wurden Stauden aus der nordamerikanischen und eurasischen Steppe sowie mediterrane Kräuter in den Mischungen beigemischt.

Neben der Trockenheitsresistenz sollte, wie mehrfach betont, auch die Biodiversität beachtet werden. Dabei sollten die Mischungen einen hohen Anteil an heimischen Pflanzen und breite Blütenzeiträume abdecken. Es gibt Staudenmischungen, die fast nur aus heimischen Stauden bestehen wie z. B. „Heimische Blütensteppe", „Heimischer Blütensaum" und „Heimischer Blütenwandel". Ein guter Leitfaden für bestäuberfreundliche Staudenpflanzungen wurde von der LVG Heidelberg und der Universität Hohenheim herausgegeben, 3. Ausgabe April 2025.

Abb. 7.3 Testflächen klimaresilienter Stauden, Hasenheide Berlin. (Planstatt Senner GmbH 2023, Foto Kaysers 2023)

Ebenso dürfen sich Staudenflächen entwickeln und verändern. Oftmals werden zusätzliche neue Wildstauden über Tiere oder den Wind eingetragen. Wenn sie sich gut etablieren und die Mischung gut ergänzen, sollte diese Lebendigkeit zugelassen werden. Solche Arten wurden früher umgangssprachlich Unkraut genannt. Das Zulassen dieser natürlichen Ausbreitung kann auch Gestaltungselement sein. Auf der Chelsea Flowershow wurde ein Garten prämiert, der sogenannte „PFKAW-plants" (formerly known as weeds = „Pflanzen, früher bekannt als Unkraut") gezielt eingesetzt hat (Richter 2025). Also für Deutschland übertragen die „**FUP-Pflanzen**" (Früher Unkraut Pflanzen).

7.5 Biodiverse Kletterpflanzen

Die Kletterpflanzen werden in selbstklimmende Kletterpflanzen sowie in Gerüstkletterpflanzen wie Schlinger-Winder-Spreizklimmer- und Ranker eingeteilt. Für Gebäude eignen sich Gerüstkletterpflanzen, die im besten Fall auch biodivers sind. Nachfolgend ein paar Pflanzvorschläge für unterschiedliche Höhen Tab. 7.2–7.4.

Tab. 7.2 Biodiverse Gerüst-Kletterpflanzen bis 5 m hoch (Schlinger/Winder/Spreizklimmer/Ranker) nach Pfoser 2018, NaturaDB 2025 (geändert Kaysers 2025). Fett gedruckt, die heimischen Arten.

Wuchshöhe **bis 5m**						
Gattung Art	Anzahl Insekten und Raupen	Vögel*	Standort	Blütenfarbe/Monat	Fruchtfarbe/Monat	Wintergrün/fakulativ + Konstruktion
Lonicera periclymenum (Waldgeißblatt)	48	k.A.	Halbschatten/ Schatten	V-VI	VIII	Seile, Stäbe
Lonicera caprifolium (Echtes Geißblatt)	43	Ja	Sonnig/ Halbschatten	V-VI	VIII	Seile, Stäbe
Rubus henryi (Kletterhimbeere)	51	k.A.	Halbschatten/ Schatten	VI	VIII Essbar	Seile, Stäbe
Actinidia polygama (Japanischer Strahlengriffel)	5	k.A.	Sonnig/ Halbschatten	V-VII	IX Essbar	Seile, Stäbe
Actinidia kolomikta (Bunter Strahlengriffel)	5	k.A.	Sonnig	V-VI	X Essbar	Seile, Stäbe
Pyracantha coccinea (Mittelmeer Feuerdorn) – als Kletterpflanze verwendbar	30	Ja	Halbschatten/ Schatten	V-VI	IX	Gitter
Clematis alpina (Alpen-Waldrebe)	34	k.A.	Halbschatten	IV-VI		Gitter, Netze
Clematis viticella (Italienische Waldrebe)	25	k.A.	Sonnig	VI-X		Gitter, Netze
Clematis macropetala (Großblumige Waldrebe)	25	k.A.	Sonnig/ Halbschatten	IV-V		Gitter, Netze
Clematis tangutica (Mongolei-Waldrebe)	25	k.A.	Sonnig	VI-X		Gitter, Netze
Rosa gallica "Scharlachgut" (Kletterrose Scharlachgut)	86	Ja	Sonnig/ Halbschatten	VI-VII	IX	Gitter
Bryonia dioica (Rotfrüchtige Zaunrübe)	5	k.A.	Sonnig/ Halbschatten	VI-IV	ab VII	Gitter, Netze
Bryonia alba (Weiße Zaunrübe)	3	k.A.	Sonnig	VI-IV	ab VII	Gitter, Netze

*Vögel: Vogelschutzgehölz und Vogelnährgehölz

Tab. 7.3 Biodiverse Gerüst-Kletterpflanzen, 5–10 m hoch (Schlinger/Winder/Spreizklimmer/Ranker) nach Pfoser 2018, NaturaDB 2025 (geändert Kaysers 2025). Fett gedruckt, die heimischen Arten

Wuchshöhe **5m - 10m**						
Gattung Art	Anzahl Insekten und Raupen	Vögel*	Standort	Blüten-farbe/Monat	Frucht-farbe/Monat	Wintergrün/ fakulativ + Konstruktion
Clematis orientalis (Orange Peel Waldrebe)	25	k.A.	Sonnig	IV-X	IV-X	Gitter, Netze
Vitis coignetiae (Rostrote Weinrebe)	1	Ja	Sonnig	VI-VII	Ab VIII Essbar	Seile, Stäbe
Actinidia arguta (Scharfzähniger Strahlengriffel)	5	Ja	Sonnig/ Halbschatten	IV	IX-X	Seile, Stäbe
Lonicera x tellmanniana (Gold-Geißblatt)	35	k.A.	Sonnig/ Schatten	VI-X	XI	Seile, Stäbe
Humulus lupulus (Hopfen)	8	k.A.	Sonnig/ Halbschatten	VII-VIII	IX Essbar	Seile, Stäbe

*Vögel: Vogelschutzgehölz und Vogelnährgehölz

In der Wuchshöhe bis 5 m sticht vor allem die Kletterrose „Scharlachgut“ mit einer hohen Anzahl an Insekten und Raupen heraus, die von der Pflanze profitieren. Ebenso interessant für Insekten ist die Kletterhimbeere, deren Früchte auch für Menschen essbar sind (Abb. 7.5).

In der Wuchshöhe 5–10 m ist das Gold-Geißblatt zu empfehlen, welches gut bei Insekten angenommen wird. Aus eigener Erfahrung ist die Pflanze anspruchslos, wächst in jedem Boden und in allen Lichtverhältnissen gut. Die abgeschnittenen Triebe lassen sich auch gut als Stecklinge vermehren.

Auf Englisch heißt das Gold-Geißblatt „golden Honeysuckle“, was so viel wie „Honig säugen“ bedeutet (Abb. 7.4).

In der Gruppe der am höchsten wachsenden Kletterpflanzen ist die heimische Gewöhnliche Waldrebe unschlagbar, was die Artenvielfalt angeht. Jedoch auch die Blauregen, werden von vielen Insekten angenommen. Die Blauregen sind jedoch sehr stark schlingend und müssen frühzeitig und regelmäßig von der Kletterhilfe abgebunden werden, da diese sonst verbogen wird.

Tab. 7.4 Biodiverse Gerüst-Kletterpflanzen 10–25 m hoch (Schlinger/Winder/Spreizklimmer/Ranker) nach Pfoser 2018, NaturaDB 2025 (geändert Kaysers 2025). Fett gedruckt, die heimischen Arten

Wuchshöhe **10m - 25m**						
Gattung Art	Anzahl Insekten und Raupen	Vögel*	Standort	Blüten-farbe/ Monat	Frucht-farbe/Monat	Wintergrün/ fakulativ + Konstruktion
Wisteria chinensis (Blauregen)	46	k.A.	Sonnig	V-VII	IV-X	Seile, Stäbe
Wisteria floribunda (Japanischer Blauregen)	46	k.A.	Halbschatten	V-VI	IV-X	Seile, Stäbe
Hydrangea petiolaris (Kletterhortensie)	Ja, Anzahl k.A.	Ja	Halbschatten/ Schatten	VI-VI	VIII	Seile, Stäbe
Actinidia deliciosa (Kiwi)	5	k.A.	Sonnig/ Halbschatten	VI-VII	IX Essbar	Seile, Stäbe
Vitis riparia (Ufer-Rebe)	1	Ja	Sonnig	VI	IX	Gitter, Netze
Clematis vitalba (Gewöhnliche Waldrebe)	67	k.A.	Sonnig/ Halbschatten	VI-X		Gitter, Netze

*Vögel: Vogelschutzgehölz und Vogelnährgehölz

Geeignete Klettersysteme und Formen siehe Abschn. 5.2 oder können auf der Seite fassadengruen.de (https://www.fassadengruen.de/ zuletzt geprüft 28.12.2025) abgerufen werden.

Interessante Ergebnisse und Informationen zu biodiversitätsfördernder Fassadenbegrünung können einem Leitfaden des Instituts für Akustik und Bauphysik, des Instituts für Landschaftsplanung und Ökologie, von Helix Pflanzensysteme und des Frauenhofer-Instituts für Bauphysik entnommen werden (ABP 2025).

Abb. 7.4 Gold-Geißblatt – eine beliebte Insektenpflanze - beim Klettern an einer Fassade in Owingen am Bodensee. (Foto Kaysers 2025)

Abb. 7.5 Wer ein Pfaffenhütchen pflanzt, kann im Herbst mit dem Besuch eines Rotkehlchens rechnen. (Foto Kaysers 2025)

7.6 Der Naturgarten

Der Naturgarten sollte aus vielen verschiedenen Bereichen bestehen. Jeder Bereich hat verschiedene Pflanzen. Auch hier sollte neben der Standortverträglichkeit und dem Boden auch die Biodiversität und Klimaresilienz ein Hauptkriterium sein. Hierbei bieten sich folgende Pflanzbereiche und Pflanzen an (Tab. 7.5 und 7.6).

Was die Artenvielfalt angeht, stechen die Weidenarten heraus. Diese sollten in keinem Naturgarten fehlen. Ebenso der zweigriffeliger Weißdorn. Stauden sind hier nicht explizit aufgelistet. Dazu gibt es viele Informationen im Netz, beispielsweise auf der Webseite https://naturgartenplaner.de/ oder https://www.nabu.de/umwelt-und-ressourcen/oekologisch-leben/

Tab. 7.5 Kleine Bäume (zusammengestellt Kaysers 2025)

Kleine Bäume bis 8/15m Höhe					
Gattung Art	Anzahl Insekten und Raupen	Vögel*	Standort	Blüten-farbe/Monat	Boden
Acer campestre (Feldahorn)	72	Ja, 15	Sonnig/ Halbschatten	V-VI	Nährstoffarm bis normaler Boden
Acer monspessulanum (Französischer Ahorn)	47	k.A.	Sonnig/ Halbschatten	IV-V	Normaler Boden
Amelanchier lamarkii (Kupfer Felsenbirne)	31	Ja	Sonnig/ Halbschatten	IV	Nährstoffarmer Boden
Malus „Evereste" (Zierapfel „Evereste")	3	Ja	Sonnig/ Halbschatten	V-VI	Nährstoffreicher Boden
Prunus cerasifera „Nigra" (Blutpflaume „Nigra")	71	Ja	Sonnig/ Halbschatten	III-IV	Durchlässig bis humos, nährstoffreicher Boden
Prunus padus (Gemeine Traubenkirsche)	126	Ja, 24	Sonnig/ Halbschatten	VI-V	Nährstoffreicher Boden
Mespilus germanica (Echte Mispel)	44	Ja	Sonnig/ Halbschatten	V-VI	Nährstoffreicher Boden
Salix caprea (Sal-Weide)	323	k.A.	Sonnig/ Halbschatten	III-IV	Normal
Mehlbeere (Sorbus aria)	52	Ja	Sonnig/ Halbschatten	V-VI	Durchlässig bis normal
Sorbus aucuparia „Edulis" (Essbare Vogelbeere)	89	Ja, 63	Sonnig/ Halbschatten	V-VI	Normal

Tab. 7.6 Hecken (zusammengestellt Kaysers 2025)

Hecken					
Gattung Art	Anzahl Insekten und Raupen	Vögel*	Standort	Blüten-farbe/Mon at	Boden
Apfelrose (Rosa villosa)	86	Ja, 27	Sonnig/ Halbschatten	V-VI	Normaler Boden
Bibernellrose (Rosa pimpinellifolia)	86	k.A.	Sonnig/ Halbschatten	V-VI	Normaler Boden
Hechtrose (Rosa glauca)	86	Ja, 27	Sonnig/ Halbschatten	VI-VII	Närstoffarmer Boden
Hundsrose (Rosa canina)	92	Ja, 27	Sonnig/ Schatten	V-VI	Nährstoffreicher Boden
Besenginster (Cytisus scoparius)	106	k.A.	Sonnig/ Halbschatten	V-VI	Närstoffarmer bis normaler Boden
Echte Mispel (Mespilus germanica)	44	Ja	Sonnig/ Halbschatten	V-VI	Nährstoffreicher Boden
Zweigriffeliger Weißdorn (Crataegus laevigata)	148	Ja, 32	Sonnig/ Halbschatten	V-VI	Nährstoffreicher Boden
Europäische Stechpalme (Ilex aquifolium)	9	Ja	Halbschatten/ Schatten	V-VI	Normal
Europäischer Pfeifenstrauch (Philadelphus coronarius)	1	k.A.	Sonnig/ Halbschatten	IV-VII	Normal
Gemeine Pimpernus (Staphylea pinnata)	k.A.	k.A.	Sonnig/ Halbschatten	V-VI	Nährstoffreicher Boden
Gemeiner Liguster (Ligustrum vulgare)	53	Ja, 21	Sonnig/ Halbschatten	VI-VII	Normal
Gemeiner Schneeball (Viburnum opulus)	10	Ja, 22	Sonnig/ Halbschatten	V-VI	Nährstoffreicher Boden
Gewöhnliche Zwergmispel (Cotoneaster integerrimus)	43	k.A.	Sonnig/ Halbschatten	IV-V	Nährstoffreicher Boden
Hainbuche (Carpinus betulus)	61	Ja	Sonnig/ Schatten	IV-V	Normal
Hasel (Corylus avellana)	76	Ja	Sonnig	III-IV	Nährstoffreicher Boden
Kornelkirsche (Cornus mas)	17	Ja, 15	Sonnig/ Schatten	III-IV	Nährstoffreicher Boden
Ohr-Weide (Salix aurita)	258	k.A.	Sonnig/ Schatten	III-V	Normal
Roter Holunder (Sambucus racemosa)	29	Ja, 47	Sonnig/ Schatten	III-V	Nährstoffreicher Boden
Faulbaum (Rhamnus frangula)	40	Ja. 36	Sonnig/ Schatten	V-VI	Normal

*Vögel: Vogelschutzgehölz und Vogelnährgehölz

balkon-und-garten/grundlagen/index.html (zuletzt geprüft 30.11.2025). Wichtig ist im Naturgarten jedoch auch das Zulassen von Veränderung und Pflanzen, die mit der Zeit von selbst kommen. Mehr zum Naturgarten siehe Abschn. 5.3

7.7 Fokus Artenvielfalt im Klimawandel

In Zeiten der Klimakrise leidet vor allem die Artenvielfalt, da die natürlichen Prozesse durch das sich zu schnell verändernde Klima Schwierigkeiten haben, sich anzupassen. Nicht nur wir Menschen sind von den Pflanzen abhängig, sondern auch die Tiere. Insbesondere Insekten und Vögel, die auf den Blütenpollen, den Nektar oder den Samen der Pflanzen angewiesen sind. So bereiten veränderte Blühzeiten vor allem Spezialisten Schwierigkeiten. Dies sind oligolektische Arten, die sich nur von einer Pflanzenart ernähren wie z. B. die Glockenblume-Scherenbiene, welche sich, wie es der Name schon sagt, nur von der Glockenblume ernährt. Dies sind sogenannte Biozönosen. Um diese Insekten anzulocken und ihr Überleben zu sichern, braucht es den Erhalt und die Anpflanzung ihrer Lebenspartner-Pflanzen. Folgende Pflanzen können dazu an dem entsprechenden Standort gepflanzt werden (Tab. 7.7 und Abb. 7.5).

Auf der Webseite bienenfuettern.de (zuletzt geprüft 30.11.2025) des Bundesministeriums für Ernährung und Landwirtschaft kann ein Auswahl-Tool verwendet werden, um bienenfreundliche Pflanzen zu filtern und auszusuchen. Andere Arten, welche nicht an bestimmte Pflanzen gebunden sind, können jedoch mit einer gezielten Pflanzplanung unterstützt werden. So kann der Pflanzplan mit weiteren heimischen und aber auch nichtheimischen Arten ergänzt werden, sodass beispielsweise die spätsommerliche Trachtlücke geschlossen wird. Hierfür eignen sich Pflanzen aus Tab. 7.8

Beim Thema Insekten und Pflanzen kann auch sogenannter biologischer Pflanzenschutz betrachtet werden. Dies sind dann Pflanzen, die Nützlinge anziehen wie z. B. Schlupfwespen, Raubwanzen und Marienkäfer, die wiederum Pflanzenschädlinge bekämpfen und somit andere Pflanzen schützen – ganz ohne Pestizide.

Bei insektenfreundlichen Pflanzen denken die Menschen meist an blühende Blumen. Doch **auch Gräser können insektenfreundlich sein,** indem sie zum Überwintern dienen, als Nahrung verwendet werden oder man mit ihnen Nester bauen kann. Manche Grashüpferarten fressen ausschließlich Gräser. Insektenfreundliche Gräser sind beispielsweise Pfeifengräser (Molina), Schwingel (Festuca) oder auch Kopfgräser wie Seslaria. Dies sind alles Arten, die gleichzeitig auch attraktiv sind und die Grüngestaltung bereichern.

Tab. 7.7 Aus dem Buch „Tiere pflanzen" von Ulrike Aufderheide inklusive Standortangaben aus NaturaDB (geändert Kaysers 2025)

Gattung Art	Insekt	Standort
Hornklee (Lotus corniculatus)	Hauhechel-Bläuling	Trocken und Sonnig
Wilde Möhre (Daucus carota)	Hain-Schwebfliege	Nährstoffreicher Boden, Sonnig
Schnee-Marbel (Luzula nivea)	Hummeln	Normaler Boden, Halbschatten
Wasserdost (Eupatorium cannabinum)	Tagpfauenauge	Nährstoffreicher Boden, Sonnig/Halbschatten
Wilde Karde (Dipsacus fullonum)	Stieglitz	Nährstoffreicher Boden, Sonnig/Halbschatten
Resede (Reseda sp.)	Reseden-Maskenbiene	Nährstoffreicher Boden, Sonnig/Halbschatten
Blasenstrauch (Colutea arborescens)	Blauschwarze Holzbiene	Normaler Boden, Sonne-Halbschatten
Heil-Ziest (Stachys officinalis)	Garten-Wollbiene	Nährstoffarmer Boden, Sonnig/Halbschatten
Gilbweiderich (Lysimachia quadrifolia)	Schenkelbiene	Normaler Boden, Sonne-Halbschatten
Blutweiderich (Lythrum salicaria)	Faulbaum-Bläuling	Nährstoffreicher Boden, Sonnig/Halbschatten
Faulbaum (Rhamnus frangula)	Zitronenfalter	Normaler Boden, Sonne-Halbschatten
Essigrose (Rosa gallica)	Rosenkäfer	Nährstoffreicher Boden, Sonnig/Halbschatten
Pfaffenhütchen (Euonymus europaeus)	Rotkehlchen	Nährstoffreicher Boden, Sonnig/Halbschatten
Eberesche (Sorbus aucuparia)	Dompfaff	Normaler Boden, Sonne-Halbschatten
Rundblättrige Glockenblume (Campanula rotundifolia)	Glockenblumen-Scherenbiene	Nährstoffarmer Boden, Sonnig/Halbschatten
Zaunrübe (Bryonia alba)	Zaunrüben-Sandbiene	Nährstoffreicher Boden, Sonnig
Hohlzahn (z. B. Galeopsis segetum)	Weidenmeise	Nährstoffarmer Boden, Sonnig
Holunder (Sambucus nigra)	Mönchsgrasmücke	Nährstoffreicher Boden, Sonnig/Halbschatten

Wichtig ist allerdings nochmals, dass keine invasiven Pflanzen verwendet werden (s. Abschn. 7.2). Vielfalt, aber ohne invasive Pflanzen ist das Ziel. Studien haben gezeigt, dass die Mischung von heimischen und nichtheimischen Pflanzen Insekten und Spinnentiere großen Nutzen bringen (Böll, 2019). Die Artenvielfalt schafft Resilienz, also mindert das Risiko von Krankheiten, Schädlingen und Extremwetterschäden. Auch die Erlebnisqualität für die Menschen wird gesteigert. Dabei ist es wichtig, vielseitige Strukturen und

Tab. 7.8 Tabelle mit spät blühenden Trachtpflanzen. Fett gedruckt, die heimischen Arten (Kaysers 2025)

Gattung Art	Anzahl Insekten und Raupen	Vögel*	Standort	Blütenfarbe/Monat
Vitex agnus-castus (Mönchspfeffer)	46	k.A.	Sonnig/ Halbschatten	IV-X
Caryopteris incana (Asiatische Bartblume)	29	k.A.	Sonnig	VIII
Heptacodium miconioides (Sieben Söhne des Himmels Strauch)	Ja, Anzahl k.A.	k.A.	Sonnig	VIII-XI
Campanula rotundifolia (Rundblättrige Glockenblume)	62	k.A.	Sonnig/ Halbschatten	VI-X
Lespedeza thunbergii (Buschklee)	21	k.A.	Sonnig	IX-XI
Perovskia abrotanoides (Blauraute)	29	k.A.	Sonnig	VIII-X
Eriocapitella hupehensis (Chinesische Herbst-Anemone)	17	k.A.	Halbschatten	VI-X
Malva moschata (Moschusmalve)	7	k.A.	Sonnig/ Halbschatten	VI-X
Lythrum salicaria (Blutweiderich)	37	k.A.	Sonnig/ Halbschatten	VI-IX
Filipendula ulmaria (Echtes Mädesüß)	59	k.A.	Sonnig/ Halbschatten	VI-VIII

Lebensbedingungen zu schaffen, was wiederum zu einer hohen Dichte von verschiedenen Arten führt. Dagegen weisen eintönige Strukturen oft nur wenige Arten auf.

Bei gemischten Pflanzungen ist jedoch auch eine gewisse Gruppenbildung zu beachten. Pflanzen in kleinen Gruppen sind oftmals gemeinsam stärker als Einzelpflanzen. Dies gilt für alle Lebewesen, ob Mensch, Tier oder Pflanze. Mit sogenannten **Baumhainkonzepten** (Planstatt Senner GmbH, 2020) können widerstandsfähige Pflanzungen entwickelt werden, welche nachhaltige Pflanzungen bewirken. Dabei spielt auch die Ästhetik eine wichtige Rolle. So werden kleine Gruppierungen für das Auge als „schöner" empfunden als lauter Einzelpflanzen (Abb. 7.6).

Dass Strukturvielfalt eine höhere Artendichte bewirkt, ist auch im Vergleich zu einer monotonen Landschaft mit urbanen Gebieten zu beobachten. So kommen im Stadtgebiet von Berlin zwei Drittel der in Deutschland vorkommenden Brutvogelarten vor (Hupke, 2015) – mehr noch als auf vielen landwirtschaftlichen Flächen in Niederbayern oder Oberschwaben. Diese Landschaften sind oftmals „ausgeräumt" und bieten nicht genügend Lebensräume für verschiedene Arten an. In Städten wiederum gibt es eine Vielfalt an verschiedenen Grünflächen, Gärten, Baumalleen, Gründächer, Brachflächen in einer differenzierten Gebäudestruktur, die natürlichen Felswänden entspricht (siehe Kap. 5 Fassadenbegrünung und Abschn. 5.5).

Bei artenreichen Pflanzungen ist neben der horizontalen Vielfalt, also viele Arten auf einer Fläche, auch die vertikale Strukturvielfalt zu beachten. Wie in einem natürlichen Wald gibt es verschiedene Stockwerke, die bei der Pflanzung berücksichtigt werden sollten. So gibt es die Bodenschicht, die Strauchschicht, die Kleinbäume und darüber die Großbäume. Durch die gezielte oder natürliche Entnahme von Einzelpflanzen entstehen

Abb. 7.6 Verschiedene Baumhaine und Pflanzgruppen im Quellepark Nürnberg, Planung Planstatt Senner GmbH. (Foto Planstatt Senner GmbH 2022)

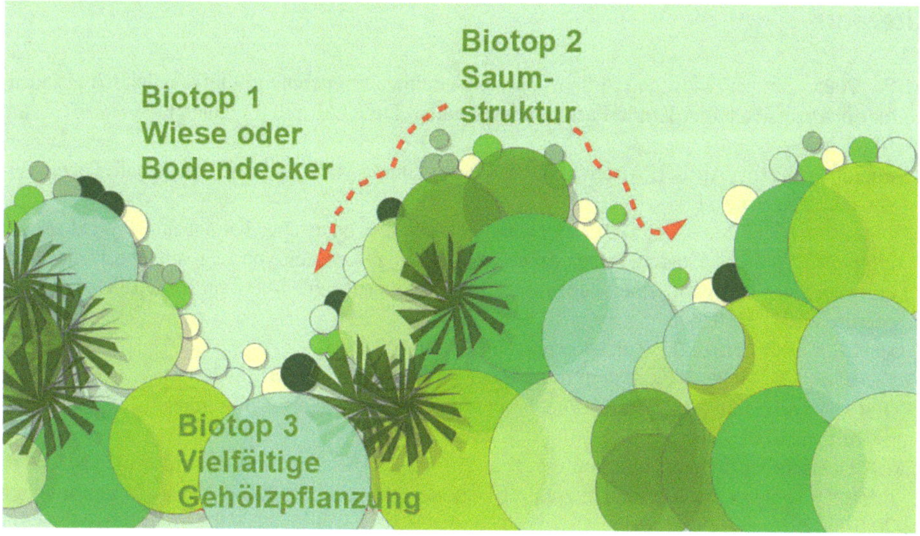

Abb. 7.7 Grenzbiotope (Graphik Kaysers 2025)

immer wieder neue Strukturen. So können Sträucher auf „Stock gesetzt" werden, sodass neue Stockwerke und Strukturen entstehen (Borchhardt, 2024).

Ein weiterer Baustein für artenreiche Pflanzungen ist die Schaffung von **Grenzbiotopen** (Abb. 7.7). Dies sind die Übergangszonen von einem Biotop in ein anderes Biotop oder in eine andere Pflanzengruppe. Beispielsweise der Bereich am Ufer eines Gewässers, dort wo die Uferbepflanzung in die Flachwasserzone übergeht. Oder die Saumbereiche am Waldrand oder auf einer Lichtung. Dort finden sich Arten, die es sowohl sonnig-warm als auch absonnig-kühl mögen. Diese Bereiche sollten dann zudem möglichst organisch gestaltet werden, um diese Zone zu verlängern und zu vergrößern. So entstehen Nischen und vielfältige Räume, die auch die visuelle und physische Erlebnisqualität erhöhen.

Fazit für die Praxis: Bei der Auswahl von Pflanzen im urbanen Raum sollte auf deren Klimaresilienz geachtet werden und dass sie einen Beitrag zur Biodiversität leisten. Wichtig ist eine hohe Vielfalt, da keiner genau weiß, wie genau sich das Klima verhält und wie sich das Artensterben entwickelt. Nur invasive Pflanzen sollten vermieden werden. Je mehr Vielfalt aber, desto besser. Wichtig ist die Vernetzung der Stadtbegrünung, denn in Gemeinschaft sind Pflanzengesellschaften resilienter und die Vernetzung fördert den Austausch der Arten und somit die Biodiversität.

Literatur

ABP 2025: https://www.helix-pflanzensysteme.de/fileadmin/content/90_Downloads/Leitfaden-fuer-biodiversitaetsfoerdernde-Fassadenbegruenung_DIGITAL.pdf Zuletzt geprüft am 14.08.2025

Borchardt, Wolfgang, Artikel „Artenvielfalt und Gestaltung“, Magazin Neue Landschaft, Patzer Verlag, 09.2024, Seite 31

Böll Susanne, Dieter Mahsberg (2019), Universität Würzburg, bayrisches Klimabaum-Projekt „Stadtgrün 2021“: https://stadtundgruen.de/artikel/forschungsvorhaben-von-lwg-veitshoechheim-und-uni-wuerzburg-hiesige-insekten-haben-mit-fremden-klimabaeumen-kein-problem-18846 Zuletzt geprüft am 31.10.2024

Citree 2015: https://citree.de/ Zuletzt geprüft am 20.01.2025

CityTreeSuit (2024): https://www.citytreesuit.de/ Zuletzt geprüft am 07.09.2025

EU Europäische Union (2022): https://neobiota.bfn.de/unionsliste/art-4-die-unionsliste.html Zuletzt geprüft am 20.01.2025

GALK Deutsche Gartenamtsleiterkonferenz (2020): https://galk.de/component/jdownloads/send/4-informationsflyer/664-broschuere-zukunftsbaeume-galk-und-bdb-2020/ Zuletzt geprüft am 20.01.2025

GALK Deutsche Gartenamtsleiterkonferenz (2025): https://strassenbaumliste.galk.de/ Zuletzt geprüft am 20.01.2025

Hupke, Klaus Dieter (2015), Springer Verlag, https://link.springer.com/chapter/10.1007/978-3-662-46904-0_15 Zuletzt geprüft am 31.10.2024

KLAM Klima-Arten-Matrix 2008: https://die-gruene-stadt.de/wp-content/uploads/2022/04/klimaartenmatrix-stadtbaeume.pdf Zuletzt geprüft am 20.01.2025

LvE Lorenz von Ehren Baumschule, Klimabäume (2020): https://www.lve-baumschule.com/media/50/9f/07/1643031827/Klimabaumhain-Broschu%CC%88re_2020.pdf Zuletzt geprüft am 20.01.2025

LWG, Bayerische Landesanstalt für Weinbau und Gartenbau (1993): https://www.lwg.bayern.de/landespflege/urbanes_gruen/159984/index.php Zuletzt geprüft am 20.01.2025

LWG, Bayerische Landesanstalt für Weinbau und Gartenbau (2019): https://www.lwg.bayern.de/mam/cms06/landespflege/dateien/zukunft_klimabaeume.pdf Zuletzt geprüft am 20.01.2025

LWG, Bayerische Landesanstalt für Weinbau und Gartenbau (2021): https://www.lwg.bayern.de/mam/cms06/landespflege/dateien/lwg_anpassungsstrategien_stadtgruen21_bf.pdf Zuletzt geprüft am 10.01.2025

NaturaDB (2025): https://www.naturadb.de/ Zuletzt geprüft am 20.01.2025

Pfoser, N. (2018) Vertikalbegrünung, Eugen Ulmer KG Verlag, Stuttgart, Seiten 215–224

Planstatt Senner GmbH (2020) https://www.baumhainkonzepte.de/ Zuletzt geprüft am 31.10.2024

Richter, Katja, Klimaresiliente Städte planen (2025), Seite 58, Ulmer Verlag, Stuttgart

Stadtgrün (2021) https://www.lwg.bayern.de/landespflege/urbanes_gruen/085113/index.php Zuletzt geprüft am 20.01.2025

SWILD Stadtökologie, Wildtierforschung, Kommunikation/Grün Stadt Zürich (2021): https://www.stadt-zuerich.ch/de/umwelt-und-energie/natur/stadtbaeume/die-baeume-in-der-stadt-zuerich.html Zuletzt geprüft am 20.01.2025

UH Universität Hohenheim, Netzwerk Zukunftsbäume (2023): https://gaerten.uni-hohenheim.de/netzwerk_zukunftsbaeume Zuletzt geprüft am 20.01.2025

ZVG Bund Deutscher Staudengärtner im Zentralverband Gartenbau e. V. (2025): https://staudenmischungen.de/alle-staudenmischungen-im-ueberblick.html Zuletzt geprüft am 20.01.2025

Gute Beispiele

8

Bei nachhaltigen und grünen Planungen ist oft zu hören, dass sich diese nicht umsetzen lassen, sie zu teuer sind oder nicht funktionieren. Die beste Antwort darauf sind gebaute und bestehende Beispiele. Im Abschn. 3.5 wurde schon auf die Vorreiter eingegangen. Es gibt weitere und gute Beispiele. So können sich Bauherren inspirieren lassen und es findet sich schnell Nachahmer. Genau darum sind gute Beispiele, sogenannte „Best Practice Beispiele“ wichtig.

8.1 Best Practice Beispiele in Deutschland

Klimaresilienter Park: Hasenheide, Berlin
Bauherr: Bezirksamt Neukölln
Planung: Planstatt Senner GmbH
Größe: rund 50 Hektar
Fertigstellung: 2025

Durch den Klimawandel sind viele Parks bedroht. So auch die großen Volksparks in Berlin, beispielsweise die Hasenheide. Diese ist ein zentraler und intensiv genutzter Volkspark. Über das Förderprogramm „Anpassung urbaner Räume an den Klimawandel“ wurden zwischen 2022 und 2025 Maßnahmen zur Anpassung an den Klimawandel geplant und umgesetzt. Gemäß dem Bezirksamt Neukölln waren umfangreiche Baumschäden, insbesondere durch Trockenheit, der Anlass (BN 2024). Für das Konzept wurden umfangreiche Analysen zum langfristigen Verbrauch verschiedener Vegetationsformen im Vergleich zum jährlichen Niederschlag durchgeführt (PS 2024). Die nun umgesetzten Maßnahmen bestehen aus einer Verbesserung des Bodens, der Pflanzung klimaangepasster

T. Kaysers, *Stadtbegrünung*, https://doi.org/10.1007/978-3-658-51457-0_8

Baumarten, der Ableitung des Regenwassers aus den Wegen in die Grünflächen und einer behutsamen Besucherlenkung. Für die Hasenheide wurden mehrere Baumgrubentypen entwickelt (Abb. 8.1). Diese bestehen je nach Ort aus unterschiedlichen Substraten und Zusätzen wie Pflanzenkohle sowie die Gestaltung der Sohle mit Kapillarsäulen, Tonschichten und besserer Verzahnung.

Die Besucherlenkung beinhaltete auch, bestimmte Bereiche des Parks temporär abzuzäunen und aus der Nutzung herauszunehmen (Abb. 5.5). Dadurch können sich die Flächen regenerieren. Durch die Maßnahmen wurde der Park „klimafit“ gemacht. Die Maßnahmen und Pflanzungen entwickeln sich gut. In vielen Parks gibt es durch den

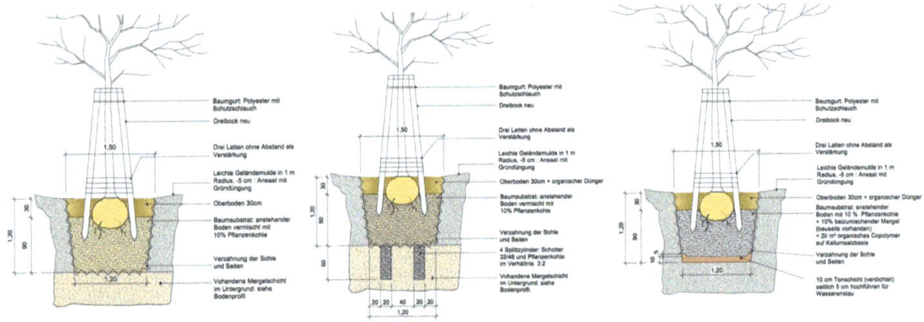

Abb. 8.1 Baumgrubentypen mit Bodenverbesserung und Verzahnung (links), mit Kapillarsäulen (mittig) und rechts mit Tonschicht in der Sohle (Zeichnung Planstatt Senner GmbH 2024).

Abb. 8.2 Klimaresiliente Baumpflanzungen, Hasenheide, Berlin (Foto Kaysers 2024)

Klimawandel ähnliche Zustände. Die Erfahrungen aus der Hasenheide können dann auch dort angewendet werden.

Bestandsbau: Fassadenbegrünung am Technischen Rathaus, Friedrichshafen
Bauherr: Stadt Friedrichshafen
Planung: Arge freiraumsüd/Stüber Landschaftsarchitekten mit raderschallpartner ag landschaftsarchitekten
Größe: knapp 600 m^2
Fertigstellung: 2024

Im Bestandsbau zu bauen ist die Zukunft. Denn wir sollten keinerlei Grünflächen im urbanen Raum mehr bebauen. Für eine grüne Stadt braucht es mehr Beispiele, wie Bestandsbauten begrünt werden können. Ein Beispiel ist die Fassade vom Rathaus in Friedrichshafen. Ziel war es, die Südfassade zu beschatten, ein besseres Mikroklima zu schaffen und die Lebensqualität und Biodiversität zu erhöhen. Die Konstruktion für die grüne Wand wurde mit dem Ingenieurbüro LM Structure & Facade aus Zürich entwickelt. Durch die darunter liegende Tiefgarage konnten die Kletterpflanzen nur in einem langen Trog gepflanzt werden. Besser wäre eine Pflanzung in anstehendem Boden, da dadurch die Pflanzen langfristig besser wurzeln können. Doch durch eine Anstaubewässerung aus Regenwasser, mit einer Tröpfchenbewässerung in den Anfangsjahren, wurde eine gute Lösung gefunden. Für eine Verschattung auch der Obergeschosse wurde eine PV-Anlage integriert. Allerdings ist es eine sehr teure Lösung. Insgesamt jedoch stellt die Maßnahme eine ökologische, gestalterische und auch mikroklimatische Lösung im verdichteten Stadtraum dar (Abb. 8.3).

Abb. 8.3 Beispielhafte Fassadenbegrünung an einem Bestandsbau, dem Technischen Rathaus in Friedrichshafen. Planung Arge freiraumsüd/Stüber Landschaftsarchitekten mit raderschallpartner ag landschaftsarchitekten (Foto Kaysers 2025)

Neue Pflege – neue Ästhetik: Außenanlagen Alnatura Campus, Darmstadt
Bauherr: Alnatura GmbH
Planung: Ramboll/Henning Larsen
Größe: 5,5 Hektar
Fertigstellung: 2018

Das Projekt ist zwar schon ein paar Jahre alt, jedoch das besondere Pflegekonzept, kann erst nach ein paar Jahren beurteilt werden.

2018 entstand am Stadtrand von Darmstadt, auf einem ehemaligen Militärgelände, das Campusareal mit Gebäude von der Biomarke Alnatura. Das Areal war nahezu komplett

Abb. 8.4 Alnatura Campus, naturnahe Außengestaltung. Planung Ramboll/Henning Larsen (Foto Kaysers 2024)

mit dicken Betonplatten versiegelt, die teilweise als gebrochenes Material wieder eingebaut wurden. Das Gebäude selbst besteht aus Lehmwänden und bekam das DGNB-Zertifikat Platin. Da es auf dem Gelände Zauneidechsen gab, wurden die Außenanlagen maßgeblich so gestaltet, dass die Eidechsen ein neues Habitat bekamen. Das Besondere ist jedoch das Pflegekonzept. Die Außenanlagen werden nur von 2 Personen in Vollzeit gepflegt. Das ist möglich, da zum einen die Mitarbeiterinnen selbst bei der Pflege helfen und die Außenanlagen aber größtenteils extensiv und sehr pflegearm gestaltet sind. Für den einen oder anderen mag es etwas wild aussehen, doch dies ist gewollt. So ist auch teilweise die ursprünglich geplante Bepflanzung verschwunden und es haben sich Arten durchgesetzt, die dort natürlich vorkommen. Diese haben sich besser behauptet als die geplanten Arten. Sie benötigen auch viel weniger Pflege und wachsen wie von selbst. Der Gedanke, die Mitarbeiterinnen an der Pflege zu beteiligen ist ebenso genau richtig. Wir brauchen alle mehr Kontakt zur Natur und somit wird auch eine höhere Akzeptanz ermöglicht. Das Grün und das Lernen über Grün muss in die Breite getragen werden.

Zudem gibt es Flächen, die für Urban Gardening gepachtet werden können. Das Gelände ist öffentlich zugänglich und lädt zum Erkunden ein. Auf dem Rundweg können ein Tiny Forest, ein Amphitheater, ein Gartenhaus, ein Kitagelände, die Eidechsenflächen, Kräutergärten und sogar ein kleiner Weinberg erkundet werden. Der Besucher lernt viel über die natürliche Gestaltung. Erwähnenswert ist auch die Integration der Kita, sodass die

Abb. 8.5 Temporäre oder dauerhafte Kühlinsel. Planung freiraumconcept (Foto freiraumconcept)

Kinder sich in der Natur aufhalten können und gleich zu Beginn viel über die Natur erfahren. Insgesamt entstand über die Jahre eine sehr natürliche Außenanlage, an deren natürlicher Ästhetik sich der Stadtbewohner erst noch gewöhnen muss. Doch durch das neue Bild wird der Blick erweitert. Es muss eben nicht immer der monotone Rasen und die geschnittene Hecke sein (Abb. 8.4).

Temporäre Kühleorte: Klimawäldchen Theresienwiese, Heilbronn
Bauherr: Stadt Heilbronn
Planung: freiraumconcept sinz-beerstecher + böpple Landschaftsarchitekten
Größe: 752 m^2
Fertigstellung: 2022

Mit den Klimawäldchen entstehen in Heilbronn seit 2019 kleine grüne Wohlfühloasen im urbanen Raum. Die Erfrischungsinseln machen den Raum mit allen Sinnen erlebbar. Die Wäldchen sind als Zwischenlösung umgesetzt, sodass sie auch Flächen begrünen können, die mittel- oder langfristig anders entwickelt werden können. Doch bis dahin können sich die Stadtbewohner in den temporären Grünflächen erholen und oftmals wollen sich diese dann davon nicht mehr trennen (Abb. 8.5).

Die Fläche ist nur 800 m^2 groß, enthält jedoch 72 Bäume, 83 Sträucher und 2500 Stauden sowie 13 Nebeldüsen. Die Wege bestehen aus Holzhackschnitzeln. Der begrünte Platz soll in Feste eingebunden werden und leistet einen großen Beitrag zur Kühlung, Luftreinhaltung, CO2-Bindung sowie zum Wohlergehen der Bewohnerinnen.

Von Grau zu Grünem Wohnen: Wohnbebauung Naturella, Langenargen
Bauherr: Fränkel AG
Generalunternehmer: Reisch Bau
Planung Außenanlagen: Planstatt Senner GmbH
Fertigstellung: 2025

Abb. 8.6 Neues Grün auf einer vorher zu 90 % versiegelten Gewerbefläche. Alles Regenwasser wird gemäß dem Schwammstadtkonzept oberflächlich in die Grünflächen geleitet und den Pflanzen zur Verfügung gestellt. Planung Grünflächen Planstatt Senner GmbH. Architektur: Plösser Architekten (Foto Kaysers 2025)

Auf einem ehemaligen Gewerbestandort, der zu 90 % versiegelt war, wurde im Juli 2025 das Wohnprojekt Naturella fertiggestellt. Bis auf den massiven Treppenhauskern bestehen die neuen Gebäude aus Holz. Geparkt wird in der vorhandenen Tiefgarage, eine ehemalige Bunkeranlage. Daher konnte im Außenraum viel neues Grün entstehen. Durch die massive Bunkerdecke können auch große Bäume auf der Garagendecke wachsen. Alles Regenwasser wird oberflächlich in begrünte Mulden geführt, den Pflanzen zur Verfügung gestellt und das überschüssige Wasser außerhalb der Tiefgarage versickert. So wurde aus Grau eine grüne Wohnlandschaft mit über 100 neu gepflanzten Bäumen (Abb. 8.6).

Begrünte Infrastruktur: Europaplatz, Tübingen

Bauherr: Stadt Tübingen

Planung Außenanlagen: bhmp Landschaftsarchitekten, Breinlinger Ingenieure, Hasscookzemmrich Studio 2050, KMB PlanWerkStatt, Stadtwerke Tübingen, berghof Ingenieure und weitere Planende,

Größe: 0,7 Hektar

Fertigstellung: 2023/2024

Abb. 8.7 Der grüne Verkehrsraum auf dem Europaplatz in Tübingen zeigt, dass Infrastruktur und Grün auch gut zusammen kombiniert werden kann. Außenanlagen bhmp Landschaftsarchitekten (Foto Kaysers 2025)

Der Europaplatz ist der wichtigste Verkehrsknotenpunkt in Tübingen. Direkt am Hauptbahnhof gelegen sind dort jeden Tag 40.000 Menschen unterwegs. Obwohl die Verkehrsströme das wichtige Element auf dem Platz sind, wurde dieser hell und grün gestaltet und bietet viel Aufenthaltsqualität. Dadurch wirkt der Platz grün und trotzdem funktioniert die Verkehrsinfrastruktur. Es wurden viele Bäume gepflanzt und die Radwege sind farblich hervorgehoben, um die Sicherheit und aber auch die Wichtigkeit des Radfahrens hervorzuheben. In einer großen Fahrradtiefgarage können die Räder sicher und geschützt abgestellt werden. Der Platz grenzt an den Anlagenpark mit See und vernetzt so den Bahnhof mit dem Stadtgrün (Abb. 8.7).

Insgesamt entstand ein grüner, gut gegliederter und offener Platz, der die Besucherinnen der Stadt herzlich begrüßt.

Klimaplatz: Bahnhofseingang Karlsruhe Süd
Bauherr: Stadt Karlsruhe
Planung: Büro bauchplan, berchtoldkrass spaces & options, dwd ingenieure
Fertigstellung: 2023

Abb. 8.8 Bahnhofsplatz Karlsruhe Süd mit Umsetzung des Schwammstadtprinzips. Planung Büro bauchplan, berchtoldkrass spaces & options, dwd ingenieure (Foto Kaysers 2025)

Der Platz wird von zwei Baumhainen mit 25 verschiedenen Klimabäumen in unterschiedlichen Größen gesäumt und bietet so Baumschatten, Verdunstungskühlung sowie Windschutz vor den Fallwinden der 45 m hohen angrenzenden Bebauung. Damit alles Regenwasser den Bäumen zur Verfügung gestellt wird, befindet sich unter dem Platz ein 1200 m^3 großer Schwammkörper. Über den perforierten Belag wird das Regenwasser über ein System aus Teilsickerrohren dem zusammenhängenden Wurzelraum mit bis zu 1,5 m Überdeckung zugeführt. Über Revisionsschächte kann ein wissenschaftliches Monitoring erfolgen. Durch ein Wasserspiel und mit geschickt platzierter Möblierung wird die Grenze zum Straßenraum geschaffen. Die Besucherinnen erwartet ein Umstiegs- und Pausenraum mit hoher Aufenthaltsqualität. Der Platz erhielt den Deutschen Landschaftsarchitekturpreis 2025 (Abb. 8.8).

8.2 Best Practice Beispiele international

Schwammstadt: Plätze und Straßen, Kopenhagen
Bauherr: Stadt Kopenhagen
Planung: Verschiedene Planer unter der Leitung von Jan Rasmussen
Fertigstellung: Seit 2011 bis heute

Im Juli 2011 fiel in Kopenhagen in knapp 2 Stunden ein „Jahrtausendregen" mit 135 Millimeter Niederschlag auf den Quadratmeter. Das war mehr, als es normalerweise in zwei Monaten regnet. Keller und Straßen wurden überflutet und richteten einen Schaden

Abb. 8.9 Doppelnutzung von Retention und Spiel. Sankt Annæ Plads, Kopenhagen (Foto Kaysers 2023)

von bis zu 1,2 Mrd. EUR an. Seitdem hat sich die Planung von Kopenhagen grundsätzlich geändert. Das Schwammstadtprinzip wird über den sogenannten „Wolkenbruchplan“ konsequent umgesetzt (Fluter 2023). Das Regenwasser wird nicht wie vorher abgeleitet, sondern dezentral vor Ort in grünen Oasen zurückgehalten. Daher werden die Grünflächen so ausgebildet, dass sie vertieft sind und große Wassermengen aufnehmen können (Abb. 8.9). Gleichzeitig dienen sie als Aufenthaltsflächen. Diese Doppelnutzung ist sehr flächensparsam und effizient. Zudem ist dieser Ansatz auch deutlich günstiger, als neue überdimensionierte Rohrleitungen zu verlegen und die gesamte unterirdische Leitungsinfrastruktur auszubauen.

Zu erwähnen ist auch die intensive Bürgerbeteiligung durch die „Climate Resilient Neighborhood-Strategy“, mit der die Bewohner des Viertels in St. Kjelds beteiligt werden, um auch private blaugrüne Projekte umzusetzen. Dort entstand auch 2015 der vielfach prämierte Tåsinge Platz, der einen unbegrünten Parkplatz in eine grüne Oase und Regenwasserschwamm verwandelte.

Abb. 8.10 „Pflanztöpfe" des schwebenden Parks Pier 55. Planung Heatherwick Studio (Foto Marian Zvara)

Neues Grün auf dem Wasser: Pier 55, New York
Planung: Heatherwick Studio
Größe: 11.000 m^2
Fertigstellung: 2021

Wie in vielen anderen Megacities gibt es auch in New York wenig innerstädtische Flächen, die noch begrünt werden können. Daher gibt es einige Projekte, die auf dem Wasser als schwimmende oder als aufgeständerte Inseln umgesetzt werden. So wurde der Brooklyn Bridge Park von Valkenburgh Associates im Jahre 2020 umgesetzt: Über 15 Jahre Bauzeit und ein langer Beteiligungsprozess haben aus ehemaligen Werftanlagen eine grüne Parkanlage auf dem Wasser geschaffen. Der Park ist in 11 Abschnitte eingeteilt und bietet Nutzungsmöglichkeiten für alle Altersgruppen. Noch spektakulärer ist das Pier 55 von Heatherwick Studio. Der Park besteht aus 132 riesigen Pflanztöpfen, die aus dem Wasser ragen und den Park „tragen". Der Park beherbergt ein Amphitheater für über 600 Menschen, einen großen Platz, Aussichtsplattformen, geschwungene Wege und über 400 verschiedene Baumarten. Im Park selbst fällt kaum auf, dass man über dem Wasser schwebt. Das Projekt ist ein Beispielprojekt, wie alte Hafenanlagen in grüne Parks transformiert werden können. Alles ohne weitere Versiegelung des Stadtraums (Abb. 8.10 und 8.11).

Abb. 8.11 Pier 55: Neuer Grünraum auf dem Wasser. Planung Heatherwick Studio (Foto Marian Zvara)

Aufwertung und Sicherung von Grün: Winkelriedplatz, Basel
Planung: Franz Reschke Landschaftsarchitektur GmbH
Fertigstellung: 2023

Als größte öffentliche Grünanlage im direkten Umfeld des Basel Badischen Bahnhofs integriert der Platz den vorhandenen Baumbestand und schafft gleichzeitig ein heterogenes Nutzungsangebot mit einem Wasserbecken, einer Quartiersbühne und einer Baumhalle als zentralem Raum. Die Wege werden von vielfältigen Staudenbepflanzungen gerahmt und der Platz hat durch den Baumbestand einen hohen stadtklimatischen Wert. Für den Platz wurden eigene Bänke konzipiert und eine abgehängte Beleuchtung trägt zur guten Nutzung des Platzes in den Abendstunden bei. Das Regenwasser wird gezielt in die Grünflächen geleitet und eine 42.000 L große Zisterne unterstützt bei der Bewässerung der Bepflanzung. Einladende Entrees begrüßen die Besucherinnen und schaffen eine offene und gemeinschaftliche Atmosphäre. Der Park ist ein gutes Beispiel, wie vorhandener Grünraum in der Stadt behutsam aufgewertet und erhalten werden kann (Abb. 8.12 und 8.13).

Abb. 8.12 Erhalt eines wichtigen Baumbestandes auf dem Winkelriedplatz (Foto Franz Reschke Landschaftsarchitektur GmbH)

Abb. 8.13 Kühler Aufenthaltsort in der Baumhalle auf dem Winkelriedplatz (Foto Franz Reschke Landschaftsarchitektur GmbH)

Abb. 8.14 Temporärer Park (Stadtbaumschule) aus „Air-Pot"-Bäumen (Foto Kaysers 2025)

Temporäre Stadtbaumschule: Josefina macht Stadtklima, Zürich
Auftraggeber/Umsetzer: Grün Stadt Zürich
Größe: 2000 m^2
Fertigstellung 2025

Seit dem Frühjahr 2025 wachsen zwischen dem Viadukt und der Energiezentrale mitten in der Stadt Bäume in „Lufttöpfen", den sogenannten Air-Pots (siehe Abschn. 4.4). Die Stadt möchte so mit der Bevölkerung zusammen ausloten, wie sich das Areal entwickeln könnte. Solange die weitere Nutzung noch offen ist, wachsen die Bäume in den Töpfen und können sich an die Umgebung gewöhnen. Sobald ein neuer Pflanzort im Quartier gefunden wurde, kann der Baum leicht umgesetzt und durch einen neuen „Luftbaum" ersetzt werden. Der Vorteil ist, dass die Bäume sich frühzeitig an das Stadtklima gewöhnen können und der Anwuchserfolg besser sichergestellt wird. Oftmals werden größere Bäume aus Norddeutschland oder Holland mit dem LKW von weit her und aus einem ganz anderen Klima angefahren, sodass es Probleme beim Anwachsen am neuen städtischen Pflanzort gibt. Bei solchen Stadtbaumschulen lernen die Baumkinder von klein an das Stadtklima kennen und können sich so besser anpassen. Gleichzeitig werden so unbegrünte Flächen temporär und flexibel begrünt (Abb. 8.14).

Abb. 8.15 Begrünte Terrassen inmitten der Stadt. Planung MVRDV (Foto MVRDV/Ossip van Duivenbode)

Terrassengrün in der Vertikalen: Valley Projekt, Amsterdam
Architektur: MVRDV
Planung Landschaft: Piet Oudolf
Fertigstellung: 2022

Inmitten der Stadt erheben sich die drei Valley Hochhäuser, entworfen von dem Architekturbüro MVRDV. Das höchste Gebäude ist 100 m hoch und beherbergt eine Mischung aus Büroflächen, Wohnungen, kulturellen Einrichtungen und Einzelhandelsgeschäften. Über 13.000 Pflanzen und 300 verschiedene Arten von Bäumen, Sträuchern und Stauden wurden auf den Terrassen gepflanzt. Auch wenn der Wohnraum sicherlich nicht günstig ist, zeigt das Projekt jedoch eine gute Kombination wie Arbeit, Wohnen und Freizeit auf engstem Raum mit Grün kombiniert werden kann (Abb. 8.15).

Maximalgrün: Kampung Admirality, Singapur
Architektur_ WOHA Architekten
Planung Begrünung: Henning Larsen
Fertigstellung: 2018

Abb. 8.16 Maximaler Grünanteil, Gebäude in Kampung Admirality in Singapur. Planung Gebäude WOHA Architekten, Begrünung Henning Larsen (Foto Lim Weixiang/iStock 2023)

Mit einem Flächenverhältnis von 110 % Grünfläche, 730 Bäumen, 80.000 Sträuchern kann kaum mehr Grün auf dem Gebäude integriert werden (Abb. 8.16). Das intensive Gründach sammelt, reinigt und speichert das Regenwasser zur Bewässerung, sodass über 4 Mio. Liter Trinkwasser eingespart werden. Zudem fördern ein Regengarten und ein Naturteich die Verdunstungskühlung und die Biodiversität. Das Gebäude wurde von WOHA Architekten entworfen, die in Asien führend bei grünen Gebäuden sind. Bekannte Beispiele sind auch das Oasia und Parkroyal Hotel in Singapur.

Moderne Grüngestaltung: Opernpark, Kopenhagen
Planung: Cobe
Fertigstellung: 2023

Auf einer Fläche von 21.500 m^2 mit 6 Themengärten aus aller Welt, organischen Wegen mit Sitznischen, Aussichtspunkten und einem Glashaus zeigt der Park, wie natürliche Bepflanzung mit moderner Formensprache verbunden werden kann. Unter dem Park befindet sich eine Tiefgarage für 300 Autos. Die Besucher gelangen so über den Park und eine Brücke in die daneben liegende Oper. Die 628 Bäume, 80.000 Sträucher und Stauden

Abb. 8.17 Natur und moderne Formensprache auf dem Opernpark in Kopenhagen kombiniert, von Cobe (Foto Cobe 2023)

sowie 40.000 Zwiebelpflanzen mit 223 verschiedenen Arten bieten eine hohe Biodiversität. Taucht der Besucher in den Park ein, vergisst man fast, dass man sich inmitten einer dicht besiedelten Stadt befindet (Abb. 8.17).

8.3 Ausblick

Die gebaute Stadt und das Stadtgrün gehören zusammen, stehen jedoch immer in einem schwierigen Spannungsfeld. Auf der einen Seite versucht der Mensch, die Natur zu beherrschen und auf der anderen Seite ist er Teil der Natur. Die Menschen leben gerne in der Stadt, sehnen sich aber gleichzeitig nach der Natur. Die Zukunft des Stadtgrüns sollte die Freiräume so gestalten, dass Mensch und Natur zu ihrem Recht kommen – dass beide in einer Koexistenz leben. Gleichzeitig erfordert die Klimaveränderung eine Neuanpassung und bietet die Chance, dass der Stellenwert von Grün immer weiter steigt. Es werden neue Pflanzengesellschaften wachsen, es wird eher Schatten als Sonne gesucht, Grün wird auch der Nahrungs- und Energieversorgung dienen, es wird multifunktionaler Retentions- und Aufenthaltsraum sein oder Ausgleich in einer virtuellen Welt bieten und im Idealfall wieder unsere Lebensgrundlage bilden.

Freiflächen haben einen besonderen Wert, denn sie sind immer Raum für Veränderung – und im Leben ist nichts so sicher wie Veränderung! Gebäude selbst können nur schwerer verändert werden, sie stehen für viele Jahrzehnte oder Jahrhunderte. Der Freiraum spielt daher eine immer wichtigere Rolle in der sich schnell verändernden Welt. Die Verteidigung und Neuschaffung von urbanem Grün muss in Dekaden gedacht werden. Grünräume wurden schon oft für überholt erklärt und stehen heute doch wieder im Mittelpunkt.

Es braucht Visionen im großen Maßstab, um die Grüne Stadt gesellschaftlich zu positionieren und langfristig umzusetzen. Visionen für eine nachhaltige und somit klimaresiliente und biodiverse Stadt. Sie dient unserer Gesundheit und der des Planeten.

Fazit für die Praxis: Die Schwammstadt, der klimaresiliente Park oder die Biotopstadt sind schon längst Realität und es gibt viele gute Beispiele. Damit können auch wichtige Erfahrungen für die Zukunft gesammelt werden. Es gibt nichts Gutes, außer man tut es!

Literatur

BN Bezirksamt Neukölln, Fachbereich Grün- und Freiflächen (2024): https://www.berlin.de/ba-neukoelln/politik-und-verwaltung/aemter/strassen-und-gruenflaechenamt/gruenflaechen/klimaresiliente-hasenheide/#headline_1_5_0_0 Zuletzt geprüft am 13.01.2025

Fluter (2023): https://www.fluter.de/schwammstadt-kopenhagen Zuletzt geprüft am 26.06.2025

PS Planstatt Senner GmbH (2024): https://www.klima-umwelt-planstatt.de/portfolio-item/wasserkonzept-hasenheide-berlin/ Zuletzt geprüft am 13.01.2025

9 Vision – die grüne Phyto-Stadt oder Biocity

Wir brauchen Grün zum Leben und die grüne Stadt ist umsetzbar – dies ist das Credo dieses Buches. Es geht darum, den Kontakt zur Natur nicht zu verlieren und diese Teil von uns werden zu lassen. Natur muss dort wieder hinkommen, wo die Trennung beginnt. Dies sind vor allem die urbanen Räume. Viele Maßnahmen sind möglich und es gibt vielversprechende Vorreiter. Unsere Städte sind dennoch nicht grün genug. Neben aller Realität brauchen wir weitere Zukunftsbilder. Wir sollten in das Grün eintauchen, damit wir wieder eine Beziehung zur Natur aufbauen können. Erst wenn wir uns innerlich wieder dem Grün nähern, können wir äußerlich die Welt verändern! Bisher steht der Mensch noch zu sehr im Vordergrund. Der eigene Wohnraum ist wichtiger als der Wohnraum der Tiere und Pflanzen. Dabei gehört beides zusammen. **Unser Wohnraum kann nur existieren, wenn es auch Wohnraum für die übrige Natur gibt.** Würden wir dies gleichberechtigt sehen, wäre unsere Architektur /wären unsere Städte ganz anders. Ein Anfang wäre, dass jedem Menschen ein Garten oder eine Gartenfläche zur Verfügung steht! Dieses explizite Ziel fehlt noch in den 17 Zielen der Vereinten Nationen. Es gibt zwar die Forderung, dass alle Menschen Zugang zu natürlichen Ressourcen bekommen sollen, aber die spezielle Forderung für eine Gartenfläche, die eben Ernährung, Energie, Baumaterial und Gesundheit ermöglicht, gibt es noch nicht.

Um die Stadtbegrünung weiter voranzutreiben, helfen positive Visionen und Pläne. Für die grüne Stadt gibt es schon viele Gestaltungsentwürfe. Vor 100 Jahren setzte schon Friedensreich Hundertwasser mit seinen grünen Gebäuden grüne Quartiere um. Andere entwickelten Visionen, wie Luc Schuiten, der Großstädte in Frankreich mit organischen Bauten umwandelte. Oder Vincent Callebaut, der grüne Hochhäuser mit landwirtschaftlichen Ebenen visioniert. Auch WOHA Architekten aus Singapur haben ähnliche Grün-Wolkenkratzer entwickelt (WOHA 2025, Abb. 8.16). In Holland entwickelt ein Team

T. Kaysers, *Stadtbegrünung*, https://doi.org/10.1007/978-3-658-51457-0_9

grüne Städte mit 3D-Druckern, die sich wie ein Riff aufbauen und grün werden (Urban Reef 2025). In Deutschland gibt es tolle Entwürfe für begrünte Städte vom Bunten Amt für Zukunft in Nürnberg (BAZN 2025).

Meine eigene Vision ist, dass sich die Welt an den Pflanzen ausrichtet. Dies habe ich in meinem Buch „Phyto for future – Mit Pflanzen aus der Klimakrise“ beschrieben (Kaysers 2022). Alles sollte pflanzlich abbaubar sein. 0 % Plastik, 0 % Bitumen, 0 % Kleber, 0 % Versiegelung, 0 % Luftdichtigkeit, kein Salz auf den verschneiten Straßen, sondern Holzmehl, keine Wasserleitungen, sondern Schwammstadt, Kompostierung und Grauwassernutzung, keine privaten Autos, sondern Schienenbusse. Hohe Kosten als Hindernis darf in Zeiten der Klima-Natur- und Artenkrise nicht mehr gelten, denn die Folgekosten unserer aktuellen Lebensweise werden unbezahlbar. Dies vor allem für zukünftige Generationen. Jeder sollte die Möglichkeit haben, seine Grundversorgung wie Nahrung, Wasser und ein Dach über dem Kopf selbst herzustellen und dabei niemand anderes verdrängen. **Das Leben ist unantastbar!** Das sollte unser Leitsatz in allen Dingen sein. Das erfordert aber ein komplettes Umdenken.

Wir sollten die Natur zum Vorbild nehmen und eine naturbasierte Stadt umsetzen. Wir lassen uns von Pflanzen inspirieren. Die Vision ist eine Phyto-Stadt. Wie im Wald lässt sich alles recyceln. Ganz im Sinne des bereits bekannten Cradle-to-Cradle-Gedankens (C2C, 2025). Der Bodenaufbau und die Kompostierung werden zum System – das System heißt Natur. Der Grundsatz gilt, wenn die Lösung natürlich ist, also die Ökologie der Erde berücksichtigt wird, ist es eine gute Lösung. Es geht darum, die NI (Natürliche Intelligenz) zu integrieren – es geht um ein friedvolles Zusammenleben. Wenn wir es schaffen, Frieden mit der Natur zu schließen, dann ist das der Grundstein für den Frieden unter den Menschen. Zurzeit ein sehr aktuelles Thema.

Das Grün sollte auch immer mehr in der Wirtschaft eine Rolle spielen. Es gibt genügend Biomasse. Diese ist kein seltener Rohstoff, ganz im Gegenteil. Zellulose ist das am meisten vorkommende Biomolekül auf der Erde bzw. 82 % der Biomasse besteht aus Pflanzen. Vor allem stellt Biomasse eine hervorragende Synergie mit der grünen Stadt, die gepflegt werden muss und dabei viel Biomasse anfällt. Pflanzen enthalten viele Biopolymere, die Plastik ersetzen können (dezeen, 2023). Bioverbundstoffe können Carbon oder Metall ersetzen und natürlich Holz kann fast überall eingesetzt werden. Daher ist die Wirtschaft der Zukunft eine Bioökonomie, die auf Pflanzen setzt.

Um den Boden nicht mehr zu versiegeln, sind Gebäude aufgeständert und am Boden ist alles vernetzt. Die Landschaft fließt und besonders in den Übergangsbereichen zu anderen Funktionen entstehen neue Lebensräume. Auch die Mobilität findet über aufgeständerte Gleise und Brücken statt. Fahrzeuge werden nicht besessen, sondern geteilt und sind ständig in Bewegung. Der Boden ist Kühlung, Wasserreiniger, Nahrungs- und Erholungsfläche, alles fügt sich ganz natürlich in Kreisläufe ein.

Abb. 9.1 Phyto-Stadt und Biocity – Phyto for future (Kaysers 2022)

Die Baumgebäude bestehen aus Raumzellen und vorgefertigten Holzmodulen, die übereinander wie Legosteine verbaut werden. Sie können flexibel erweitert und auch wieder ausgebaut werden. Es sind leichte Bauten, die Veränderung zulassen. Dies ist bei dem sich immer schneller ändernden Klima und den sich schnell ändernden Lebensverhältnissen wichtig. **Man baut nicht für die Ewigkeit, sondern für die Lebendigkeit** (Abb. 9.1).

Vorhandene Gebäude werden integriert oder mit der Zeit überwachsen. Es muss aber auch nicht alles grün sein, denn die Steinfassaden bilden natürliche Felswände, die auch Lebensraum für viele Arten bieten. Doch der Grünanteil überwiegt – die grüne Natur ist das Grundgerüst.

Vielleicht sind noch viele Fragen dieser Phyto-Vision zu klären. Sie ist sicher auch nicht die alleinige Wahrheit und bedarf weiterer Ausarbeitung. Es ist die Vision einer **Biocity,** die das Leben fördert. Es ist eine natürliche und ökologische Lösung. Und alles, was sich in die natürlichen Kreisläufe einfügt, was das Leben vermehrt, das kann nur richtig sein. Es ist der Grund warum wir leben. Die Begrünung der Stadt ist keine Dekoration mehr, es ist das Leitbild, das die Menschen wieder mit der Natur vereint. Die Natur kann heilen und mit ihr die Menschen. Graue, überhitzte und verschmutzte Städte gehören der Vergangenheit an. Die Phyto-Stadt und Biocity gilt es weiterzuentwickeln. Die Lösungen werden auf jeden Fall vielfältig sein, ganz wie die Natur selbst.

Fazit für die Praxis: Wie immer die Zukunft aussehen mag, die grünen Ökosysteme sind aus unserem Leben nicht wegzudenken – ohne sie können wir nicht leben, sie sind unsere Lebensgrundlage. Daher wäre eine Welt, die sich in die Ökosysteme einfügt, sinnvoll und liegt auf der Hand als Antwort auf die Ausbeutung und Verdrängung von Leben. Die Lösungen sind vielfältig und sollen es auch sein. Doch ein Prinzip gilt sicherlich immer: Solange die Lösung ökologisch ist, sich also in die Ökosysteme einfügt, dann kann sie nur richtig sein. Die Begrünung der Stadt gibt uns die Chance, die natürlichen Prozesse wieder in unser Leben zu integrieren, also ökologische Lösungen zu finden. Wir können Teil der Ökologie werden – was wir schließlich auch sind. Wenn wir danach handeln, dann haben wir eine gute und gesunde Zukunft.

Literatur

C2C Cradle to Cradle: https://c2c.ngo/ Zuletzt geprüft am 14.09.2025

BAZN (2025) Buntes Amt für die Zukunft in Nürnberg: https://bazn.org/ Zuletzt geprüft am 29.06.2025

dezeen, 2023: https://www.dezeen.com/2023/05/16/ecologicstudio-turns-algae-into-towering-air-purifying-biopolymer-tree/ Zuletzt geprüft am 19.10.2025

Kaysers (2022): Phyto for future – Mit Pflanzen aus der Klimakrise, Büchner Verlag

Urban Reef, 2025: https://www.urbanreef.nl/ Zuletzt geprüft am 29.05.2025

WOHA (2025): https://woha.net/project/permeable-lattice-city/ Zuletzt geprüft am 29.06.2025

Anmerkung des Autors

Alle Inhalte sind nach bestem Wissen und Gewissen formuliert. Dennoch entwickeln sich technische Anforderungen rasant und durch neue Erkenntnisse gibt es einen ständigen Wissenszuwachs. Daher kann der Autor keine Gewährleistung für die Inhalte übernehmen und jede/r Leser/in ist angehalten, weitere Veröffentlichungen in diesem Bereich zu verfolgen und abzugleichen sowie sich seine eigene Meinung zu bilden. Gerade beim Thema Pflanzen, müssen entsprechende Empfehlungen vor Ort abgeglichen und angepasst werden. Pflanzen und Boden sind lebendig und jeder Standort ist einzigartig. Daher sollten vor allem die Örtlichkeiten und entsprechende Erfahrungen vor Ort mit einbezogen werden.

T. Kaysers, *Stadtbegrünung*, https://doi.org/10.1007/978-3-658-51457-0

Glossar und nützliche Links[1]

Artensterben: Glaubrecht, Matthias (2025), Das stille Sterben der Natur, Verlag C. Bertelsmann https://www.penguin.de/buecher/matthias-glaubrecht-das-stille-sterben-der-natur/buch/9783570105726

Baubotanik: Ludwig, Ferdinand und Schöhnle, Daniel (2022), Wachsende Architektur – Einführung in die Baubotanik https://birkhauser.com/de/book/9783035603422

Bäume: Amber, Conrad (2024), Aufbäumen – Stadtbegrünung für eine lebenswerte Zukunft, Braumüller Verlag https://www.conradamber.com/mein-portfolio/buecher/

Baumpflege: Roloff, Andreas (2023), Baumpflege, Verlag Eugen Ulmer KG https://www.ulmer.de/usd-7607991/baumpflege-.html

Baumbestimmung: Spohn, Margot und Roland (2024), Welcher Baum ist das?, Franckh-Kosmos Verlags-GmbH & Co. KG https://www.kosmos.de/de/welcher-baum-ist-das-17696

Biodiverse Stadt: Webseite Stiftung Biotope City https://biotope-city.net/aktuell/

Biodiversität: Fischer, Frauke und Oberhansberg Hilke, Was hat die Mücke je für uns getan? – Endlich verstehen, was biologische Vielfalt für unser Leben bedeutet, oekom Verlag https://www.oekom.de/buch/was-hat-die-muecke-je-fuer-uns-getan-9783962382094

Biophilia: Arvay, Clemens G. (2016), Der Biophilia Effekt, Ullstein Taschenbuch https://www.ullstein.de/werke/der-biophilia-effekt/taschenbuch/9783548376592

Blaugrüne Infrastruktur: Infokarten für die Planung blau-grüner Infrastrukturen, ISOE-Institut für sozial-ökologische Forschung und Deutsches Institut für Urbanistik gGmbH (Difu) https://networks-group.de/de/networks-4/infokarten.html

Boden: Straaß, Veronika und Lieckfeld, Claus Peter (2025), Drecksarbeit – Der Mikrokosmos unter unseren Füßen, Dölling und Galitz Verlag https://www.dugverlag.de/isbn-3-86218-172-3

Brandschutz und Gebäudegrün: Engel, Thomas; Kahler, Johannes; Duthweiler, Swantje; Winter, Stefan, (2025) Schlussbericht FireSafeGreen – Untersuchung der brandschutztechnischen Anwendbarkeit von begrünten Fassaden an mehrgeschossigen Gebäuden, Technische Universität München https://mediatum.ub.tum.de/1759976

Coolspots: Webseite Coolspots für Wien https://www.troepferlbad.at/

[1] In den Literaturhinweisen am Ende jedes Kapitels finden sich viele nützliche Links und Literaturangaben für weitere Informationen zur Stadtbegrünung. Oben einige davon nach Themen geordnet sowie weitere Links und Informationen, die noch nicht erwähnt wurden. Die Auflistung spiegelt einen kleinen Teil und ist nicht abschließend.

T. Kaysers, *Stadtbegrünung*, https://doi.org/10.1007/978-3-658-51457-0

Digitale Technologien und natürlicher Klimaschutz: Johnson, Daniel; Schmelzle, Frieder; Perdomo, Maria Real; Bergset, Linda; Rösch, Emil; Rohde, Friederike, IÖW-Schriftenreihe 230/25, Institut für ökologische Wirtschaftsforschung https://www.ioew.de/publikation/digitale_technologien_fuer_natuerlichen_klimaschutz_in_kommunen

Fassadenbegrünung: Pfoser, Nicole (2023), Grüne Fassaden, Detail Praxis, Detail Architecture GmbH https://www.detail.de/de_de/gruene-fassaden oder Pfoser, Nicole (2018), Vertikale Begrünung, Verlag Eugen Ulmer KG https://www.ulmer.de/usd-5764102/vertikale-begruenung-.html

Förderungen: Webseite Bundesministerium für Wirtschaft und Energie https://www.foerderdatenbank.de/FDB/DE/Home/home.html

Forschungsergebnisse: Webseite Soziales Netzwerk für Forscher aus allen Bereichen der Wissenschaft mit 25 Mio. Mitgliedern, ResearchGate GmbH https://www.researchgate.net/

Gebäudebegrünung allgemein: Webseite Bundesverband GebäudeGrün e. V. (BUGG) https://www.gebaeudegruen.info, Kompetenzstelle für Bauwerksbegrünung GRÜNSTATTGRAU Forschungs- und Innovations-GmbH

https://gruenstattgrau.at, Webseite Schweizerische Fachvereinigung Gebäudebegrünung

https://www.sfg-gruen.ch

Gemeinwohlorientierte Stadtentwicklungspolitik: Neue Leipzig-Charta https://www.nationale-stadtentwicklungspolitik.de/NSPWeb/DE/Plattform/macht-Stadt-gemeinsam/macht-Stadt-gemeinsam_node.html

Grüne Stadt: Stiftung Die grüne Stadt https://die-gruene-stadt.de/

Historische Parks/Parkschadensbericht: https://www.dbu.de/projektdatenbank/37097-01/

Holzbau: Energieautarke und gesunde Holzhäuser, Thoma Holz GmbH https://www.thoma.at/

Hydroponische Systeme (HPL System): Wassersparende, funktionelle Begrünung, GKR Hydro GmbH https://www.hydro-profi-line.com/fassadenbegruenungen-nachhaltig-funktionell-pflegeleicht/

Intelligente Pflanzen: Mancuso, Stefan; Viola Alessandra (2015), Die Intelligenz der Pflanzen, Kunstmann Verlag https://www.kunstmann.de/buch/stefano_mancuso-die_intelligenz_der_pflanzen-9783956140303/t-0/

Klimaangepasste Stadtplatzgestaltung: Leitfaden der Stadt Frankfurt am Main https://frankfurt.de/themen/klima-und-energie/stadtklima/leitfaden-klimaangepasste-stadtplatzgestaltung

Klimaanpassung: Forschungsergebnisse über Klimaanpassung in der Stadt Zentrum Stadtnatur und Klimaanpassung (ZSK) Technische Universität München https://www.zsk.tum.de/zsk/startseite/

Klimakrise: Schwarzer, Stefan; Scheub, Ute (2023), Aufbäumen gegen die Dürre – Wie uns die Natur helfen kann, den Wassernotstand zu beenden, oekom Verlag https://www.oekom.de/buch/aufbaeumen-gegen-die-duerre-9783987260209

Klimaresiliente Städte planen: Richter, Katja (2025), Klimresiliente Städte planen, Verlag Eugen Ulmer KG https://www.ulmer.de/usd-8219170/klimaresiliente-staedte-planen-.html

Klimawandel und Klimafolgen: Webseite Bildungsserver Wiki https://wiki.bildungsserver.de/klimawandel/index.php/Hauptseite

Mensch und Natur: Scheidler, Fabian (2021), Der Stoff aus dem wir sind – Warum wir Natur und Gesellschaft neu denken müssen, Piper Verlag https://fabian-scheidler.de/der-stoff-aus-dem-wir-sind/

Mobilität: Hildebrandt, Alexandra; Silber, Claudia (HG.) (2022), Zukunft Mikromobilität – Wie wir nachhaltig in die Gänge kommen: Ein Rad-Geber, Büchner Verlag https://www.buechner-verlag.de/buch/zukunft-mikromobilitaet/

Naturgarten: Dr. Witt, Reinhard; Kaltofen, Katrin https://naturgartenplaner.de/

Naturschutzgedanke: Wulf, Andrea (2018), Alexander von Humboldt und die Erfindung der Natur, Penguin Random House Verlagsgruppe GmbH https://www.penguin.de/buecher/andrea-wulf-alexander-von-humboldt-und-die-erfindung-der-natur/paperback/9783328102113

Nachhaltige Städte und Gemeinden, UN-Nachhaltigkeitsziel 11: Hildebrandt, Alexandra; Krieger, Matthias; Bachmann, Peter (2025), Zukunft Stadt: Die globale und lokale Bedeutung von SDG 11, Springer Gabler
https://link.springer.com/book/10.1007/978-3-662-70008-2
Nutzen von Biodiversität: Boston Consulting Group + NABU (2020), Studie wie Wirtschaft und Biodiversität in Einklang gebracht werden kann: https://www.nabu.de/news/2020/09/28696.html#:~:text=Ergebnis%201%3A%20Der%20monet%C3%A4re%20Wert,bis%20190%20Billionen%20US%2DDollar
Organisches und CO2-neutrales Bauen: Webseite Bauhaus der Erde https://www.bauhauserde.org/vision
Ökosystemstadt: Kaysers, Tim (2025), Phyto Stadt – Urbaner Raum als Ökosystem, Artikel im Buch Zukunft Stadt: Die globale und lokale Bedeutung von SDG 11, Springer Gabler https://link.springer.com/chapter/10.1007/978-3-662-70008-2_33
Pflanzliches Leben, pflanzliche Stadt: Kaysers, Tim (2022), Phyto for Future – Mit Pflanzen aus der Klimakrise, Büchner Verlag https://www.buechner-verlag.de/buch/phyto-for-future-mit-pflanzen-aus-der-klimakrise/
Pflanzenauswahl: Schwarzer, Elke (2025), Meise mag Melisse, Verlag Eugen Ulmer KG https://www.ulmer.de/usd-8018782/meise-mag-melisse-.html
Pilze und Pflanzen: Sheldrake, Merlin (2021), Verwobenes Leben – Wie Pilze unsere Welt formen und unsere Zukunft beeinflussen, Ullstein Buchverlage GmbH https://www.ullstein.de/werke/verwobenes-leben/taschenbuch/9783548065311
Planungstool Klima: Klimacheck für Gebäude und Freiräume https://www.greenpass.io/de/klimacheck
Podcasts Stadtbegrünung und Klimawandel: „Let´s Talk Landscape
Regelwerke: Forschungsgesellschaft Landschaftsentwicklung Landschaftsbau e. V. FLL https://www.fll.de/
Stadtgrün: Auböck, Maria (2025), Stadt unter Druck – Herausforderungen im Klimawandel, Picus Verlag https://www.picus.at/produkt/stadt-unter-druck/
Stadtnatur: Reichholf, Josef H. (2023), Stadt Natur – Eine neue heimat für Tiere und Pflanzen, oekom Verlag https://www.oekom.de/buch/stadtnatur-9783987260353
Stadtökologie: Krupka, Bernd W. (2022), Neue Stadtökologie im Klimawandel, Verlag Eugen Ulmer KG https://www.ulmer.de/usd-6993715/neue-stadtoekologie-im-klimawandel-.html
Schwammstadt: Arbeitsgruppe Schwammstadt https://www.schwammstadt.at/
Weltweit größtes Netzwerk für nachhaltiges Bauen: Webseite https://worldgbc.org/
Waldgärten: Abschlussbericht Bundesamt für Naturschutz https://www.bfn.de/publikationen/bfn-schriften/bfn-schriften-633-waldgaerten-im-urbanen-raum
Wildlife Gardening: Goulson, Dave (2019), Wildlife Gardening – Die Kunst, im eigenen Garten die Welt zu retten, Hanser Verlag (https://www.hanser-literaturverlage.de/buch/dave-goulson-wildlife-gardening-9783446261884-t-2816
Links zuletzt geprüft am 17.12.2025

FSC
www.fsc.org
MIX
Papier | Fördert
gute Waldnutzung
FSC® C083411

Kolibri 360 GmbH
Ferdinand-Jühlke-Straße 7
99095 Erfurt, Deutschland
produktsicherheit@kolibri360.de